中国地质调查成果CGS2022-049
"海口江东新区综合地质调查"项目资助
"海南生态文明试验区综合地质调查工程"项目资助

海南岛自然资源空间区划理论与实践
——以海口江东新区为例

Regionalization Theory and Practice of Natural Resources in Hainan Island: a Case Study in Jiangdong New Area in Haikou City

张彦鹏　柯贤忠　黎清华　等著

图书在版编目(CIP)数据

海南岛自然资源空间区划理论与实践:以海口江东新区为例/张彦鹏等著.—武汉:中国地质大学出版社,2022.12
ISBN 978-7-5625-5483-7

Ⅰ.①海… Ⅱ.①张… Ⅲ.①自然资源-资源开发-研究-海口 Ⅳ.①X372.661

中国图书版本馆CIP数据核字(2023)第018467号

海南岛自然资源空间区划理论与实践		张彦鹏 柯贤忠 黎清华 等著
——以海口江东新区为例		
责任编辑:唐然坤	选题策划:唐然坤	责任校对:张咏梅
出版发行:中国地质大学出版社(武汉市洪山区鲁磨路388号)		邮编:430074
电 话:(027)67883511	传 真:(027)67883580	E-mail:cbb@cug.edu.cn
经 销:全国新华书店		http://cugp.cug.edu.cn
开本:880毫米×1 230毫米 1/16		字数:531千字 印张:16.75
版次:2023年1月第1版		印次:2023年1月第1次印刷
印刷:湖北新华印务有限公司		
ISBN 978-7-5625-5483-7		定价:258.00元

如有印装质量问题请与印刷厂联系调换

《海南岛自然资源空间区划理论与实践
——以海口江东新区为例》
编委会

编写单位：中国地质调查局武汉地质调查中心

主　　任：张彦鹏

副 主 任：柯贤忠　黎清华

成　　员：陈双喜　齐　信　朱晓宇
　　　　　彭　康　王晓晗　张再天

前　言

2018年4月13日，习近平总书记在庆祝海南建省办经济特区30周年大会上郑重宣布，党中央决定支持海南全岛建设自由贸易试验区，支持海南逐步探索、稳步推进中国特色自由贸易港建设。作为深入贯彻习近平总书记"4·13"重要讲话和中央12号文件精神的重要创新示范省份，海南省委、省政府决定设立海口江东新区，将其作为建设中国（海南）自由贸易试验区的重点先行区域，提出了"高起点规划、高标准建设""四个打造"城市建设的新要求。2019年，为配合国家重大发展战略，中国地质调查局启动了"海口江东新区综合地质调查"二级项目，实施单位为中国地质调查局武汉地质调查中心，参加单位有海南省地质局。

2019—2021年，"海口江东新区综合地质调查"二级项目围绕海南自由贸易港的发展需求，部署了地上地下、陆海统筹地质调查和海岸带生态环境地质调查，系统查明了海口江东新区的空间、资源、环境、灾害等资源环境条件和环境地质问题，构建了海口江东新区的三维地质结构模型及决策支持平台，创新探索了基于地下水保护的地下空间安全开发利用立体评价、地下空间资产评估和红树林湿地生态地质调查监测评价技术体系，总结了滨海地区城市地质调查工作的经验与方法，为海口江东新区的空间规划、建设布局、安全运行和科学管理提供了基础支撑。相关成果获得各级政府及单位的领导批示，成果转化应用与服务成效显著。

本书是"海口江东新区综合地质调查"项目3年工作成果的总结，共分为7章。第一章介绍了海口江东新区区域自然地理及区域地质背景；第二章介绍了地上地下、陆海统筹综合地质调查获得的海岸带基础地质、水文地质及工程地质条件的认识，识别出岸线变迁、地面沉降及地下咸水体三大环境地质问题；第三章介绍了地下空间资源协同调查评价成果，在地下空间精细调查和三维地质结构建模的基础上，开展了地下空间三维地质安全评价及地下空间资产价值评估，对地下水资源潜力进行了系统评价，提出了海口江东新区地下空间资源合理开发利用对策建议；第四章介绍了海口江东新区产城融合区土壤环境质量调查评价成果，在系统分析区域土壤地球化学特征的基础上，对优质土地资源和典型农产品开展了评价，提出了促进区域高质量发展的对策和建议；第五章介绍了东寨港红树林湿地生态地质调查成果，探究了红树林的生长发育与地质环境协同演化，识别了影响红树林生长发育的生态环境因子和东寨港红树林沉积演化历史的地质过程，建立了红树林湿地生态地质调查监测技术方法体系，以支撑服务红树林湿地生态保护修复；第六章探索了海南岛自然资源分类、调查评价与空间区划等，形成了自然资源空间区划典型案例和技术方法体系；第七章为结论与建议。

本书是集体劳动的成果。在编写过程中，由张彦鹏、柯贤忠、黎清华负责组稿并确定提纲及相关素材；参与编写的人员包括张彦鹏、柯贤忠、黎清华、陈双喜、齐信、朱晓宇、彭康、王晓晗、张再天；柯贤忠整理全书所有图件和参考文献。此外，参与项目野外调查的人员还有很多，为防止行文累赘此处不再一一列举了，在此一并表示感谢。

本书是在充分收集前人研究成果的基础上完成的。笔者在编写过程中查阅了大量该地区的相关地质资料和报告，未将部分调查成果与引用资料在参考文献中一一罗列出来，在此对与上述研究成果相关的专家及前辈表示歉意和感谢。

项目在实施过程中自始至终得到了中国地质调查局水文地质环境地质部、海南省自然资源和规划厅、海南省地质局、海口市自然资源和规划局，以及局属兄弟单位及中国地质调查局武汉地质调查中心规划处（原中南地区项目管理办公室）、科技处、人事处、财务处、装备处、测试室和其他部门的关心与支持。中国地质调查局武汉地质调查中心规划处的主管领导在工作上给予了许多指导与帮助。项目顺利实施还得到海南省地质调查院、中国地质大学（武汉）、海南水文地质工程地质勘察院、华北地质勘查局五一九地质大队、天津市海洋地质勘查中心、北京超维创想信息技术有限公司、海南地质综合勘察设计院、广东省地质局第四地质大队、三亚水文地质工程地质勘察院、北京中科联衡科技有限公司等单位的大力支持与协助，在此一并表示衷心感谢！

在本书的编辑与出版过程中，中国地质调查局南京地质调查中心冯小铭研究员，中国地质调查局岩溶地质研究所蒋忠诚研究员，海南省地质调查院薛桂澄教授级高级工程师，中国地质大学（武汉）周爱国教授，中国地质调查局武汉地质调查中心黄长生教授级高级工程师、金维群教授级高级工程师、胡光明教授级高级工程师、陈州丰教授级高级工程师、邹先武教授级高级工程师给予了大力支持，提出了宝贵的建议。在此对各位专家的帮助与支持表示诚挚谢意。

由于知识水平有限，书中难免有疏漏和不足，敬请各位读者批评指正。

笔　者

2022 年 10 月于武汉

目 录

第一章 区域自然地理与地质环境条件 ··· (1)
 第一节 自然地理与社会经济 ··· (1)
  一、自然地理 ·· (1)
  二、社会经济 ·· (4)
 第二节 区域地层岩性 ··· (6)
  一、地层 ·· (7)
  二、火山岩 ··· (8)
  三、侵入岩 ··· (8)
 第三节 区域地质构造 ··· (8)
  一、断裂构造 ·· (8)
  二、新构造运动 ··· (9)
 第四节 区域水文地质条件 ··· (10)
  一、地下水类型及含水岩组 ·· (10)
  二、地下水补给径流排泄条件 ··· (14)
 第五节 区域工程地质条件 ··· (15)
  一、岩体类型及工程地质特征 ··· (15)
  二、土体类型及工程地质特征 ··· (16)
 第六节 海域地理地质条件 ··· (17)
  一、地形特征 ·· (17)
  二、潮汐特征 ·· (18)
  三、潮流运动特征 ·· (18)
  四、波浪特征 ·· (18)
  五、表层沉积物特征 ··· (18)

第二章 陆海统筹地质特征与人地作用影响 ··· (19)
 第一节 陆海统筹地形地貌特征 ··· (19)
  一、地形特征 ·· (19)
  二、地貌特征 ·· (19)
  三、底质沉积物类型 ··· (20)
  四、岸线类型与特征 ··· (23)
 第二节 陆海统筹地质结构 ··· (24)
  一、地层岩性 ·· (24)
  二、工程地质特征 ·· (30)
  三、水文地质特征 ·· (36)
 第三节 近岸主要环境地质问题 ··· (38)
  一、海岸线变迁与人类活动影响 ·· (38)
  二、海岸带地面沉降与形变 ·· (44)
  三、海岸带地下咸水体分布及影响 ··· (48)

第三章　地下空间资源环境协同开发与利用 (53)

第一节　地下空间三维结构模型构建 (53)
一、地下空间结构及特征 (53)
二、三维地质结构模型构建 (69)
三、三维地质结构可视化应用 (71)

第二节　基于地下水资源保护的地下空间安全开发利用评价 (75)
一、协同适宜性评价 (75)
二、多要素三维属性模型构建 (77)
三、工程适宜性与地下水资源风险性等级评价 (81)

第三节　地下空间资产价值差异性评估 (93)
一、评价研究方法 (94)
二、三维模型构建 (97)
三、收益和成本等级计算 (99)
四、综合经济价值评估 (100)

第四节　地下水资源与应急水源地评价 (101)
一、地下水资源评价 (101)
二、地下水资源开发利用现状及潜力分析 (107)
三、地下应急水源地评价 (108)

第四章　土地资源质量与特色农业产业发展 (111)

第一节　土壤类型与土地利用现状 (111)
一、成土母质 (111)
二、土壤类型 (112)
三、土地利用现状 (112)

第二节　区域地球化学特征 (112)
一、土壤元素地球化学特征 (114)
二、大气干湿沉降元素地球化学特征 (123)
三、灌溉水元素地球化学特征 (126)

第三节　区域地球化学等级划分 (127)
一、土壤元素地球化学等级 (128)
二、大气干湿沉降元素地球化学等级 (140)
三、灌溉水元素地球化学等级 (141)
四、农用地土地质量地球化学等级 (142)

第四节　典型土壤-农产品系统元素迁移转化与生态健康风险评价 (145)
一、土壤-农产品元素迁移转化研究 (145)
二、农产品安全性与特色农产品评价 (152)

第五节　特色土地资源评价 (155)
一、富硒、锗、碘土地资源评价 (155)
二、特色土地资源环境质量 (156)

第五章　红树林湿地地质演化与生态健康诊断 (157)

第一节　红树林湿地动态变迁及沉积演化 (157)
一、红树林分布发育现状及演化动态特征 (157)
二、红树林湿地沉积环境演化特征 (161)

第二节 红树林湿地生态地质环境现状调查 (176)
    一、红树林湿地水体有机碳空间特征研究 (176)
    二、红树林湿地沉积物营养盐分布特征 (182)
    三、红树林湿地沉积物重金属空间分布特征 (185)
    四、红树林湿地沉积物抗生素分析与评价 (188)
第三节 海陆交互带地表水-地下水相互作用过程 (192)
    一、红树林湿地多水平监测场建设 (192)
    二、东寨港海底地下水排泄特征 (194)
    三、红树林湿地海底地下水排泄过程数值模拟 (197)
第四节 红树林湿地生态地质调查健康评估模型 (200)
    一、基于根际微生物组学的红树林健康诊断方法 (200)
    二、基于PSR的红树林健康评价模型 (206)

第六章 自然资源分类、调查评价与空间区划 (215)
第一节 自然资源分类与禀赋分析 (215)
    一、自然资源分类与调查框架构建 (215)
    二、海南岛自然资源禀赋分析 (223)
    三、资源环境配置与国土空间开发利用现状矛盾识别 (232)
第二节 自然资源空间区划探索 (240)
    一、海南岛自然资源空间区划探索 (240)
    二、南渡江流域自然资源空间区划探索 (241)
第三节 自然资源空间区划技术方法总结 (244)

第七章 结论与建议 (249)
第一节 结 论 (249)
    一、海口江东新区陆海统筹一体化地质环境调查 (249)
    二、海口江东新区地下空间调查与安全开发利用评价 (249)
    三、东寨港红树林湿地生态地质调查评价监测 (249)
    四、海南自然资源分类、调查评价与空间区划 (250)
第二节 建 议 (250)
    一、海口江东城市规划建设与高质量发展建议 (250)
    二、东寨港红树林湿地保护与修复对策建议 (251)
    三、海南省生态文明建设与自然资源管理建议 (251)

主要参考文献 (253)

第一章 区域自然地理与地质环境条件

第一节 自然地理与社会经济

一、自然地理

(一)地理位置及交通

江东新区位于海南岛东北部,地处海口市东海岸区域,北临琼州海峡,东临文昌市,南侧为海口市云龙镇,西侧通过南渡江与海口市主城区隔离,现阶段主要通过最北侧新东大桥、琼州大桥、海瑞桥、海榆东线、绕城高速与主城区联通。

区内东西向交通干道包括江东大道、白驹大道、椰海大道、新大洲大道、桂林洋大道、灵文加线、绕城高速等,南北向有琼山大道、海域东线、兴洋大道、东寨港大道等,各乡村道路较发达。区内北侧临海有东营港、山湖港、福创港、东寨港等港口,南侧有海口美兰国际机场、东环高速铁路,与周边海口市主城区、文昌市、定安县以及省外的交通十分便捷,见图1-1-1。

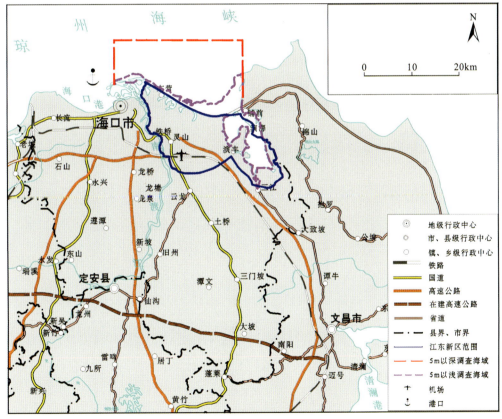

图1-1-1 江东新区区域交通地理图

(二)地形地貌

依据江东新区第四系成因类型和地形特征,按照地貌形态成因,区内地貌划分为河流地貌、火山地貌、湖成地貌、海岸地貌4个主要单元。在此基础上,把不同地貌单元进行次级微地貌划分,共划分为8个次级微地貌单元(梁定勇等,2021)。各级地貌分布及特征详见表1-1-1和图1-1-2。

表1-1-1 江东新区地貌单元划分表

一级地貌		二级地貌	所对应第四纪沉积物成因类型
河流地貌	堆积	河流阶地(Ⅰ)	近代冲积物(al)
		冲积平原(Ⅱ)	冲洪积物(apl)
		三角洲平原(Ⅲ)	河口堆积物(mem)
火山地貌	裂隙式喷发	火山岩台地(Ⅳ)	火山堆积物(vl)
湖成地貌	湖积	湖积平原(Ⅴ)	湖积物(l)
海岸地貌	海积	海湾堆积平原(Ⅵ)	滨海沼泽堆积物(mfl)
		海成沙堤(Ⅶ)	滨岸堆积物(mcm)
		海积阶地(Ⅷ)	

注:地貌单元划分参考《浅覆盖区区域地质调查细则(1:50 000)》(DZ/T 0158—95)。

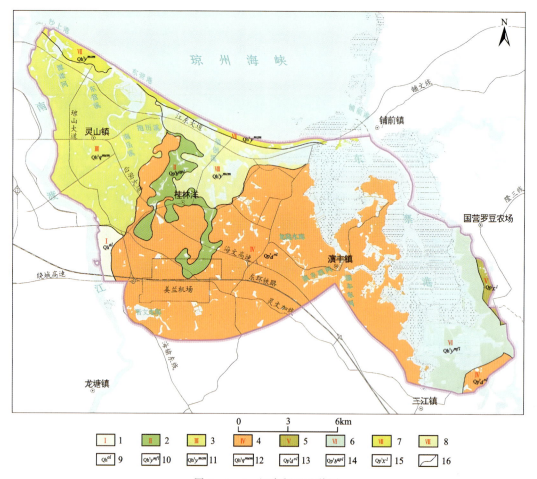

图1-1-2 江东新区地貌图

1.河流阶地;2.冲积平原;3.三角洲平原;4.火山岩台地;5.湖积平原;6.海湾堆积平原;7.海成沙堤;8.海积阶地;9.近代冲积物;
10.烟墩组海湾堆积物;11.烟墩组滨岸堆积物;12.琼山组河口堆积物;13.多文组火山堆积物;14.北海组冲洪积物;
15.秀英组湖积物;16.地貌类型分界线

(三)气象水文

1. 气象

江东新区行政上隶属海口市,为热带海洋气候和热带季风气候,高温多雨,干湿季节明显。年均气温 21~24.7℃,1—2月平均气温 17.2~18.2℃,7—8月平均气温 26~29℃,极端最高气温 40℃。据 1985—2014 年气象资料分析,区域最小年降雨量 978~1301mm,最大年降雨量 2628~2967mm,多年平均降雨量 1751~2016mm;枯水年平均降雨量 1124~1239mm,丰水年平均降雨量 2381~2697mm。

2. 陆域水文

江东新区周边水系较发育,西侧河流为南渡江,是区域第一大河流,为海南省的主要灌溉水系;东侧为东寨港红树林湿地,东寨港东侧与文昌市的珠溪河相接。

区内地表河流主要有潭览河、迈雅河、道孟河、芙蓉河、演丰西河、演丰东河,蓄水水库主要有晋文水库、博罗水库、牛下水库、龙窝水库。此外,区内滨海滩涂地带人工养殖的鱼塘、虾塘十分发达,坑塘较多。区内河流水系分布见图 1-1-3,各河流及水库基本特征分布见表 1-1-2、表 1-1-3。

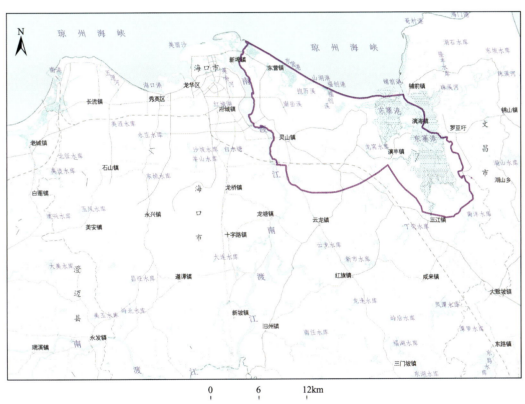

图 1-1-3 江东新区区域水系分布图

表 1-1-2 江东新区主要河流基本特征

河流名称	河流发源地	河流出口	支流	集雨面积/km²	河长/km	坡降/‰
潭览河	灵山镇溪宜村	南渡江	外坪沟、陶沙河	10.24	8.55	0.07
迈雅河	灵山镇乐阳村	入海口	仙月仙大良溪良古溪东营溪	32.80	12.40	0.05
道孟河	灵山镇分创村	入海口	道郡下溪	17.00	10.60	0.11
芙蓉河	灵山镇南部长合岭村	入海口	潭宋溪桂林洋大排沟	39.50	13.90	0.94
演丰西河	云龙镇龙盘坡	入东寨港		53.90	20.30	1.06
演丰东河	云龙镇	入东寨港	谭墨坑干排沟、大方坑干排沟、谭养坑干排沟、博六溪	76.70	31.50	1.00

注:资料来源于《海口江东新区山水林田湖海生态保护修复试点工程实施方案》。

表 1-1-3　江东新区主要水库基本特征

水库名称	所在河流名称	工程等别	正常蓄水位/m	兴利库容/万 m³	总库容/万 m³	正常蓄水位相应水面面积/km²	坝址控制流域面积/km²	2017年6月水域面积/km²
晋文水库	福创溪（芙蓉河）	Ⅳ	25.97	530.00	824.40	0.69	2.94	0.04
博罗水库	海南岛诸河水系区间	Ⅴ	13.06	13.50	32.53	0.04	1.00	0.03
牛下水库	演丰河	Ⅴ	19.05	10.00	29.76	0.05	2.50	0.05
龙窝水库	演丰河	Ⅴ	14.80	23.40	82.00	0.28	1.61	0.28

注：资料来源于《海口江东新区山水林田湖海生态保护修复试点工程实施方案》。

二、社会经济

（一）经济社会概况

江东新区总面积为 298km²，行政区域涉及灵山镇、演丰镇及海口桂林洋经济开发区（简称桂林洋开发区），下辖 69 个村委会，总人口约 23.89 万人。其中，灵山镇常住人口约 11.7 万人，江岸线长 15km，海岸线长 12km，区内有长约 50km 的河流，有东营港、融创港等 3 个港口，自然资源较为丰富；演丰镇总人口约 2.59 万，区内交通较为发达，有海口美兰国际机场、海文高速公路、东环铁路等，环境较好，有东寨港红树林保护区；桂林洋开发区拥有人口约 9.6 万，是一个由工业生活区、农业综合区、海滨旅游区、桂林洋高校区组成的综合型经济开发区，为江东新区内建设强度较高的区域。江东新区临近主城区的灵山镇和桂林洋开发区人口相对密集，其余区域人口相对稀少，建设面积小，基本路网和基础配套设施较完备，自然资源丰富。

2016 年，全区实现国内生产总值 1 257.67 亿元，按可比价格计算，比 2015 年增长 7.77%。人均国内生产总值 56 284 元，比 2015 年增长 6.67%。城镇常住居民人均可支配收入 30 775 元，比 2015 年增长 7.9%，增幅比 2015 年提高 0.3 个百分点，扣除价格因素，实际增长 4.7%；农村常住居民人均可支配收入 12 679 元，比 2015 年增长 9.0%，增幅比 2015 年降低 0.5 个百分点，扣除价格因素，实际增长 5.8%。产业结构升级调整继续，第二产业比重下降，第一产业和第三产业比重提高，三次产业结构由 2015 年的 4.9∶19.3∶75.8 调整为 2016 年的 5.4∶18.6∶76.0。

（二）规划概况

1. 规划目标

据《海口江东新区总体规划纲要（2018—2035）》，江东新区将坚持"大视野、大思路、大手笔、大开合"的工作思路，按照"两年出形象、三年出功能、七年基本成型"的时间表，全力加快推进规划建设。总体规划目标如下：2020 年，与全国同步实现全面建成小康社会目标，生态和美丽乡村建设成效显著，自贸试验区建设取得重要进展，国际开放度显著提高；2025 年，自由贸易试验区建设取得重要进展，经济社会发展质量和效益显著提高，自由贸易港制度全面建立；2035 年，建设成为具有鲜明热带海岛特色，全方位践行中央新发展理念的对外开放国际化新区，为全球未来城市建设树立"江东样板"。

2. 规划定位

（1）建设全面深化改革开放试验区的创新区。坚持以制度创新为核心，先行先试，探索建立更加灵活的内外贸、投融资、财政税务、金融创新、出入境等方面的政策体系、监管模式和管理体制；以发展旅游业、现代服务业、高新技术产业为主导，集聚创新要素，设立国际能源、航运、大宗商品、产权、股权、碳排放权等交易场所，全力打造以"四个国际中心"为支撑的海南自贸区（港）总部经济区。

(2) 建设国家生态文明试验区的展示区。坚持"绿色、循环、低碳"理念,实施建设用地总量和强度双控行动,实行最严格的节约用地制度和自然生态空间用途管制;注重整体保护、系统修复、综合治理,全面推进城市更新改造;注重乡村规划,推动城乡一体化融合发展,在全球未来城市的建设趋势中探索打造"江东模式"。

(3) 建设国际旅游消费中心的体验区。积极探索消费型经济发展的新路径,探索实行离岛免税全地域覆盖、全路径销售、全品种供给模式。高标准布局建设具有国际影响力的大型消费商圈,完善"互联网+"消费生态体系,鼓励建设"智能店铺""智慧商圈",支持完善跨境消费服务功能,展示海南旅游新形象。

(4) 建设国家重大战略服务保障区的示范区。打造我国面向太平洋和印度洋的重要对外开放门户及21世纪海上丝绸之路重要战略支点示范区;加快建设我国海洋经济创新发展示范城市和军民融合发展示范基地。

3. 总体格局

江东新区将着力构建"山水林田湖草"与"产城人文"一个生命共同体的大共生格局,形成"田做底、水理脉、林为屏、西营城、中育景、东湿地"的总体格局。

4. 生态格局

构建"一区映两心、三水纳九脉"的生态空间格局。"一区"指东寨港国家自然保护区;"两心"包括桂林洋热带农业公园、以滨海河口湿地带为节点的生态绿心;"三水"包括南渡江、琼州海峡、东寨港大湖;"九脉"包括潭览河、迈雅河、南岳溪、道孟河、芙蓉河、演丰西河、演丰东河、罗雅河、演州河9条河流,以及沿河流两侧建设的多条绿色生态脉络。

5. 空间结构

形成"一港双心四组团,十溪汇流百村恬,千顷湿地万亩园"的组团式生态文明城乡空间结构。"一港"指以美兰国际机场为核心的临空经济区;"双心"即滨海生态总部聚集中心、滨江国际活力中心;"四组团"即国际文化交往组团、国际综合服务组团、国际离岸创新创业组团、国际高教科研组团;"十溪汇流"即南渡江、潭览河、芙蓉河、迈雅河、道孟河、南岳溪、演丰西河、演丰东河、演州河等多条河流;"百村恬"即区域内美丽乡村;"千顷湿地"指桂林洋岸段湿地、下堂水鸟湿地、海南省北港岛国家级海洋公园等湿地生态系统;"万亩园"即新区内大面积都市田园。

6. 城市风貌

建设综合性城市景观道、滨海风情道、滨江百里绿廊3条重要通道,形成滨江城市界面、滨海绿色界面、中央弹性走廊界面和中绿心生态界面4个展示形象界面。打造中央商务消费风貌带、滨海总部形象展示区、特色领事风貌区、科技智谷风貌区、智慧高校风貌区、美兰空港风貌区和魅力海湾风貌区七大片区城市印象。塑造金融蓝湾风光、生态海湾风光、文化岛湾风光和东寨港湾风光四大节点风光,突出商务、文化、空港三大城市地标形象。

7. 公共服务

构建符合国际标准的公共服务体系,打造国际化高端服务设施集群,打造15分钟未来社区服务圈。建设国际化商务商业设施、高端旅游休闲服务设施、多元化公共文化设施、国际化教育科研设施、共享型体育健身设施和高标准医疗卫生设施。

8. 交通体系

以绿色交通为主导,按照快线慢网、窄路密网、网络化布局、智能化管理、一体化服务要求,以综合交通枢纽为核心,以多层次、四通八达的交通网络为纽带,支撑和引领新区跨越式发展,打造高效、智能、安全、便捷、绿色、创新型综合交通体系。

9. 智慧城市

构建全联动的感知网络,铺设无处不在的智能设施,搭建高速互联网络,建立感知信息中心。建设数字资产管理体系,搭建数字规划平台。培育全景应用的智能化服务,构建城市智慧治理体系,健全城市智慧民生服务,推动城市智慧产业发展。

10. 市政设施

建设安全高效的供水格局，规划新区集中供水普及率达到100％，供水管网漏损率小于10％。构建绿色安全的雨水排放系统，整体提升河道排水能力，构建涝水北排的骨干通道，形成蓄排结合、防治并举的排水体系。结合污水处理分区建设循环再生的污水处理设施，共建智能高效的能源互联网，推行垃圾资源化、无害化处理，使江东新区城市生活垃圾无害化处理率达到100％。

11. 综合防灾

构建韧性城市防御体系和适应新常态的城市减灾空间。全面提高洪涝潮防治标准，加强防洪排涝体系布局和河道水系综合整治。规避断裂带，加强建筑抗震及次生灾害防御，构建安全高效、智慧协同的消防安全体系，依据灾害风险评价进行生命线工程布置，合理、安全地利用地下空间。

第二节　区域地层岩性

区域出露地层主要为新近系和第四系，东寨港以东文昌市一带出露志留系和三叠纪侵入岩(图1-2-1)。

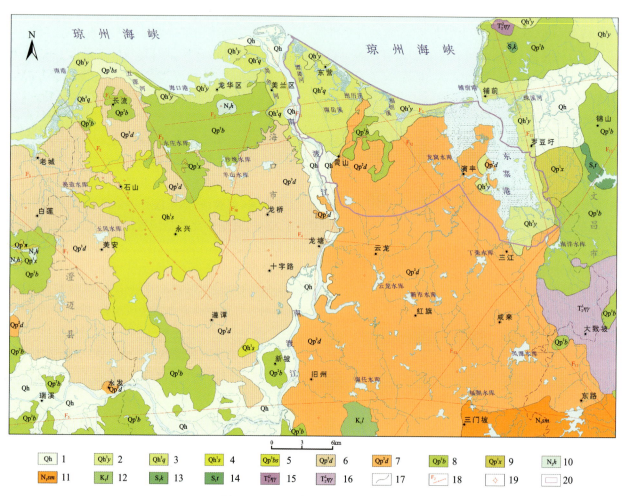

图1-2-1　江东新区区域地质简图

1.第四系冲洪积：细砂、中粗砂和含砂粉质黏土；2.第四系烟墩组：粉细砂、中粗砂、黏土、淤泥质黏土、淤泥质砂；3.第四系琼山组：中粗砂、粉细砂、粉质黏土、淤泥质粉质黏土；4.第四系石山组：玄武岩熔岩；5.第四系八所组：粉细砂、中砂及含细砾中粗砂；6.第四系道堂组：火山碎屑岩、基性火山熔岩、沉火山碎屑岩；7.第四系多文组：橄榄玄武岩、辉石玄武岩；8.第四系北海组：含砾黏土质砂、粉细砂、含玻璃陨石砂砾；9.第四系秀英组：黏土、亚黏土、砂、砂砾；10.新近系海口组：黏土、粉砂质黏土、贝壳碎屑岩、贝壳碎屑砂砾岩；11.新近系石马村组：橄榄玄武岩与角砾凝灰岩互层；12.白垩系鹿母湾组：复成分砾岩、凝灰质砂岩、粉砂质泥岩；13.志留系空列村组：板岩、细砂岩、变质中细粒砂岩；14.志留系陀烈组：变质石英细砂岩、粉砂岩绢云板岩；15.中三叠世琼中县中粒斑状（角闪）黑云二长花岗岩；16.中三叠世黎母岭组中粒（巨）斑状角闪二长花岗岩；17.地层界线；18.推测断裂及编号；19.火山口；20.江东新区范围

一、地层

(一)古生界

下志留统陀烈组(S_1t):主要分布于文昌市湖山乡北部,岩性主要为变质石英细砂岩、粉砂质绢云板岩。

下志留统空列村组(S_1k):主要在文昌市铺前镇大岭村一带出露,岩性主要为板岩、细砂岩、变质中细粒砂岩。

(二)中生界

下白垩统鹿母湾组(K_1l):主要分布于旧州镇东南部,岩性主要为复成分砾岩、凝灰质砂岩、粉砂质泥岩。

(三)新生界

1. 新近系

石马村组(N_1sm):分布于三门坡镇—东路镇以南,岩性主要为橄榄玄武岩与角砾凝灰岩互层。

灯楼角组(N_1d):隐伏于琼北盆地,岩性以绿色—黄绿色粉细砂、含砾中粗砂、砂砾、含砾黏土质砂等为主,以普遍含有海绿石为特征,是琼北地区第三、四孔隙承压水的含水层位。顶板埋深12.5~173.5m,自南渡江以南的盆地边缘向东北部埋深逐渐增大。

海口组(N_2h):主要分布于南渡江以北的澄迈县—东山镇一带,是琼北盆地分布最广的地层,以含贝壳为特征,是区域最重要的地下水含水层。顶板埋深4.5~75.0m,地层厚度23.4~121.0m,总体自南向北埋深和厚度逐渐增大。海口组据沉积旋回、岩性、岩相特征等进一步划分为4个岩性段:第一段(N_2h^1)岩性主要为黄褐色、灰色、灰绿色贝壳砂砾岩与砾岩互层,偶夹灰色、灰白色粉砂岩或粉砂质泥岩,为琼北地区的第二承压水含水层位;第二段(N_2h^2)岩性以灰色、灰黑色黏土或泥岩为主;第三段(N_2h^3)岩性主要为灰色、深灰色贝壳砂岩、贝壳砂岩、贝壳砾岩,局部相变为灰色、灰黄色生物碎屑灰岩,为琼北地区的第一承压水含水层位;第四段(N_2h^4)岩性主要为浅灰色、灰色粉砂质黏土、黏土,含海绿石呈硬塑状,具水平层理,上部偶夹灰色、灰黑色凝灰岩、玄武岩(谢磊,2013)。

2. 第四系

下更新统秀英组(Qp^1x):隐伏于江东新区的大部分地区,在东寨港以东局部地段有出露。秀英组为滨海潟湖相沉积层,平行不整合于上新统海口组(N_2h)之上,被中更新统冲洪积层(Qp^2b)、全新统海湾/潟湖沉积层(Qh^2q)、全新统海相沉积层(Qh^3y)平行不整合覆盖,岩性以黏土或粉质黏土为主,次为砂层、砂砾层、砾石层等,厚度1.0~38.0m。

中更新统北海组(Qp^2b):主要出露于文昌市铺前镇东北部、锦山镇—昌福圩一带和海口市府城街道—海秀乡、灵山镇东北部,以及长流镇、白莲镇西南部、瑞溪镇东北和西南部、东山镇东北和西南部、新坡镇一带。北海组隐伏于全新统海湾/潟湖沉积层(Qh^2q)与海相沉积层(Qh^3y)之下,呈平行不整合接触,岩性为砂质黏土、砂、砂砾、砂质砾石互层,下部砾层往往含玻璃陨石或铁质结核,厚度1.1~17.0m。

中更新统多文组(Qp^2d):主要出露于灵山镇—红旗镇—东路镇一带,地表多被玄武岩风化残积物覆盖,下伏玄武岩,裂隙孔洞不发育。玄武岩风化残积层厚度1.0~10m。

中更新统道堂组(Qp^3d):主要出露于龙塘镇—十字路镇—遵谭镇和老城镇—美安镇—东山镇一带,岩性为火山碎屑岩、基性火山熔岩、沉火山碎屑岩。

全新统石山组(Qh^1s):主要出露于石山镇—永兴镇一带,岩性为玄武质熔岩。

全新统琼山组(Qh^2q):主要出露于东营镇—灵山镇、美兰区、海甸岛南部和南港—东水港靠内陆一带,为滨海潟湖堆积与海相沉积层(Qh^3y)呈整合接触,岩性为粉细砂、含砾中粗砂、淤泥质砂、粉质黏土等,厚度2.0~13.0m。

全新统烟墩组(Qh_3^y)：主要出露于北部沿海和文昌市铺前镇、罗豆圩、三江镇一带，岩性为滨海堆积的粉细砂、含砾中粗砂、淤泥质砂、粉质黏土等，厚度2.2~12.4m。

全新统未分组(Qh)：主要沿南渡江两岸分布和司马坡岛、新埠岛，以及文昌市罗豆圩一带有大面积出露，为冲洪积成因的细砂、中粗砂、粉质黏土和含砂粉质黏土，厚度1.3~29.0m。

二、火山岩

区域广泛分布新生代火山岩。据《中国区域地质志·海南志》（海南省地质调查院，2017），该区属雷琼火山喷发岩浆亚带的琼北新生代火山岩区。琼北火山岩主要分布于海南岛北部，在平面上呈"7"字形展布，出露面积约6630km^2，占海南岛全岛陆域面积的19.5%，主要分布于王五-文教深大断裂两侧旁。

自古近纪始新世以来，琼北地区曾发生多期多次火山活动，火山喷发时断时续，一直延至第四纪全新世。琼北火山岩可划分11期，其中古近纪2期、新近纪4期、第四纪5期。古近纪火山岩均隐伏于地下；新近纪火山岩除蓬莱、居丁和海口金牛岭出露地表外，大部分也隐伏于地下；第四纪除早更新世隐伏于地下外，各时期火山岩地表均见有出露。岩性主要为火山熔岩（玄武岩类）和火山碎屑岩，部分为沉火山碎屑岩。

琼北火山岩主要受东西向、南北向、北西向、北东向及北东东向断裂的制约。火山活动有两种喷发类型，即裂隙式喷发和中心式喷发。早期火山活动以裂隙式喷发为主，晚期则以中心式喷发为主，古近纪火山活动以裂隙式喷发为主，形成隐伏于地下的玄武质熔岩和火山碎屑岩，新近纪则以中心式喷发为主，形成了大规模以玄武岩为主的熔岩被，至第四纪以裂隙式喷发为主，兼有少量中心式喷发，形成了大规模的盾形熔岩、熔岩流及熔岩台地上的碎屑锥和复合锥（海南省地质调查院，2017）。

三、侵入岩

以王五-文教断裂为界，琼北地区出露的侵入岩总体较少，主要分布于东部地区大致坡镇、翁田镇及铜鼓岭等地，出露总面积约2km^2，形成时代主要为晚三叠世，其次为晚白垩世、晚侏罗世和晚二叠世。三叠纪、白垩纪、侏罗纪、二叠纪侵入岩岩性分别为中粒（多）斑状黑云母二长花岗岩、中粒斑状黑云母正长花岗岩、中细粒—细中粒（含斑）黑云母正长花岗岩和中粒斑状（角闪）黑云二长花岗岩。

第三节 区域地质构造

区域构造格局总体由近东西向、南北向、北西向和北东向4组断裂构造组成，近东西向断裂控制断陷盆地的形成、发展，而北西向、北东向断裂构造控制盆地内次级构造的形成和分布。4组断裂具有多期次活动性，控制着新生代的火山活动、地震活动、沉积建造类型、成矿作用等。

一、断裂构造

区域大地构造位置十分独特，在漫长的地质历史发展过程中经历了多期次的构造运动，形成了近东西向、北东向、北西向和近南北向等主要构造体系相互交织的复合构造格局（图1-3-1）。

1. 近东西向断裂

近东西向断裂主要有王五-文教断裂、儒关村-云龙断裂、富昌-群善村断裂、新村-林乌断裂和长流断裂。其中，王五-文教断裂带是新生代海南隆起与雷琼裂陷的分界性断裂（带），沿构造带发育多个东西向的新生代凹陷盆地，自西往东、自南往北，盆地的下拗幅度逐渐增大，长坡盆地、福山-多文盆地和海口盆地的下拗幅度分别为300~400m、2000m和3000m，盆地内接受了新生代以来的沉积。该断裂带还控制了琼北新生代多期次的火山喷发或喷溢作用，形成大面积东西向展布的玄武岩被（李元志，2013）。

2. 近南北向断裂

近南北向断裂主要为南渡江断裂，该断裂呈近南北向沿南渡江隐伏分布。重磁异常明显，卫星影像图中为清晰的浅色调线性影纹。断裂长约47km，总体呈南北走向，呈弧状弯曲，凸端指向东，倾向西，倾角约60°。钻孔资料显示断裂西盘下降，东盘上升，但控制古新统长流组和上新统海口组的分布。

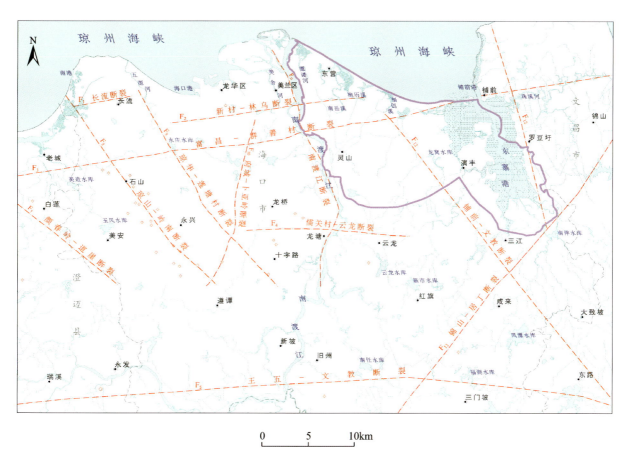

图 1-3-1 江东新区区域构造纲要图

3. 北东向断裂

北东向断裂主要有府城-卜亚岭断裂、锦山-居丁断裂。锦山-居丁断裂控制了白垩纪盆地的形成和分布。沿断裂分布燕山期花岗岩,断裂上岩体较为破碎,显示出压扭性特征。

4. 北西向断裂

北西向断裂主要有琼华-莲塘村断裂、琼山-岭南断裂、铺前-文教断裂、颜春岭-道崖断裂,控制了古新世以来的碎屑物沉积和晚更新世火山喷发。

二、新构造运动

1. 断陷作用

断陷作用表现最明显的为琼北地区,断陷的形成和发展受近东西向的王五-文教断裂控制。在断陷的形成和发展过程中,从南至北形成一系列近东西向断裂,致使该区从南向北逐级下降,形成近东西向台阶式盆地,复活和新生代的北西走向断裂的参与,又将其切割成北西向的条块。北西向各条块之间的海侵先后和沉积厚度有所差异;到中新世晚期,海侵至十字路镇,但云龙镇一带未接受沉积;到上新世,海侵才淹没整个断陷盆地。上新世末期,海侵结束,盆地封闭,并出现短期隆起,使下更新统秀英组平行不整合于下伏地层之上。

2. 火山活动

火山活动发育在王五-文教断裂带以北,火山活动频繁,具有多期次喷发的特点。就其分布规模大小而论,从早到晚,火山活动呈现出弱→强→弱,并趋于衰竭的特点。最早的火山喷发活动发生在中新世—上新世,形成了呈半环状分布的石门沟村组、石马村组火山岩。上新世火山活动减弱,以夹层状产于海口组中。中—晚更新世火山喷发活动达到高峰,呈中心式群体喷发,形成了多文组、道堂组大面积东西向展布的玄武岩被,火山口呈北西向排列,反映了在东西向构造控制背景下,沿北西向断裂喷发的活动特征。

全新世火山活动具有局部性,仅发生于峨蔓镇、石山镇一带,呈中心式群体喷发,火山口排列方向亦为北西向,明显受北西向断裂的制约。

3. 地壳差异升降

区域地壳升降运动明显,具间歇性上升运动特征,导致新近系与第四系间以及第四系内部存在多个不整合接触界线。新近系除局部见到火山岩出露地表外(海口金牛岭地区),大部分被第四系覆盖而呈隐伏状产出,反映了新近纪晚期—第四纪早期地壳的沉降幅度和海侵的规模最大。区内发育海积、河积阶地和火山岩台地地貌,火山岩台地地貌分布于区内中部、西南部和东南部的大部分地区,海积阶地分布于沿海一带,河流阶地见于南渡江两侧,南渡江边的一级阶地高出海平面2~15m。宏观地貌和重复水准测量资料都显示了区内地壳运动不均衡的特点。

4. 地震

据不完全统计,1463—1834年间区域内发生过13次有感地震,多集中在东部。1605年在海口市美兰区发生了7.5级大地震,造成72个村庄沉陷和3300人死亡,是华南地区有记载以来死亡人数最多、破坏最严重的一次大地震。震中位于东部塔市附近,发震断裂主要是近东西向的富昌-群善村断裂,其次是北西向断裂,两断裂的交会处即震中。区域地震活动与东西向和北西向断裂有关,且地震等值线呈东西向展布的特点都显示东西向断裂起着发震、控震构造的作用。

第四节 区域水文地质条件

一、地下水类型及含水岩组

根据区内地下水赋存状态及含水介质特征,区内地下水可划分为松散岩类孔隙潜水、松散—半固结岩类孔隙承压水、火山岩孔洞裂隙水和基岩裂隙水四大类。其中,基岩裂隙水又细分为块状岩类裂隙水和层状岩类裂隙水。

(一)松散岩类孔隙潜水

松散岩类孔隙潜水主要分布于北部沿海、瑞溪镇—新坡镇以及文昌市铺前镇—湖山乡一带,在长流镇、永庄水库、白莲镇有少量分布(图1-4-1)。在北部沿海一带,含水层岩性主要为灰色、灰黄色中粗砂、砂砾石和粉细砂以及褐红、褐黄色黏土质砂,厚度1.10~14.79m,含水层隔水底板为Qp_1^{me}杂色黏土或Qh_2^{mcl}深灰色黏土。单井涌水量100~1000m³/d,富水性中等。地下水水位埋深1.6~23.88m,厚度0.91~9.28m,含水岩组富水性不均一,涌水量11.176~377.71m³/d,富水性中等—贫乏。

在瑞溪镇—新坡镇一带,沿南渡江近岸分布的全新统冲洪积层,岩性多为中粗砂、砂砾石等,民井涌水量一般为71.52~234.58m³/d,推算降深涌水量63.12~469.15m³/d,水量中等;中更新统冲洪积层,含水岩组岩性多为含砾黏土质砂,民井抽水涌水量为5.4~83.05m³/d,水量贫乏。在白莲镇西南、长流镇、永庄水库以及灵山镇东北一带,含水层岩性主要为褐黄色、褐红色含砾黏土质砂、砾砂等,水位埋深一般小于5.0m,水量贫乏。沿海地区该层地下水与海水水力联系较为密切,大部分为微咸水,往内陆区则为淡水,水质受地质背景和人类活动影响。沿海地区松散岩类孔隙潜水为V类水,超标组分包括NH_4^+、NO_3^-、Cl^-、SO_4^{2-}、溶解性总固体(TDS)、Fe、Mn、F^-、Hg等多种类型,地下水质量较差,主要受人工养殖染污,不适合作为生活饮用水。演丰镇东南、铺前镇珠溪河沿岸等地为Ⅳ类水,主要超标组分为Cl^-、TDS、Fe、Mn、NH_4^+等,一般受到地表水及人类工程活动的影响,适合作为农业和部分工业用水。区内其他地区主要为Ⅲ类水,地下水质组分含量中等,适合作为集中式生活饮用水及工业用水。

(二)松散—半固结岩类孔隙承压水

松散—半固结岩类孔隙承压水主要赋存于琼北盆地,根据地下水埋藏条件,琼北盆地海口地区在500m深度范围内可划分出4层承压水,各承压水含水岩组结构特征分述如下。

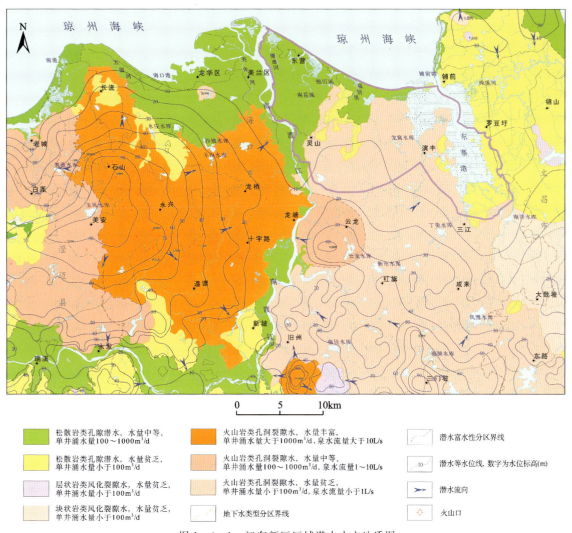

图1-4-1 江东新区区域潜水水文地质图

1. 第一层承压水

第一层承压水主要赋存于海口组第三段（N_2h^3），平面上主要分布于海口市的遵谭镇—云龙镇—演丰镇一线以北，长流镇—金牛岭一线以南，西北部的长流镇—金牛岭以北沿海地区及东南—西南部的演丰镇、云龙镇、东山镇以南地区缺失（图1-4-2）。含水层岩性主要为灰色—灰黄色贝壳碎屑岩、贝壳砂砾岩，钙质胶结。含水层上覆的隔水层岩性为页状黏土、粉质黏土，局部为黏土质砂或被玄武岩直接覆盖。该含水层顶板埋深一般在20～50m，由南向北、由东向西埋深变大，石山镇一带埋深达100～150m。含水层厚度一般在10～50m，总体上由南向北厚度增加，在石山镇东南侧至美安镇一带相对较厚，厚度为35～60m（谢磊，2013）。区内第一层承压水富水性以中等为主，主要分布于北部区域，单井涌水量100～1000m^3/d；调查区南部海口美兰国际机场一带较小区域富水性差，单井涌水量小于100m^3/d。

2. 第二层承压水

第二层承压水主要赋存于海口组第一段（N_2h^1），平面上主要分布于东山镇—十字路镇—红旗镇—三江镇一线以北，在东南部和东北部盆地边界缺失，分布面积比第一承压水含水层大，为海口地区的主要开采层位（图1-4-3）。含水层岩性为褐黄色、浅肉红色贝壳砂砾岩、贝壳碎屑岩，以半固结为主，部分呈松散状，以钙质胶结为主，贝壳碎屑结构，孔隙和孔洞发育；常见有1～2个分层，层间夹砂质黏土、粉质黏土等。含水层顶板埋深一般40～150m，从东南向西北逐渐增大；西部的石山镇—美安镇—永兴镇火山岩台地区埋深较大，一般140～200m；西北部沿海的长流镇—海口市一带埋深最大，一般150～250m。含水层厚度一般30～50m，长流一带厚度较大，最大可达90m（谢磊，2013）。该层地下水总体位于承压水径流区，孔隙发育，钻孔涌水量389.5～4080.1m^3/d，水量丰富。

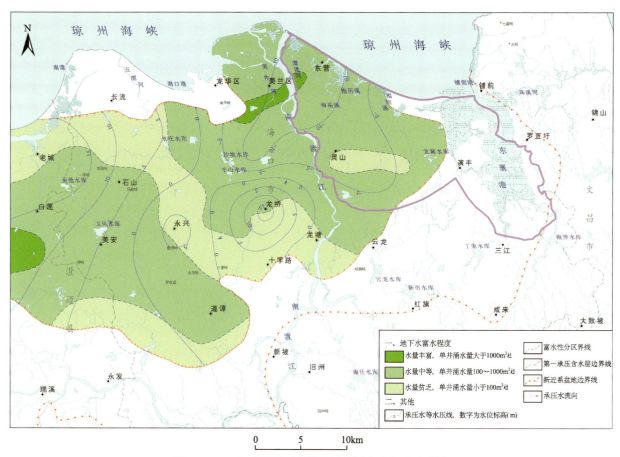

图1-4-2　江东新区区域第一层承压水水文地质略图

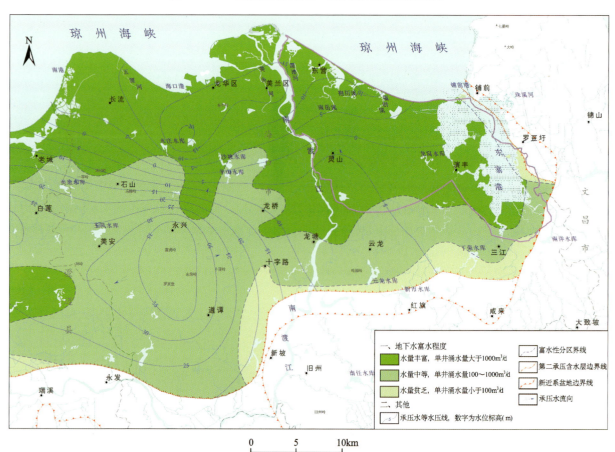

图1-4-3　江东新区区域第二层承压水水文地质略图

3. 第三+四层承压水含水岩组

第三+四层承压水含水岩组主要赋存于灯角楼组（N_1d）上段，除了盆地东南龙塘镇—云龙镇—咸来镇一带缺失外，其他地段均有分布。含水层岩性主要为绿色、黄绿色含砾中粗砂、砂砾、含砾黏土质砂等（图1-4-4）。顶板埋深一般60~250m，总体上从东南向西北逐渐增大；西北部沿海的长流镇一带埋深最大，一般220~340m。含水层一般有2~4层，层间夹1~5m页状黏土、粉质黏土等，含水层厚度一般15~50m，总体呈四周薄、中间厚，中部龙桥镇一带较厚，厚度可达50.4~69.23m（谢磊，2013）。该含水层总体自南向北，自西向东，由盆地边缘向盆地中心，含水层厚度和孔隙度增大，富水性逐渐增强。钻孔涌水量一般241.75~1 884.1m³/d，定安南渡江沿岸可达2104~6208m³/d，推测承压水在南渡江一带接受河水补给。

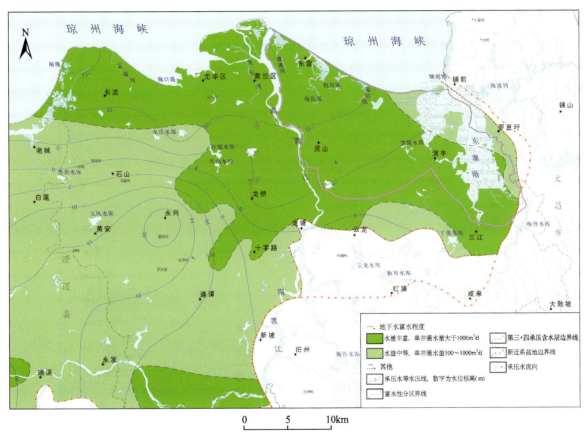

图1-4-4 江东新区区域第三+四层承压水水文地质略图

区内承压水水质总体以Ⅲ类水为主，其次为Ⅳ类水、Ⅴ类水。第一层承压水Ⅴ类水主要沿江东新区滨海区南渡江入海口—兴洋大道一带分布，主要超标组分为Cl^-、Fe、Mn，其他区域为Ⅲ类水。第二层承压水Ⅲ类水主要分布于灵山镇、演丰镇、三江镇一带，Ⅳ类水主要分布于东营镇沿海一带，主要超标组分为Fe、Mn。第三+四承压水含水岩组Ⅲ类水主要分布于演丰镇—三江镇一带，其他地区主要为Ⅳ、Ⅴ类，超标组分主要为Fe。

（三）火山岩孔洞裂隙水

在长流镇—石山镇—遵谭镇以东，含水岩组厚度1.48~94.00m，总体以罗京盘—雷虎岭—永茂岭一带的全新世火山岩地区厚度较大，含水岩组厚度一般大于50.0m，水位埋深总体由补给区至台地边缘排泄区水位埋深逐渐变浅。石山镇—永兴镇一带的火山岩台地区埋深达70~114m，含水层厚度1.00~31.32m。单井涌水量大于1000m³/d，泉水流量大于10L/s，水量丰富。

在旧州岭一带，玄武岩风化残积层不发育，含水岩组岩性主要为气孔状玄武岩，含水岩组厚度一般5.0~70.0m，水位埋深变化较大，单井涌水量大于1000m³/d，泉水流量大于10L/s，水量丰富。

老城镇—美安镇—东山镇和龙塘镇—云龙镇一带,单井涌水量 $100\sim1000m^3/d$,泉水流量 $1\sim10L/s$,水量中等。含水层岩性主要为气孔状—蜂窝状玄武岩,含水岩组厚度一般大于 30.0m,水位埋深受地形控制,总体由补给区至台地边缘排泄区水位埋深逐渐变浅。民井水位埋深 $0.28\sim42.6m$,水位标高 $10\sim80m$ 不等,自南向北逐渐变小。

在灵山镇—云龙镇一带,含水岩组岩性主要为玄武岩,在云龙镇岭脚岭一带富水性中等,其他地段富水性贫乏。含水岩组顶板埋深一般 $2.75\sim18.08m$,厚度 $10.01\sim38.75m$,水位埋深一般 $1.75\sim19.90m$。

在演丰镇—三江镇—东路镇以西、旧州镇—三门坡镇—东路镇以北以及金牛岭一带,岩性为玄武岩,含水岩组顶板埋深 $0\sim17.87m$,水位标高 $-1.99\sim38.21m$,含水岩组厚度 $0.9\sim36.82m$,水位随地形变化较大。单井涌水量小于 $100m^3/d$,泉水流量小于 $1L/s$,富水性总体较为贫乏。

火山岩孔洞裂隙水主体为Ⅰ~Ⅱ类、Ⅲ类水,其次为Ⅳ类水。Ⅰ~Ⅱ类水主要分布于调查区南渡江上游区,地下水质量较好,各组分含量较低,适合各种用途。区内大部区域地下水属Ⅲ类水,各组分含量中等,适合作为集中式生活饮用水及工业用水。Ⅳ类水零星分布,主要超标组分为 Fe,超标组分主要与地质背景有关,适合作为农业和部分工业用水。

(四)基岩裂隙水

1. 块状岩类裂隙水

块状岩类裂隙水主要分布于昌福圩—大致坡镇和文昌市七星岭一带,地下水径流模数一般小于 $3L/(s\cdot km^2)$,水量贫乏。据民井抽水试验资料,民井实际涌水量一般为 $7.95\sim19.1m^3/d$,水量贫乏。

2. 层状岩类裂隙水

层状岩类裂隙水主要分布于旧州岭东侧、文昌市湖山乡北侧和大岭一带,岩性为千枚岩、砂砾岩、变质石英砂岩、绢云板岩、板岩等,地下水径流模数一般小于 $3L/(s\cdot km^2)$,单井涌水量小于 $100m^3/d$,富水性贫乏。

区内大部区域属Ⅲ类水,地下水质组分含量中等,适合作为集中式生活饮用水及工业用水。Ⅳ类水零星分布,主要超标组分为 Fe,适合作为农业和部分工业用水。

二、地下水补给径流排泄条件

区域内松散岩类孔隙潜水除接受降雨、河流水库、灌溉沟渠等入渗补给外,还接受火山岩孔洞裂隙水的侧向渗流补给。径流受地形控制,总体向南渡江、海域径流和排泄,蒸发作用是该类地下水较重要的排泄方式之一。

松散—半固结岩类孔隙承压水在石山镇地区火山口众多,火山颈沟通承压水和上部潜水,大气降水通过火山颈通道补给承压水;在盆地边缘地带,基岩裂隙水以侧渗方式补给承压水。此外,在龙塘地段南渡江河床切穿第一含水层,河水直接下渗补给第一承压水含水层。地下径流内以石山火山群和岭脚岭为中心,水位最高,地下水向北、北西和北东方向呈放射状流动,要以侧向排泄、垂直越流排泄于琼州海峡和南渡江河口。另外,人工开采是区内承压水重要的排泄方式之一,由于集中开采中深层承压水,海口地区已形成区域性降落漏斗(谢磊,2013;付检根,2012)。

火山岩孔洞裂隙水主要接受降雨入渗、水库、灌溉沟渠入渗补给。在石山镇—龙桥镇一带,火山口众多,岩石裸露,孔洞、裂隙、火山颈"天窗"发育,透水性强,有利于大气降雨渗入补给。水平方向的径流多以海口市石山—永兴火山群、定安县旧州岭以及谭文镇、蓬莱镇一带的火山口为中心向四周呈辐射状径流,海口石山-永兴火山群、海口金牛岭一带垂向上的径流作用较为明显,地下水经火山口向下部径流,补给中深层承压水(江忠荣,2012)。

基岩裂隙水主要接受降雨入渗、水库河流等地表水体入渗,以及灌溉沟渠、岩石风化裂隙及构造裂隙的渗漏补给。地下水径流总体受地形及裂隙发育程度控制,由高向低径流。蒸发、侧向渗流排泄是区内浅层地下水排泄的主要方式,由于浅层地下水水位埋藏较浅,蒸发作用总体较为强烈;渗流排泄表现为北部、东部边界附近向海域的排泄以及向地表河流、沟渠、水库的排泄。

第五节 区域工程地质条件

一、岩体类型及工程地质特征

区域岩体出露较为广泛,主要为火山岩类和碎屑岩类,次为侵入岩类,变质岩类零星分布(图 1-5-1)。根据岩性特征及工程地质性质,区域岩体可划分为喷出岩组合、侵入岩组合、贝壳碎屑岩组合和石英岩组合 4 类,具体工程地质特征分述如下。

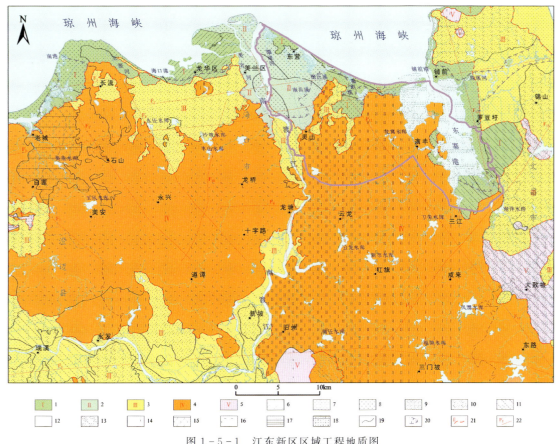

图 1-5-1 江东新区区域工程地质图

1.滨海堆积平原区;2.三角洲平原区;3.冲洪积平原区;4.火山岩台地区;5.剥蚀堆积平原区;6.人工填土;7.粉细砂;8.中粗砂;9.卵砾石;10.黏土质砂;11.粉质黏土;12.玄武岩残坡积粉质黏土;13.花岗岩残坡积砂质黏性土;14.熔岩岩性综合体;15.火山碎屑岩岩性综合体;16.花岗岩岩性综合体;17.石英岩岩性综合体;18.贝壳碎屑岩岩性综合体;19.岩(土)体类型界线;20.淤泥类土分布范围;21.工程地质分区界线及代号;22.推测断裂及编号

(一)喷出岩组合

1. 坚硬—较坚硬熔岩

坚硬—较坚硬熔岩广泛分布于澄迈县、海口市一带的火山岩台地区,海口市永兴镇、石山镇一带岩石多出露,其他地区多为其风化土层覆盖,岩性以灰色、深灰色橄榄玄武岩、橄榄拉斑玄武岩为主,呈气孔状—致密状,岩质较硬,柱状节理裂隙总体较为发育,球状风化作用明显,石山镇一带熔岩洞穴较发育。气孔状玄武岩饱和单轴抗压强度为 5.8~32.7MPa,微孔—致密状玄武岩饱和单轴抗压强度为 30.6~166MPa,干燥抗压强度为 91.2~180MPa,软化系数为 0.74~0.95。

2. 软弱火山碎屑岩

软弱火山碎屑岩主要分布于老城镇—白莲镇、金牛岭周边,岩性主要为黄褐色凝灰岩、灰色玄武质沉岩屑玻屑(或晶屑)凝灰岩等。岩石易风化和遇水软化,新鲜凝灰岩风干单轴抗压强度一般为 46.3~

57.7MPa,软化系数为0.39～0.46。强风化凝灰岩风干单轴抗压强度一般为2.2～3.3MPa,软化系数为0.01～0.11。

（二）侵入岩组合

侵入岩组合主要出露于文昌市铺前镇七星岭一带,岩性以中粗粒花岗岩、花岗闪长岩等为主,岩体风化裂隙总体较发育,浅部岩体较破碎,下部较完整,风干单轴抗压强度一般18.5～133.0MPa,饱和单轴抗压强度为11.5～126.0MPa,软化系数为0.71～0.95。

（三）贝壳碎屑岩组合

贝壳碎屑岩组合除白莲镇西南部的福龙村周边地形低洼处出露地表外,在绝大部分地区隐伏于琼北盆地下部海口组地层。岩性主要为贝壳碎屑岩、贝壳砂砾岩,钙质胶结或半胶结。饱和单轴抗压强度一般为4.11～13.56MPa。孔隙极为发育,为强透水层,具有碳酸盐岩类相似的性质,是一种可溶性岩石。

（四）石英岩组合

石英岩组合主要分布于铺前镇大岭一带,岩性主要为灰白色石英岩、变质石英砂岩,岩石风干单轴抗压强度为59.4～79.6MPa,饱和单轴抗压强度为42.2～61.3MPa,软化系数一般为0.77。

二、土体类型及工程地质特征

（一）卵砾类土

稍密—密实状卵砾石:隐伏于海口市、长流镇、澄迈县、定安县一带的全新统、下更新统滨海潟湖沉积层或中更新统冲洪积层底部,单层厚度一般0.76～6.9m,多呈透镜体出现,岩性一般以浅黄、灰褐细砾为主,次圆状—次棱角状,含卵石,分选性差,中密—密实状,承载力特征值150～400kPa。

中密—密实状卵砾石:主要为一套下更新统、新近系滨海沉积物,隐伏于三江镇一带,一般呈透镜体出现。单层厚度2.59～7.83m,岩性一般以浅黄色、灰白色细砾为主,分选性差,中密—密实,承载力特征值为200～400kPa。

（二）砂类土

1. 中粗砂

松散—稍密状中粗砂:主要分布于南渡江河漫滩、江心洲、部分河岸阶地以及珠溪河沿岸的冲洪积平原,长流镇—海口市沿海一带也有分布,为一套河流冲洪积、滨海堆积物。岩性以浅黄色含砾粗砂、中砂为主,一般与其他岩性综合体构成双层或多层结构,层厚一般1.6～16.5m,湿—饱和,松散—稍密状,承载力特征值为110～165kPa。

稍密—中密状中粗砂:隐伏于琼北盆地内,主要为一套更新统冲洪积物和滨海潟湖沉积物,中更新统中粗砂以褐红色为主,下更新统中粗砂以浅灰白色为主,岩性以含砾粗砂、中砂为主,厚度一般1.5～22.6m,饱和,稍密—中密状,局部密实状,承载力特征值为160～380kPa。

2. 粉细砂

松散—稍密状粉细砂:主要分布于区域沿海一带的沙堤、一级阶地以及南渡江、珠溪河沿岸,主要为全新统冲洪积、滨海堆积、海湾潟湖沉积物。岩性以浅黄色—浅灰色细砂为主,底部含少量中、粗粒砂,一般与其他岩性综合体构成双层或多层结构,稍湿—饱和,松散—稍密状,承载力特征值为110～150kPa。

稍密—中密状粉细砂:主要分布于琼北盆地以及文昌市、铺前镇、三江镇一带的冲洪积平原区,为一套中更新统冲洪积物、下更新统—新近系海积物,多隐伏分布。岩性以褐红色、浅灰色细砂、黏土质粉细砂层为主,次为粉砂,一般与其他岩性综合体构成双层或多层结构,厚度一般2.3～3.7m,以稍密—中密状为主,承载力特征值为130～240kPa。

3. 黏土质砂

松散—稍密状黏土质砂：主要分布于东寨港东南岸，一般与其他岩性综合体构成双层或多层结构。岩性以浅黄色黏土质细砂为主，厚度一般 0.78～2.35m，湿—饱和，以松散状为主，承载力特征值为 110～150kPa。

稍密—中密状黏土质砂：分布于琼北盆地以及海口市、文昌市、澄迈县一带广大的冲洪积平原，主要为一套中更新统冲洪积物和下更新统或中新统滨海潟湖堆积物。在冲洪积平原区都出露地表，在其他地区多呈隐伏分布，层厚 1.16～15.6m。中更新统黏土质砂以褐红色为主，下更新统和中新统黏土质砂以浅灰色为主，成分主要为石英，颗粒以中、粗粒为主，中更新统中含少量铁质结核，一般为稍密—中密状，局部密实状，承载力特征值为 150～320kPa。

（三）黏性土

粉质黏土、黏土：除白莲镇、东寨港、南渡江沿岸和桂林洋一带出露外，其余地段多呈隐伏状，为一套河流冲洪积和滨海沉积物组合。全新统粉质黏土（黏土）塑性指数为 10.9～22.5，孔隙比为 0.63～1.24，液性指数为 0.45～0.72MPa，压缩系数为 0.3～0.48MPa^{-1}，以中压缩性为主，承载力特征值为 120～200kPa；更新统和上新统粉质黏土（黏土）塑性指数为 10.3～21.2，孔隙比为 0.47～1.53，液性指数为 0.12～0.91，压缩系数为 0.1～0.49MPa^{-1}，以中压缩性为主，承载力特征值为 150～300kPa。新近系海口组粉质黏土以灰色、深灰色为主，多呈硬塑状，局部含贝壳碎屑硬块，工程性质良好。

玄武岩残坡积粉质黏土：广泛分布于灵山镇—云龙镇—红旗镇—三门坡镇一带的火山岩台地区，多出露地表，下部多为风化玄武岩、凝灰岩。土层厚度一般 1.1～31.0m。玄武岩风化残坡积层的岩性主要为褐红色粉质黏土，下部常夹有碎石；凝灰岩风化残坡积层的岩性主要黄褐色粉质黏土，含有粉细粒砂。该类土的最大特点是孔隙比大、压缩性高、具弱膨胀性。孔隙比为 0.71～1.69，压缩模量为 1.13～5.08MPa，压缩系数为 0.6～1.65MPa^{-1}。承载力特征值为 110～155kPa。

花岗岩残坡积砂砾质黏性土：主要分布于文昌市以北的剥蚀堆积区，岩性为褐黄色夹灰白色砾（砂）质黏性土，以可塑—硬塑为主，含较多石英颗粒，颗粒多呈棱角状，下部含碎石较多，局部地区为碎石土。该类土厚度一般 1.9～26.3m，塑性指数 8.8～21.4，孔隙比为 0.62～0.99，压缩模量为 3.00～4.88MPa，压缩系数 0.33～0.59MPa^{-1}，以中压缩性为主，承载力特征值为 160～230kPa。

（四）特殊类土

人工填土：主要分布于海口万绿园、世纪公园、海甸岛、起步区一带，岩性较杂，填料为中细砂、粉质黏土、砂质黏土等，工程性质较差。

淤泥类土：主要分布于海口秀英区—海甸岛—东营市—桂林洋、东寨港、盈滨半岛一带，为一套全新统港湾、潟湖沉积物，与其他岩性综合体构成多层结构。顶板埋深 0～10m，单层厚度一般 0.4～18.9m，南渡江出海口—海甸岛一带厚度一般超过 10m。岩性以深灰色或灰黑色淤泥质粉质黏土为主，孔隙比为 1.06～1.27，液性指数 1.5～2.1，一般呈流塑—软塑状，压缩系数 0.53～1.01MPa^{-1}，具高压缩性，工程性质差，承载力特征值为 40～80kPa，不宜作为基础持力层。

第六节 海域地理地质条件

一、地形特征

江东新区海域共计约 390km^2，以铺前湾—北港—塔市区海水养殖连线为界，由内湾和外湾两部分组成，南部的内湾称东寨港，北部的外湾称铺前湾。湾口朝向西北，口门宽约 19km，东寨港面积约 50km^2，外海海域约 340km^2。外海海域分布 3 个人工岛，其中如意岛分布于测区中心区域，面积 6.7km^2，另外两个岛屿为马祖岛和景观岛，面积分别约为 0.4km^2 和 0.5km^2。

江东新区附近海域海底地貌类型较多，尤其铺前湾内湾更为复杂，东寨港水域开阔，以潮滩为主，绝大部分水域的水深小于1m，红树林生长茂密。东、西两侧有两条潮汐通道贯穿南北，东侧水道较深，在4~6m之间，是东寨港的主航道，外湾海岸到如意岛地势起伏不大，呈盆状，由岸边向外海（由南向北）倾斜至湾口，如意岛以北海底地形地貌变化较大。铺前湾岸段为滨海平原，内弯岸线曲折，曲口半岛深入湾内，外湾岸线较平直，口门较稳定。外海面积较大，测区东北侧（琼州海峡中央沟槽内）深度达100m。

二、潮汐特征

琼州海峡东侧为南海的不正规半日潮海区，琼州海峡处于两潮波的交汇处，潮波运动异常复杂，潮汐性质、潮差等潮汐特征沿琼州海峡变化迅速。海口湾的潮汐形态数为3.86，属不正规日潮。在月球赤纬较大的日期，潮汐现象为一日有一次高潮和一次低潮，潮差最大，为大潮期；月球赤纬较小的日期，潮汐现象为一日有两次高潮和两次低潮，潮差较小，为小潮期。

三、潮流运动特征

区域海区潮流具有往复流性质，为半日潮流，大潮期流速大于小潮期流速。铺前湾潮流椭圆长轴与等深线走向趋于一致，10m水深附近流速大于近岸处5m水深附近；东寨港内潮流椭圆长轴则与潮汐通道深槽走向一致，流速基本上由表层至底层递减。

在潮流的运动特征上，区域潮流转流时间各不相同，但共同特点是出现在平均水位附近，反映潮波传播的类型为前进波。各垂线平均的水流运动方向在平均水位以上是向东流动，平均水位以下是向西流动。潮流与潮位过程的对比表明，涨潮时段的水流是以西流为主，落潮时段的水流是以东流为主。东寨港及其口门附近，涨潮时主要为"S"向流，落潮时主要为"N"向流；实测涨、落潮最大流速基本出现在平均水位附近时段，最小流速出现在高、低平潮附近的涨憩、落憩时段，说明东寨港内潮波运动以驻波形式为主。

四、波浪特征

区域波浪较小，主要为风浪，夏季多为离岸风，波浪较小，而冬季为向岸风，波浪略大。区域海域全年以风浪为主，风浪占76%~85%，涌浪占14%~23%。风浪在冬季出现最多，其他季节风浪略少。

区域海域常浪向为ENE，频率为30.1%，次常浪向为NE，频率为22.9%。波浪出现最少的方向为S—WSW。受季风风向影响，区域海域常浪随季风而变化，东北季风期（11月至次年3月），常浪向为ENE，次常浪向为NE，季风转换期（4—5月、9—10月）常浪向、次常浪向与东北季风期一样，分别为ENE、NE，但常浪向出现频率略低于冬季，次常浪向出现频率略高于冬季；西南季风期（6—8月）常浪向为NE，次常浪向为NW，为北部湾波浪和琼州海峡东口传入。

从海湾轮廓上来看，S向和SE向的风浪对海湾的影响是微弱的，而N向、NE向和NW向风浪则成为岸滩塑造及沿岸漂沙运移的主要动力。

五、表层沉积物特征

根据沉积物粒度特征、样品粒度级配和分布环境的相似性，江东新区海区沉积物划分为粉砂、粉砂质砂、砂质粉砂、细砂、中砂、砾砂六大类。

粉砂为区内最细的沉积物类型，局部分布于牛姆石与石角的海域，中值粒径为0.014mm，粉砂百分含量为56.90%，分选性差，分选系数为3.09mm。粉砂质砂分布于调查海域西北区5m等深线以外及新埠角南部海域，中值粒径0.157~0.390mm，分选系数2.44~2.89，分选性差。砂质粉砂分布于东寨港内潮汐水道，平均粒径为0.022~0.044mm，分选性差，分选系数介于2.76~2.80。细砂为区内主要沉积物类型之一，广泛分布于东寨港内潮坪及口门西北侧，中值粒径0.170~0.376mm，分选系数0.44~0.25，分选性好、分选性中等、分选性差均有分布。中砂为区内的主要沉积物类型，广泛分布于东寨港口门外，即铺前湾中部，中值粒径0.257~0.69mm，分选性由好至差均有分布，分选系数为0.65~2.64。砾砂中值粒径介于0.230~0.986mm，分选系数为1.86~3.00，分选性差，峰度为0.60~1.14，主要分布于新埠角、安彦石、石角等岬角或礁石分布区。

第二章　陆海统筹地质特征与人地作用影响

第一节　陆海统筹地形地貌特征

一、地形特征

江东新区地势平缓，呈南高北低之势。大部分为平原区和火山岩台地边缘区域，海拔一般10～30m，在海滩涂区，海拔一般为1～5m。调查区的南部火山岩台地区有少量波状低丘分布，一般海拔为30～45m，波状低丘呈放射状起伏延伸。海口江东新区附近海域海底地势总体平缓，如意岛以北外海地形起伏变化较大。

东寨港内地形较为平坦，滩涂较多，滩涂水深范围为0～1.5m，在东寨港内分布中央航道，航道北侧较宽(50m)，深度约7m，向南延伸逐渐变窄且弯曲较大，最后变成河沟延伸出东寨港。

二、地貌特征

(一)陆地地貌特征

1. 构造侵蚀丘陵

构造侵蚀丘陵主要为分布于海拔200m以下的低丘陵，见于铺前湾东北岸的七星岭和大岭，呈孤立状的残丘，散布在堆积阶地之中。山体浑圆，主要由花岗岩和寒武系组成，破面冲刷严重，基岩裸露。

2. 玄武岩侵蚀剥蚀台地

玄武岩侵蚀剥蚀台地主要分布于海湾的南岸，面积大，沿潟湖平原内侧成片分布，台面波状起伏，连绵宽阔，海拔一般小于30m。岩性主要为橄榄玄武岩和辉石橄榄玄武岩。台地上多宽阔的沟谷，溪流发育，在谷地有大量树林发育，侵蚀剥蚀作用强烈，是本区农作物主要耕种区。

3. 堆积阶地(三级)

堆积阶地(三级)主要分布在海湾东北部，呈片状分布，北侧和沿岸沙坝连接，西侧和南侧与潟湖平原连接。该阶地地面高低不平，海拔一般为10～40m，组成物为含砂或含卵石或砂卵的黏土层及卵石层，厚度变化较大。

4. 潟湖平原

潟湖平原主要分布在东寨港东侧的铺前镇、罗豆圩等地，以及铺前湾中部福创港的桂林洋一带，成片分布。潟湖平原宽阔平坦，因平原上小河溪发育，潟湖平原呈弯弯曲曲延伸，海拔一般为1～5m，是区内主要的农田耕作区，组成物为黑色淤泥、泥灰土、黏土层等。

5. 海积平原

海积平原呈带状分布在东寨港内两侧岸边，平原面微向海倾，平原的前缘常为围垦海堤。平原海拔一般为0.5～3m，组成物为黑色淤泥及黏土层等。

6. 三角洲平原

三角洲平原分布在南渡江东侧入海口处，呈半扇状。三角洲平原十分平坦，但小河汊发育，平原海拔一般在3m以下，是本地区的主要农耕区。组成物上部为黄色黏土质砂层，下部为黄色砂卵层，各层水平变化很大,斜层理明显。

(二)海岸地貌特征

1. 沙坝

沙坝分布在铺前湾南侧和东侧海岸,南侧沿岸沙坝呈弧形环铺前湾延伸,长达 20km,宽为 200～400m。组成为黄褐、黄色砂及砂砾石,含有贝壳碎屑。东侧沿岸沙坝呈近南北延伸,沙坝宽 100～200m,局部沙坝由数条沙垅组成,组成物为黄色中粗砂。

2. 潮滩

潮滩主要分布在东寨港内,呈大片状分布。该潮滩的顶部均为红树林密集潮滩,潮滩宽度一般为 1～2km,部分 3～4km,由泥质粉砂和粉砂组成,滩面较稳定,有逐渐淤高趋势,人在其上行走下陷 5～20cm 不等。

3. 海滩

海滩主要分布在铺前湾南侧和东侧沿岸,呈细长带状分布,在南侧沿岸宽度为 100～200m,在东侧沿岸宽度为 150～300m,在北港岛至塔市一带宽度为 1000m 左右,滩面平坦,坡度为 1°～1.5°。南侧海滩组成物为砂砾,中部为砂,东部沿岸为砂砾等。

(三)海底地貌

1. 水下浅滩

水下浅滩主要分布在铺前湾。该水下浅滩地形呈盆状,由岸边向外海(由南向北)倾斜,底质以砂质沉积为主。

2. 潮汐通道与深槽

潮汐通道主要分布在东寨港内,呈树杈状向湾顶延伸,成为进入港内红树林区的主要水流通道,东寨港西半部的潮汐通道长达 6km,东半部的潮汐通道与进出铺前港的深槽连接长达 11km。深槽主要发育在铺前湾中南部,呈北西向向铺前和东寨港内延伸,长达 5km,宽度 300～400m。该深槽成为进出铺前港各种吨位船只的主要通道。

3. 海底冲槽及陡坎

海底冲槽及陡坎主要分布在如意岛西北侧,海底地形最低,且该区海底非常起伏,水深接近 100m。从该区域开始逐步进入琼州海峡的中央冲槽区,海底冲槽、陡坎普遍发育。

(四)海底微地貌特征

通过侧扫声呐解译图像,发现该地区海底地貌复杂,在海口江东新区海域共判读出 12 种地貌地物:划痕、冲沟、硬质物、海底养殖区、掉落物、浮球锚地、桥墩、沙波、沙脊、沙坑、沙丘和礁石。该体系多见于陆架浅海地区(图 2-1-1)。

该地区沙波、沙脊及沙丘较为发育。其中,沙脊分布较为集中,主要分布于测区西侧和东北侧,东南大部分平坦区域不存在沙脊,故推断西侧和北侧海水冲刷强度明显强于东南侧。如意岛附近沙波(明暗相间的细条纹)分布不连续,有明显的人工痕迹,推测该区进行了人工采砂活动;礁石分布较为集中,主要分布于东侧沿岸区域。西侧及北侧零星分布,硬质物地貌主要为海底强反射区,推测为石块或硬质海底。测区内分布妈祖岛(正在建设)、如意岛(已停工)及景观岛(正在建设)3 个人工岛,故推断石块来源主要是人工填岛时掉落或人工岛护坡冲刷。通过海底擦痕和养殖活动抛落物可判断出江东新区近海渔业活动区及养殖区分布较为集中,主要分布于中东部沿海 1km 范围内及人工岛西北侧和东南侧(图 2-1-2)。

三、底质沉积物类型

根据表层沉积物的粒度特征及样品粒度级配和分布环境的相似性,铺前湾沉积物可划为砂砾、砾砂、粗砂、中粗砂、粗中砂、中砂、细砂、砂(含贝壳砂)、粉砂、粉砂质砂、泥质粉砂等,分布范围如图 2-1-3 所示。

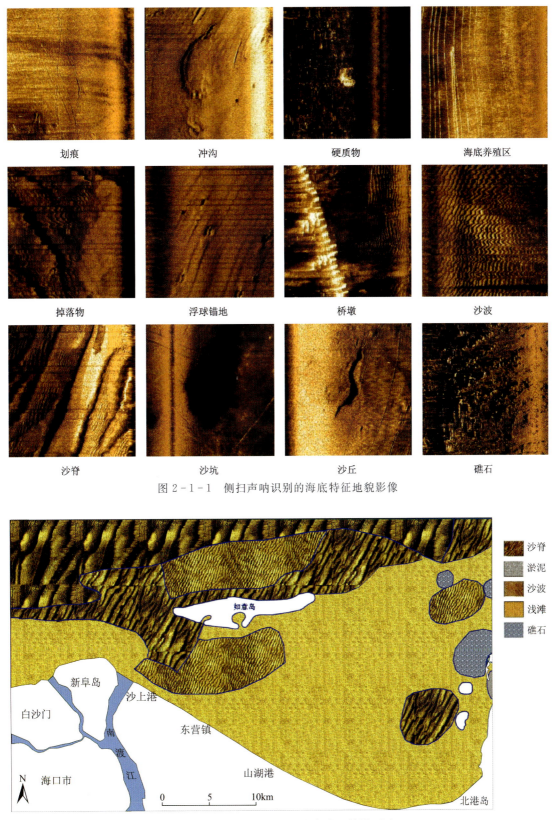

图2-1-1 侧扫声呐识别的海底特征地貌影像

图2-1-2 海口江东新区海底微地貌类型图

图 2-1-3　海口江东新区海湾底质类型分布图

1. 砂砾

该类型沉积物仅分布于东北部和东南部海底。该类型沉积物中砾石含量为 43.38%，砂的含量为 35.88%，粉砂含量为 11.72%，泥的含量为 9.02%。中值粒径为 0.57Φ；沉积物分选系数为 2.83，偏态为 -0.49，呈负偏态，众值为 2.00，频率曲线为有主峰明显的多峰形态。

2. 砾砂

本沉积物呈片状分布，主要位于东营港东北区域。沉积物中砾石平均含量为 34.72%，砂的平均含量为 57.51%，粉砂平均含量为 5.28%，部分样品中含有少量泥。中值粒径为 0.59~1.39Φ；分选系数为 1.00~2.46，分选性以中等为主，个别分选性好或差，偏态为 -1.42~0.05，以负偏态为主，极个别为正偏态，频率曲线以单峰为主，部分为主峰明显的双峰曲线。

3. 粗砂

本沉积物类型仅分布在南渡江河口处。沉积物中砂的含量为 93.10%，以粗砂为主，其含量达 75.34%。沉积物中还含有 6.06% 的砾石、0.84% 的粉砂。中值粒径为 0.34Φ，分选系数为 0.59，分选性很好，偏态为 -0.07，为负偏态，众值为 0.90，频率曲线主单峰近对称。

4. 中粗砂

本沉积物类型仅分布在铺前湾西侧琼山泊地北部和铺前湾东侧新埠海西南部近岸处，还有南渡江河口出海处。该沉积物砂的平均含量为 90.14%，以中砂、粗砂为主，还有少量砾石（5.86%）和粉砂（4.00%）。平均中值粒径为 0.78Φ；分选系数为 0.72，分选性好，偏态为 0.02~0.07，属正偏态，众值为 1.36，频率曲线为宽单峰。

5. 粗中砂

本沉积物仅分布在南渡江河口和东寨港北侧口门北港岛至铺前镇之间航道东侧。该沉积物砂的平均含量为90.27%,并以粗中砂为主,沉积物还含少量和极少量砾石(8.70%)和粉砂(1.03%)。平均中值粒径为1.2Φ,分选系数0.64,分选性好,偏态为−0.13~0.22,属负偏态,众值为1.85~1.97,频率曲线为很尖锐的近于对称型的单峰。

6. 中砂

本类型沉积物仅分布在铺前湾的白沙浅滩中部以及如意北部地区,该沉积物中砂的含量达98.64%,并以中砂为主,同时样品中还含有1.36%的粉砂。平均中值粒径为1.49Φ,分选系数为0.35,分选性很好,偏态为0,属正态分布,众值为1.98~2.00,频率曲线呈单峰很尖锐对称。

7. 砂(含贝壳砂)

本沉积物仅分布于塔市北部近岸海底和铺前湾中部海底。该沉积物中砂的含量范围为59.49%~96.72%,同时还含有1.45%~38.70%的砾石,成分以贝壳为主,还含有1.81%~11.61%的粉砂。中值粒径为−0.56~2.08Φ,其中个别样品由于含有大量贝壳,故使中值粒径变大,分选系数为0.73~1.25,分选性以好为主,个别分选性中等,偏态为−0.57~−0.02,呈负偏态,众值为0.17~2.98,频率曲线以单峰为主,个别为主峰明显的双峰曲线。

8. 细砂

本沉积物主要分布在铺前湾中部和东寨港东侧以内附近。该沉积物中砂平均含量为76.02%,并以细砂为主,沉积物中还含有11.96%的粉砂、9.05%的泥和2.97%的砾石。平均中值粒径为2.49Φ,分选系数为0.49~1.36,分选性以很好为主,部分分选性好,偏态为−0.09~0.34,正负偏态均有出现,众值为2.91,频率曲线大部分呈尖锐单峰,个别为主峰明显的多峰形态。

9. 粉砂质砂

本沉积物是本湾最主要的沉积物类型,呈片状分布在东寨港东航道中部海底。该沉积物中砂的平均含量为54.86%,粉砂平均含量为30.36%,泥的平均含量为15.02%,部分样品中还含有极少量砾石。平均中值粒径为3.82Φ,分选系数为0.49~2.56,分选性以中等为主,个别样品分选性为很好、好和很差,偏态为0.01~1.22,全为正偏态,众值为1.98~4.08,频率曲线大多数呈有一明显主峰的多峰形态,个别为单峰。

10. 粉砂

本类型沉积物仅分布在东寨港东航道的最南部。该沉积物以粉砂为主,含量达67.27%,还含有17.55%的泥和15.18%的砂。中值粒径为4.88Φ,分选系数为1.37,分选性好,偏态为0.68,为正偏态,众值为4.49。

11. 泥质粉砂

本沉积物主要分布在东寨港西部红树林区,但在东部航道中部海底也有出现。该类沉积物中粉砂平均含量为56.34%,泥的平均含量为36.42%,样品中还含有7.24%的砂。平均中值粒径为7.06Φ,分选系数为1.87~2.11,分选性中等,偏态为0.12~0.31,呈正偏态,众值为11.00,频率曲线呈多峰形态。

四、岸线类型与特征

江东新区工作区海域岸线总长度为105.0km,其中砂质岸线77.4km,淤泥质岸线24.3km,基岩岸线3.3km(图2−1−4)。铺前湾内砂质岸线占据绝对优势,仅西侧铺前镇两处人工岛位置淤泥质岸线与基岩岸线分别有2km、1km左右;淤泥质岸线主要分布在东寨港内部,这与东寨港内部有大量红树林有关,东寨港内部的砂质岸线与淤泥质岸线长度大致,均为20km左右,在下长村至禄尾村一带有约2.5km的基岩岸线;东寨港口门处岛屿全部为砂质岸线。

在东寨港范围内,潮水根据潮汐通道流入,东寨港东侧砂质岸线主要由海水冲刷作用而形成,西部及南部泥质岸线主要由海水淤积作用而形成,故海水在东寨港内主要按顺时针方向运动。在外海范围外,岸线都是砂质岸线,主要原因是海水的往复冲刷作用且水动力较强,而在文昌市新阜海存在泥质岸线,主要由海水动力减弱而海水淤积作用形成。

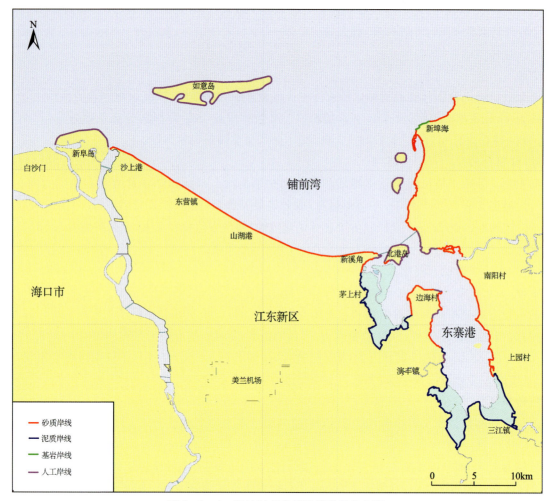

图 2-1-4 海口江东新区岸线类型分布图

第二节 陆海统筹地质结构

一、地层岩性

(一)海域地层结构

在海口江东新区海域完成两个100m深钻孔,总进尺200.25m,与陆域地层岩性进行了系统的对比分析,构建了陆海统筹地质结构特征。由海域钻探结果可得如下海域地层岩性情况(表2-2-1、表2-2-2)。

表 2-2-1　ZK01孔地层划分一览表

界	系	统	组	段	代号	厚度/m	沉积环境
新生界	第四系	全新统	未建组		Qh	1.70	浅海相
		更新统	秀英组		Qp^1x	10.60	湖泊相
	新近系	上新统	海口组	四	N_2h^4	27.35	浅海陆棚相
				三	N_2h^3	5.80	无障壁海岸相
				二	N_2h^2	54.55(未揭穿)	浅海陆棚相

注:虚线表示不整合接触,实线表示整合接触,后同。

表 2-2-2 ZK02 孔地层划分一览表

界	系	统	组	段	代号	厚度/m	沉积环境
新生界	第四系	全新统	未建组		Qh	12.05	浅海相
	新近系	上新统	海口组	四	N_2h^4	39.90	浅海陆棚相
				三	N_2h^3	5.55	无障壁海岸相
				二	N_2h^2	42.50（未揭穿）	浅海陆棚相

1. 新近系

1）上新统海口组二段

(1) 空间分布及岩性特征：ZK01、ZK02 孔均未揭穿该地层，该地层在铺前湾内 ZK01 孔处地层厚度超过 54.55m，在铺前湾外靠近琼州海峡 ZK02 孔处地层厚度超过 42.50m。该地层顶部深度为 45.45～57.50m。上新统海口组二段在海口江东新区海域以灰黑色—灰色黏土质粉砂、（粉砂质）黏土为主，其内夹两层厚 2～5m 的灰绿色、灰白色贝屑砂层，与陆地海口组二段岩性特征一致。

第一层顶部深度为 83.25～99.00m，底部深度为 100m。该深度并非该工程地质层的底部，仅为钻孔底部。该层主要为黏土、粉质黏土、粉砂，以块状层理，部分略有水平层理，含零星贝屑，局部含有砾石。

第二层顶部深度为 81.40～98.00m，底部深度为 83.25～99.00m。该层为粗砂—砾石层，黄色—灰色，大量贝屑集中分布，与下层岩性突变。

第三层顶部深度为 72.25～84.00m，底部深度为 81.40～98.00m。该层整体呈灰色，以波状层理为主，部分块状构造。下部岩性为黏土质粉砂，上部岩性为粉砂质黏土，为正粒序，反映海进作用，水深加大。且下部富集生物碎屑，见少量砾石，与下层突变。

第四层顶部深度为 66.00～82.25m，底部深度为 72.25～84.00m。该层为中粗砂，含砾，大量贝屑集中分布，整体呈灰色，部分略有固结，与下层突变。

第五层顶部深度为 54.35～70.93m，底部深度为 66.00～82.25m。该层主要为粉质黏土、黏土，整体呈灰色，以块状层理为主，部分为水平层理，部分集中分布生物潜穴、生物扰动及贝屑，与下层突变。

第六层顶部深度为 54.00～66.75m，底部深度为 54.35～70.93m。该层主要为含大量贝屑的中粗砂，以灰绿色为主，主要为平行层理，与下层突变。

第七层顶部深度为 45.45～57.50m，底部深度为 54.00～66.75m。该层主要为粉质黏土，部分见砂团，整体为灰色，部分略有固结，部分见生物扰动及贝屑。

(2) 微体古生物特征与沉积环境：本层有孔虫各参数及主要属种含量变化稳定，仅有小幅振荡，具体表现为丰度和简单分异度均为全孔最高层，平均值分别为 729 枚/g 和 34 种，浮游有孔虫比例也是全孔最高，平均达 15.6%（图 2-2-1）。含量大于 5% 的底栖有孔虫属种从高至低依次为印度太平洋假轮虫 *Pseudorotalia indopacifica*（8.9%）、强壮箭头虫 *Bolivina robusta*（8.3%）、曼顿半泽虫 *Hanzawaia mantaensis*（8.0%）、亚三刺星轮虫 *Asterorotalia subtrispinosa*（6.2%）、同现孔轮虫 *Cavarotalia annectens*（6.2%）和杜氏异鳞虫 *Heterolepa dutemplei*（5.8%）等。其中，印度太平洋假轮虫 *Pseudorotalia indopacifica* 常分布于我国东海、南海，在东海主要见于中、外陆架暖水沉积区，是典型的暖水属种；强壮箭头虫 *Bolivina robusta* 和曼顿半泽虫 *Hanzawaia mantaensis* 也是在中陆架 40～120m 水深区最为丰富；亚三刺星轮虫 *Asterorotalia subtrispinosa* 和杜氏异鳞虫 *Heterolepa dutemplei* 同样为暖水属种。另外，浮游有孔虫中也以暖水属种袋拟抱球虫 *Globigerinoides sacculifer*（4.9%）和红拟抱球虫 *Globigerinoides ruber*（3.4%）为主（注：浮游有孔虫属种百分含量是指该浮游有孔虫属种在总有孔虫壳体中的占比）。近岸浅水属种毕克卷转虫变种 *Ammonia beccarii* vars. 在本层含量普遍较低，含量平均值仅为 3.6%。因此，从有孔虫种群的整体面貌推断本层应当为水体环境较暖的中陆架沉积环境。

图 2-2-1 海口组二段主要有孔虫组合

a.印度太平洋假轮虫；b.亚三刺星轮虫；c.杜氏异鳞虫；d.强壮箭头虫；e.曼顿半泽虫；f.毕克卷转虫变种；g.日本仿轮虫；

2）上新统海口组三段

该层上部为细砂—中粗砂不等，松散，以大量贝屑集中分布为特征；下部为黏土、粉砂，底部可见砾石，质硬，部分弱固结，与陆地海口组三段一致。顶部深度为39.65～51.95m。该地层在铺前湾内ZK01孔处，地层厚度为5.80m；在铺前湾外靠近琼州海峡ZK02孔处，地层厚度为5.55m。

结合沉积物的粒度特征以及生物化石组成，说明该时期水体较浅，阳光充足，气候温暖，水生动植物繁育，水动力条件较强。因此，海口组二段时期的沉积环境为无障壁海岸环境。

3）上新统海口组四段

(1) 空间分布及岩性特征：整层主要为粉质黏土、粉砂，部分出现细砂，整体呈灰色—深灰色，部分出现灰绿色；顶部为灰色薄层粉砂质黏土与灰色薄层粉砂不等厚互层，波状层理、透镜状层理，有机质含量略高，呈深灰色—灰黑色；中部以灰色、灰绿色、灰黄色砂层为主，夹薄层(粉砂质)黏土，波状层理，推测为潮道沉积；下部为浅灰色—灰色(粉砂质)黏土。该段地层具透镜状层理，局部波状层理，可见生物潜穴(被灰色粉砂充填)，与下层渐变。顶部深度为12.05～12.30m。该地层在铺前湾内ZK01孔处，地层厚度为27.35m；在铺前湾外靠近琼州海峡ZK02孔处，地层厚度为39.90m。

(2) 微体古生物特征与沉积环境：本层与海口组二段最显著的区别是近岸浅水种毕克卷转虫变种 *Ammonia beccarii* vars. 大量增加，平均含量可达22.7%；内陆架属种日本仿轮虫 *Pararotalia nipponica* 含量也大量增加，平均含量达6.2%。其他中陆架区分布的属种均有不同程度减少，如曼顿半泽虫 *Hanzawaia mantaensis* 和强壮箭头虫 *Bolivina robusta*，其中后者降低幅度最大，平均含量由8.3%降低至1.6%。同时，本层依然含有较多的暖水属种，包括印度太平洋假轮虫 *Pseudorotalia indopacifica* (13.0%)、亚三刺星轮虫 *Asterorotalia subtrispinosa* (11.7%)等。因此，推断本层为水深变浅的内陆架浅海，且依然具有较暖水体的沉积环境，这可能与钻孔所处纬度和地理环境受热带温暖环流水体的影响有关。

2. 第四系

1）更新统秀英组

该层揭露自下而上颜色依次为灰黄色→红色→灰黄色→杂色(紫红色、灰白色等)，岩性下部为含砾砂层，上部为杂色黏土层。仅ZK01孔见该地层，顶部深度为1.7m，地层厚度为10.6m。该层与下伏地层呈平行不整合接触，代表着上新世与早更新世之交区域沉积环境发生转变。黄色、杂色的沉积物代表其可能形成于陆相氧化环境，而上部粒度较小的沉积物说明其沉积时的水动力较弱且为深水环境，显示其逐渐向陆相湖泊环境演化。

2) 全新统未建组

该层受现代海水环境影响,在 ZK01 孔处表现为粉质黏土,松散,含零星贝屑。可能是 ZK01 孔位于铺前湾内部,水动力弱,海底表层以粉质黏土为主;同时靠近东寨港口门接受南渡江贡献的细粒沉积物。在 ZK02 孔表现为含砾粗砂,松散。可能是由于 ZK02 孔位于铺前湾外,水动力强,细粒沉积物被带走,仅残余粗粒沉积物。该地层在铺前湾内 ZK01 孔处,地层厚度为 1.70m;在铺前湾外靠近琼州海峡 ZK02 孔处,地层厚度为 12.05m。

根据钻孔地层沉积特征、古生物特征等,并与江东新区重新厘定的 200m 以浅标准地层进行对比分析,对工作区 ZK01、ZK02 孔进行了地层划分(表 2-2-1、表 2-2-2)。

本次工作综合陆域钻探和海域钻探成果,利用陆域钻孔 9 个(JDSW02、JDSK03、JDSW07、JDSW09、JDSW10、JDSK11、JDSK12、JDSK27、JDSK50 号钻孔)和海域钻孔 2 个(ZK01 和 ZK02),通过地层对比分析建立了海口江东新区陆海统筹的地质剖面,钻孔位置图、地质剖面如图 2-2-2 和图 2-2-3 所示。

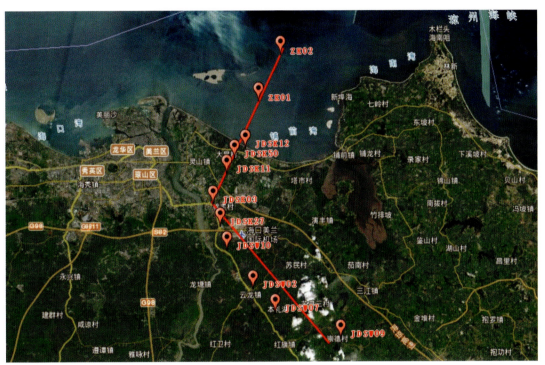

图 2-2-2 海口江东新区陆海统筹钻孔位置示意图

(二)海域地层分布

根据岩相与钻孔数据,运用层序地层学、地震地层学方法,对工作区海域海底地层进行地层对比分析。通过对地震剖面进行分析,海底 3 个地震反射界面(T0~T3)在地层中划分出了 3 个沉积单元(自上而下依次为 C1、C2、C3),其分别为第四系、上新统海口组四段、上新统三段,各地层单元的内部反射特征和所反映的地质特征及其分布情况如下。

1. 地层单元 C1(第四系)

地层单元 C1 位于海底面 T0 和反射界面 T1 之间。T0 界面为海水分界界面(图 2-2-4),反射特征受海底面控制,最深处在工作区西北部,向东南方向逐渐变浅(图 2-2-5)。T1 界面为砂及黏土质砂的分界界面近似水平层理,最深处位于工作区西北部、北部,南部较浅。

结合单道地震及收集资料的分析,工作区海域海底地层单元 C1 主要是活动性较大的细砂及近期填埋的未分选的砂与人工填土等,在海底形成沙脊、沙丘、浅水滩脊、沙垃等,稳定性较差,受水动力影响活动性较强。地层单元 C1 代表了工作区海底地层中表层第四系沉积物的分布特征,厚度变化范围在 0~30m,第四系地层在南渡江入海口处最厚,显示该处第四系地层物源主要为南渡江。

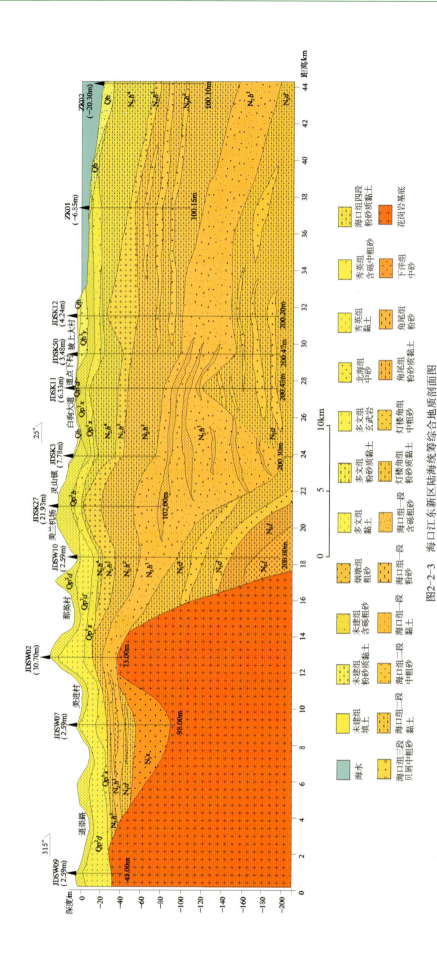

图2-2-3 海口江东新区陆海统筹综合地质剖面图

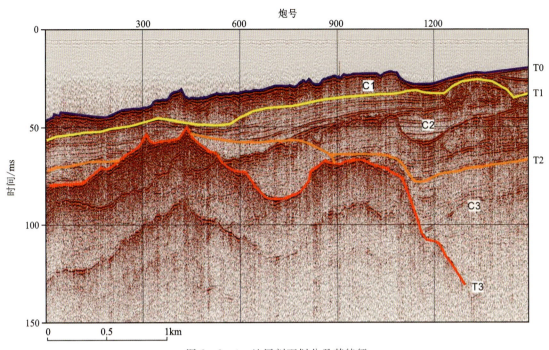

图 2-2-4 地层剖面划分及其特征

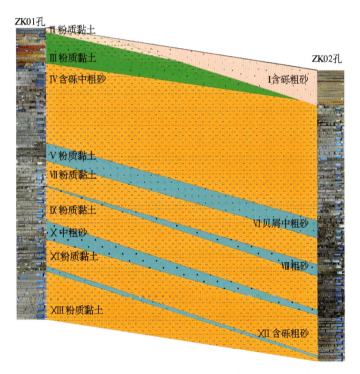

图 2-2-5 ZK01、ZK02孔工程地质地层对比划分

2. 地层单元 C2（海口组四段）

地层单元 C2 位于海底面 T1 和反射界面 T2 之间。T1 界面为砂及黏土质砂的分界界面，近似水平层理，最深处位于工作区西北部、北部，南部较浅。T2 界面为砂土层及半固结的粉砂质黏土的分界界面，北部及西北部埋藏较深，湾内较浅。

工作区海域海底地层单元 C2 主要是埋藏较厚的粉土、粉质黏土，层中多存在一定液化砂土和震陷软土，在工作区海域海底地层中广泛分布，代表了工作区海底地层的中部地层沉积物特征。海口组四段向北增厚，近岸局部较厚。

3. 地层单元C3（海口组三段）

地层单元C3位于海底面T2和反射界面T3之间。T2界面为砂土层及半固结的粉砂质黏土的分界界面，北部及西北部埋藏较深，湾内较浅。T3界面为较硬的砂质黏土的最底面，T3界面以上砂质黏土、粗砂、砾砂等分布广泛，反射波呈波状，东部浅西部深，最深处为北侧，或者更深。

工作区海域海底地层单元C3主要是半固结、半成岩，干硬，压缩性低，承载力大的砂质黏土、中粗砾砂等。受地层岩性、震源类型及能量限制，此层位声波难以穿透，信号很弱，为巨厚的海陆交互相沉积层。受琼州海峡较强水动力的影响，地层单元C3粒度较粗、分选性较差，代表了工作区的海底深层地层特征。海口组三段最厚处位于人工岛北部及工作区东北部海域地层，整体较薄，向东南略有增厚，厚度变化范围为0～40m。

二、工程地质特征

（一）海域工程地质条件

本次施工的有两个钻孔揭露出以粉质黏土和中粗砂等黏性土和砂类土为主要类型的工程地质岩组，依靠土体性质及标贯数据进行钻孔工程地质岩组划分。区内共分为13个工程地质地层，ZK01孔划分出12层，ZK02层划分出10层。其中，两个钻孔顶部地层不能对应，中下部地层对应良好（图2-2-5）。

1. 工程地质地层划分

（1）第Ⅰ工程地质层：全新统未建组，含砾粗砂，深度0～12.05m，在ZK02孔表现为含砾粗砂，松散，与ZK01孔该层的表现有区别。可能是由于ZK02孔位于铺前湾外，该处水动力强，细粒沉积物被带走，仅残余粗粒沉积物。第Ⅰ工程地质层与第Ⅲ工程地质层突变。该层受水动力环境影响较大，沉积物松散，力学性质不稳定。

（2）第Ⅱ工程地质层：全新统未建组，粉质黏土，深度0～1.7m，在ZK01孔表现为粉质黏土，松散，含零星贝屑，为现代沉积，与ZK02孔该层的表现有区别。可能是由于ZK01孔位于铺前湾内部，该处水动力弱，海底表层以粉质黏土为主，同时靠近东寨港口门，接受东寨港内部的细粒沉积物。第Ⅱ工程地质层在ZK01孔处与第Ⅲ工程地质层渐变。该层受水动力环境影响较大，沉积物松散，力学性质不稳定。

（3）第Ⅲ工程地质层：更新统秀英组上段，粉质黏土、粉砂，深度1.7～5.05m，仅在ZK01孔存在，可能向ZK02孔方向逐渐尖灭。顶部见粒径较小的砾石，上部为杂色（棕白色、灰石色）粉质黏土，含粗砂透镜体（暗红色），向下变为黄色—浅灰色粉砂，较为均匀。第Ⅱ工程地质层与下层渐变。该层粉质黏土、粉砂，松散，土粒比重2.66，孔隙比0.575，饱和度78%，塑性指数15.3%，液性指数0.08，压缩系数0.173MPa^{-1}，压缩模量10.44MPa，黏聚力14.5kPa，标准贯入试验锤击数为16，强度低。

（4）第Ⅳ工程地质层：更新统秀英组下段，中粗砂，深度5.05～12.3m，仅在ZK01孔存在，可能向ZK02孔方向逐渐尖灭。上部为中砂，向下粒度逐渐增大，变至含砾粗砂，颜色主要为黄色，中部为红色中砂。第Ⅳ工程地质层与下层突变。该层上部为中砂，松散，土粒比重2.61，孔隙比0.525，压缩系数0.120MPa^{-1}，压缩模量12.68MPa，渗透系数1.82×10^{-4}cm/s，有机质含量0.13%，标准贯入试验锤击数为13，强度低；下部为含砾粗砂，松散，标准贯入试验锤击数为41～48，强度低，高击数可能是由砾石阻碍造成的。

（5）第Ⅴ工程地质层：上新统海口组四段，黏土、粉质黏土，顶部深度为12.05～12.3m，底部深度为39.65～51.95m。整层主要为粉质黏土、粉砂，部分出现细砂；整体呈灰色—深灰色，部分出现灰绿色；以块状构造为主，部分为水平层理、波状层理，见透镜体构造；部分见生物扰动及贝屑。第Ⅴ工程地质层与下层渐变。该层为粉质黏土、粉砂，土粒比重2.69，孔隙比1.058，液性指数0.91，压缩系数0.260MPa^{-1}，压缩模量8.98MPa，渗透系数在3.67×10^{-8}～9.79×10^{-5}cm/s变化，有机质含量1.35%，标准贯入试验锤击数多在30～40之间，局部低于30或高于50。该层土体强度稍强，但无规律。

（6）第Ⅵ工程地质层：上新统海口组三段，中粗砂、粉质黏土，顶部深度为39.65～51.95m，底部深度为45.45～57.50m。该层上部为细砂—中粗砂不等，以大量贝屑集中分布为特征；下部为黏土、粉砂，局部有砾石，质硬，部分弱固结。第Ⅵ工程地质层与下层渐变。该层上部为细砂—中粗砂不等，土粒比重2.71，孔隙比 0.840，液性指数 0.56，压缩系数 0.225MPa^{-1}，渗透系数 $1.06\times10^{-7}\text{cm/s}$，有机质含量 0.78%。标准贯入试验锤击数为 51～53，松散，强度稍高；下部为黏土、粉砂，标准贯入试验锤击数在 41～45，强度稍高。该层土体强度稍强，向下强度略有减小。

(7)第Ⅶ工程地质层：上新统海口组二段第 1 层，粉质黏土，顶部深度为 45.45～57.50m，底部深度为 54.00～66.75m。该层主要为粉质黏土，土粒比重 2.69，孔隙比 0.642，液性指数 0.52，压缩系数 0.150MPa^{-1}，压缩模量 11.93MPa，渗透系数 4.66×10^{-8}～$1.41\times10^{-7}\text{cm/s}$，有机质含量 0.74%，部分见砂团，整体为灰色，部分略有固结，部分见生物扰动及贝屑，土体强度较强。

(8)第Ⅷ工程地质层：上新统海口组二段第 2 层，粗砂，顶部深度为 54.00～66.75m，底部深度为 54.35～70.93m。该层主要为含大量贝屑的中粗砂，以灰绿色为主，主要为平行层理，标准贯入试验锤击数为 48，但由于大量易于破碎的贝屑存在，不宜作为持力层。

(9)第Ⅸ工程地质层：上新统海口组二段第 3 层，黏土、粉质黏土，顶部深度为 54.35～70.93m，底部深度为 66.00～82.25m。该层主要为粉质黏土、黏土，整体呈灰色，以块状层理为主，部分为水平层理，部分集中分布生物潜穴、生物扰动及贝屑。该层为粉质黏土、黏土，土粒比重 2.71，液性指数 0.37，压缩系数 0.163MPa^{-1}，压缩模量 11.79MPa，渗透系数 1.44×10^{-8}～$2.61\times10^{-7}\text{cm/s}$，有机质含量 0.87%，无标准贯入试验，但根据标准贯入试验锤击数曲线趋势，该处地层强度较为稳定，且强度较强。

(10)第Ⅹ工程地质层：上新统海口组二段第 4 层，中粗砂，顶部深度为 66.00～82.25m，底部深度为 72.25～84.00m。该层为中粗砂，含砾，大量贝屑集中分布，整体呈灰色，部分略有固结。第Ⅹ工程地质层与下层突变。

(11)第Ⅺ工程地质层：上新统海口组二段第 5 层，粉质黏土，顶部深度为 72.25～84.00m，底部深度为 81.40～98.00m。该层为黏土、粉质黏土，整体呈灰色，以波状层理为主，部分块状构造，下部富集生物碎屑，见少量砾石。第Ⅺ工程地质层与下层突变。该层为中粗砂，含砾，土粒比重 2.64，孔隙比 0.650，液性指数 0.36，渗透系数 1.40×10^{-7}～$2.21\times10^{-4}\text{cm/s}$，有机质含量 0.44%，标准贯入试验锤击数为 36～43，ZK02 孔击数为 59，可能是由于存在大量砾石，该层强度较强。

(12)第Ⅻ工程地质层：上新统海口组二段第 6 层，粗砂、砾石，顶部深度为 81.40～98.00m，底部深度为 83.25～99.00m。该层为粗砂-砾石层，黄色—灰色，大量贝屑集中分布。第Ⅻ工程地质层与下层突变。该层为粗砂-砾石层，土粒比重 2.63，液性指数 0.17，渗透系数 $9.68\times10^{-5}\text{cm/s}$，砾石多，不宜作为持力层。

(13)第ⅩⅢ工程地质层：上新统海口组二段第 7 层，黏土、粉砂，顶部深度为 83.25～99.00m，底部深度为 100m，该深度并非该工程地质层的底部，仅为钻孔底部。该层主要为黏土、粉质黏土、粉砂，以块状层理为主，部分略有水平层理，含零星贝屑，局部含有砾石。该层主要为黏土、粉质黏土、粉砂，土粒比重 2.71，孔隙比 0.668，液性指数 0.26，压缩系数 0.166MPa^{-1}，压缩模量 10.32MPa，黏聚力 75.6kPa，内摩擦角 21.2°，渗透系数 1.82×10^{-8}～$6.22\times10^{-8}\text{cm/s}$，有机质含量 0.95%，标准贯入试验锤击数为 47～52，其质均且土体强度稳定，较强，是较好的持力层。

2. 承载能力分析及适宜性评价

根据《建筑地基基础设计规范》(GB 50007—2011)中 5.2 节，对地层承载力进行初步计算。其中，粉土、黏性土依靠室内物理、力学指标平均值确定地基承载力标准值，砂土依靠标准贯入试验锤击数确定地基承载力标准值。

综合原位试验所得力学参数与土工试验所得物理学参数，通过查表法得到 ZK01 孔地层承载力基本值的变化趋势。由深度-承载力基本值关系图(图 2-2-6)可以看出，上部第Ⅱ～Ⅴ工程地质层承载力较弱，平均值为 160kPa，其中，第Ⅳ工程地质层的承载力高值可能是由砾石层标准贯入试验锤击数数值增大导致的，不能认定其具有较高的地层承载力；第Ⅵ～ⅩⅢ工程地质层相比上部地层，承载力有明显提高，且更加稳定，承载力基本值的平均值为 287kPa，具有较好的承载力。

第Ⅰ、Ⅱ工程地质层位于海底表面，受水动力环境影响较大，沉积物松散，力学性质不稳定，不宜作持力层；第Ⅲ工程地质层土体松散、强度低，不宜作持力层；第Ⅳ工程地质层为中砂，底部含砾石，土体松散，不宜作持力层；第Ⅴ工程地质层含水率较高，土体密度较低，孔隙比较大，局部压缩模量中等，承载力较低，

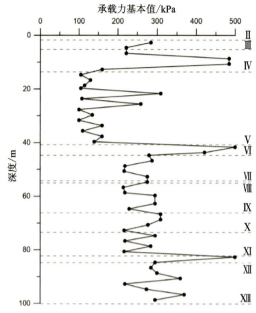

图 2-2-6 ZK01 孔土体承载力基本值与深度关系图

不宜作持力层;第Ⅵ、Ⅶ、Ⅸ～Ⅺ、ⅩⅢ工程地质层含水率低—中等,密度较高,孔隙比较低,压缩模量低—中等,承载力高,是良好的持力层;第Ⅷ工程地质层含大量贝屑;第Ⅻ工程地质层为土体松散的粗砂—砾石层,均不宜作持力层。

(二)海域不良工程地质体及稳定性分区

1. 海底表面稳定性

侧扫声呐解译图像显示,该地区海底地貌复杂,有沙波、沙脊、陡坎、侵蚀沟槽等微地貌单元。海底地貌形态的动态变化给海域工程建设活动带来潜在的安全风险。

以如意岛为线,向北地形起伏变大,由沙波、沙脊过渡为浅槽陡坎,显示越靠近琼州海峡中部,水动力越强,对海底的影响越大,海底稳定性也由于沙脊等在水动力环境中的不断迁移而降低。如意岛东南的广大区域水动力较弱,海底平坦。沙波沙丘在潮流、海流及风暴潮作用下的移动和伴随的侵蚀与淤积会对跨海管线、海缆和海底建筑物的稳定性产生威胁。因此,沙波沙丘导致的海底不稳定应该成为该区域海上施工建设的首要考虑因素。

在铺前湾西侧与海口湾相邻海域海底,从15m至40m水深处发现数条海底侵蚀沟槽。侵蚀沟槽由海底表层沉积物遭受侵蚀冲刷而成。一方面沟槽的地形起伏成为工程地质障碍性因素;另一方面有的沟槽标志着海底的侵蚀作用仍在进行,侵蚀作用改变海底地形结构,可能使海底管线产生位移、架空甚至断裂。

该地区硬质物地貌分布较广,主要位于妈祖岛与景观岛的北侧,可能为石块或裸露基岩。石块的主要来源可能是人工填岛时掉落或从人工岛护坡冲刷。石块的掉落及滑动亦为该区域海底不稳定因素之一,可能导致海底电缆及支撑物的破坏。

除活动的沙波等微地形外,在研究区海域发现大量人工痕迹,包括船锚等造成的海底擦痕、养殖浮球锚体及沉船、集装箱等。这些都可能对海底稳定性产生一定的影响。

2. 海底深部稳定性分析

本次在工作区内共识别出5类地质异常体:浅层气、不规则浅部埋藏基岩、裸露基岩、潮流沙脊、海底陡坎(图 2-2-7)。其中,浅层气广泛分布在研究区东南部大部分海域,在西部、北部有零星分布;不规则浅部埋藏基岩及裸露基岩分布在东北部海域,分布较为零散;潮流沙脊零星分布在整个研究区北部,多连续出现但规模较小;海底陡坎分布在研究区最北部。

浅层气:一般指聚集在海底以下1000m以浅的有机气体,通常呈现出层状、高压气囊状、团状和气底劈4种形态,一般由被掩盖的生物有机质经过长期封闭环境的热演化而形成,主要分布在河口和陆架海区

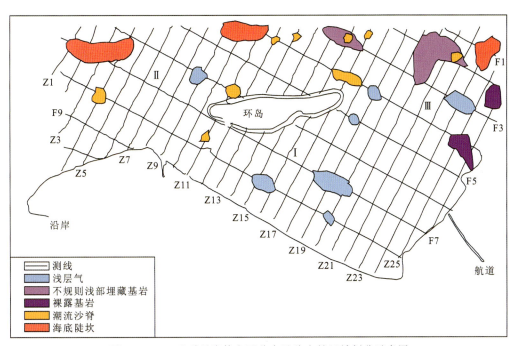

图 2-2-7 地质异常体主要分布及稳定性区域划分示意图
Ⅰ.如意岛南侧浅层气区；Ⅱ.如意岛北侧沙波区；Ⅲ.如意岛东侧基岩区

的海底地层中,通常不需要长距离运移,极易被水下河道砂体或三角洲砂体等储集层近源捕获(冯京,2014)。

在声学地层剖面中,浅层气主要表现出洼坑、气道、声学空白状、声学幕、声学柱状扰动等的特征(图 2-2-8)。浅层气在末次冰期古河道较为发育,富含陆源碎屑沉积物。由于浅层气的活动,浅层气富集区沉积物孔隙水含量较高,沉积物不能固结,土体受力强度小,因此浅层气埋藏区不易进行工程建设。研究区浅层气分布广泛,特别是在河口近岸区域(东部及东南部,人工岛周围有零星分布)。特别指出,海南岛是华南地区的强震区之一,该区域有地震史,因而地震更易导致浅层气释放从而发生灾害。

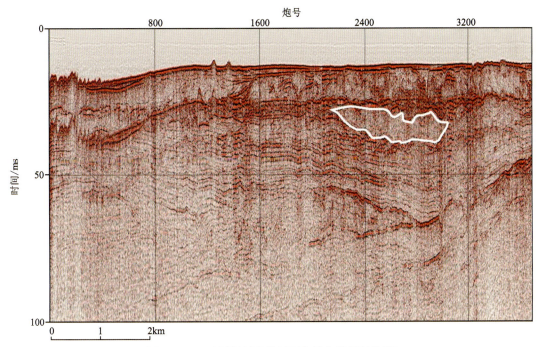

图 2-2-8 浅层气剖面特征(白线为浅层气界线)

不规则浅部埋藏基岩:该类型地质体在海底地层剖面上以中—低频、强振幅、低连续性为主,反射形态以随机性高低起伏为主,内部反射杂乱模糊,无层理,对两侧地层无明显扰动,上覆少量沉积物或直接出露海底(冯京,2014)。研究区不规则基岩面主要分布在东北部,分布较为零星。本区浅部埋藏基岩埋藏深度一般小于15m,顶界面在地层剖面上以中—高频、强振幅、较连续反射为主,内部反射则模糊杂乱,无层理,并且对两侧地层有明显扰动,上覆第四系沉积物(图2-2-9)。浅部埋藏基岩由于与围岩的岩性不均一,两者的承载力有差异,不适合作为持力层,否则不利于工程构筑的稳定性,会给海上平台、输油管线铺设等海上工程的实施带来潜在的危害。

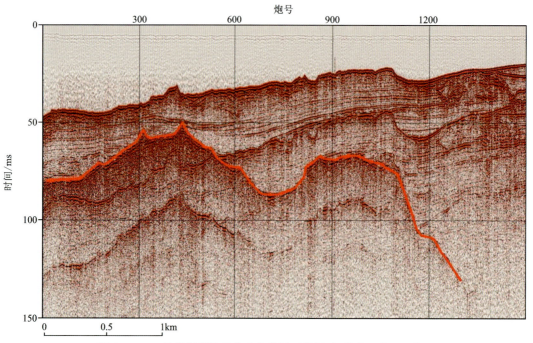

图2-2-9 浅部埋藏基岩典型声学剖面特征(红线为基岩面界线)

裸露基岩:在调查区西部发现,其顶界面在地层剖面上以中—高频、强振幅、较连续反射为主,其内部反射则模糊杂乱、无层理,并且对两侧地层有明显扰动(图2-2-10)。裸露基岩主要靠近东部海岸及潮滩区出露,由于其岩性均一且硬度大,不利于进行持力层的选择,不利于船舶抛锚,且对于海上平台、输油管线铺设等海上工程的实施产生潜在的影响。

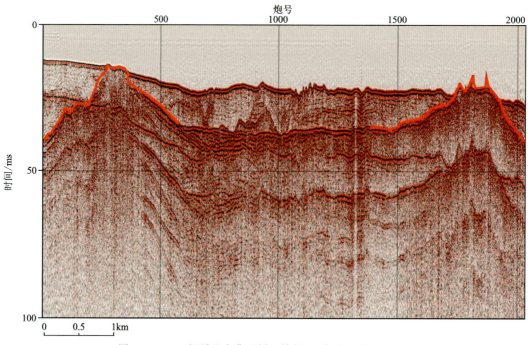

图2-2-10 裸露基岩典型剖面特征(红线为基岩面界线)

潮流沙脊：在地层剖面上，因与测线相交的角度不同而形态各异，总体形态为丘状，具有高频弱反射特征，内部层理大多清晰，有的呈现半透明层，整体多为斜交前积反射结构，沙脊的底部界面呈下超接触（图2-2-11）。它主要分布在研究区的西部、北部，与侧扫声呐图像一致，地层剖面上可见沙脊呈丘状，高2~3m，零星分布但规模都很小，表面常伴有一些波状起伏的活动沙丘。潮流地貌的凹凸不平及其活动性对海底管线、钻井平台等海上工程都有一定的威胁。由于潮流冲刷槽所处的地貌部位海洋动力作用很强，侵蚀过程伴随沉积物的群体运动，形成凹凸不平的侵蚀地形，给海底管线铺设和平台建设产生很大的潜在危害，其不稳定性对海底管线和桩柱的破坏作用巨大。

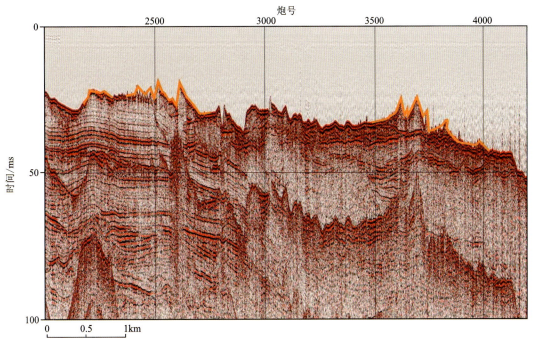

图 2-2-11　潮流沙脊（黄线为潮流沙脊界线）

海底陡坎：主要发育在海底地形变化较大和强水动力的环境，地貌形态表现为坡度急剧变化，水深起伏剧烈，因此陡坎常与侵蚀沟槽相伴而生。陡坎的致灾因素主要在于坡度，坡度1°~4°在开阔海域的斜坡即可产生诱发性坍塌，研究区内陡坎坡度在1°~6°（图2-2-12），在强潮流动力或天然地震因素影响下

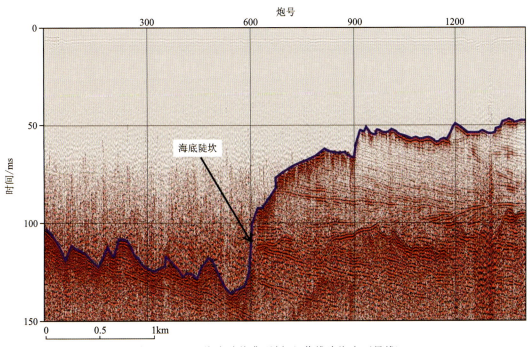

图 2-2-12　海底陡坎典型剖面（紫线为海底面界线）

极有可能诱发坍塌,从而给海底的工程建设带来较大的潜在危害,因此在工程建设选址时应注意避让。研究区陡坎主要分布在北部、西部。

3. 稳定性区域划分

综合归纳铺前湾及其相邻海域地质条件,根据海底地形地貌及海底地层异常结构分布,将该区域划分为3个不同的海底稳定性区(图2-2-7)。

(1)如意岛南侧浅层气区(Ⅰ):该区域为较稳定区,范围为如意岛南侧大部分区域,海底地形平坦,主要为平沙区,少见沙波、沙脊,表示海底表面沉积物移动缓慢,水深变化不大。海底表层沉积物主要为细砂—中砂,有大量埋深在50m以浅的浅层气发育,集中分布在靠近如意岛区域,东寨港口门处未见发育。该区域可以进行海底电缆铺设及一般工业民用建筑物的海洋工程建设,但施工前需要对该区域浅层气分布进行准确调查,避免在浅层气区域施工。

(2)如意岛北侧沙波区(Ⅱ):该区域为不稳定区,范围为如意岛北侧全部区域,海底地形起伏变化加大,从如意岛向北地形变化为沙脊区—浅槽陡坎区,水深向西北侧逐渐增加,在研究区西北侧边缘坡度突然加大,靠近如意岛的位置存在一地形相对平坦的沙波区,可能是如意岛的建设导致该处水动力减弱而形成的。该区域浅层气少见,东侧出现浅埋基岩。该区域不适合进行海上工程建设,靠近琼州海峡,水动力强,海底地形变化大且沉积物移动频繁,难以承载工程建筑。

(3)如意岛东侧基岩区(Ⅲ):该区域为较稳定区,范围为如意岛东侧,海底主要为平沙区,向北地形起伏变大,该区域可见部分礁石及淤泥;另可见浅埋及裸露基岩。钻探资料显示,该处地层整体为北西倾向,上覆沉积物西北厚、东部薄,东南侧沉积物厚度的增加可能是由口门出水动力环境瞬间减弱导致的,因此仅该区域可见大量基岩。该区域由于大量基岩的存在,对工程建筑的承载力在研究区最强,可以进行一般工业民用建筑物及较重的大型建筑物建设,但需要重点关注地形变化对工程的影响。

三、水文地质特征

(一)含水层及其富水性

海口江东新区陆域主要赋存第四系松散岩类孔隙潜水、火山岩类孔洞裂隙水和松散—半固结岩类孔隙承压水三大类,其中松散—半固结岩类孔隙承压水根据地下水埋藏条件在100m深度范围内可划分为第一、第二承压水含水层。

在海域100m深度范围内,通过地质钻孔对海域地层中主要含水层分布及特征进行了有效识别。海域100m深度范围内以松散岩类孔隙承压水为主,通过地层岩性对比分析,主要富水含水层为海口组三段中粗砂层和海口组二段粉质黏土层中所夹中粗砂层,相当于江东新区陆地地下水第一承压水含水层。以下为两个钻孔揭露主要含水岩组特征和富水性特征。

通过与陆域地层对比分析,两个钻孔揭露的主要含水层,主要赋存于海口组三段和二段中。ZK01孔的含水层主要为3个较厚的砂层,深度分别为40.00~45.00m、66.00~72.25m、81.40~83.25m,渗透系数为11.59~12.05m/d,平均值为11.82m/d;涌水量变化范围为98.4~144m³/d,平均涌水量121.2m³/d;TDS为1.34g/L,属于微咸水,且与海水具有显著差异。ZK02孔的含水层主要为2个较厚的砂层,深度分别为51.95~54.10m、66.75~71.58m,渗透系数为15.87~16.78m/d,平均值为16.33m/d;该孔涌水量变化范围为91.2~130.08m³/d,平均涌水量110.64m³/d;TDS为1.36g/L,属于微咸水,与上覆海水特征具有显著差异。海上ZK01孔与ZK02孔正处于由陆向海延伸的范围内,与陆域含水层具有较好的延续性和连通性,且海上钻孔涌水量判断富水性特征与陆域第一承压水含水岩组富水性特征基本一致,推断其补给来源以陆域地下水的侧向补给为主。

(二)地下水化学特征与补给来源分析

ZK01孔与ZK02孔出露地下水温度为18~19℃,显著低于陆地地下水(24~29℃)。pH均为7.59,显示海底地下水的pH较为稳定;海底地下水TDS为1342~1359mg/L,陆域地下水TDS总体为117~

453mg/L,但局部承压水受到高位养殖咸水入渗的影响,出现地下水咸化,TDS可达1830mg/L,显示出海底地下水可能受到上覆海水入渗的影响或取样过程中受到海水混合的影响。

从地下水化学类型来看(图2-2-13),陆地潜水表现出低TDS特征的Cl^-型或$HCO_3^-\cdot Cl^-$型地下水,承压水普遍表现出低TDS特征的HCO_3^-型地下水,直接受到海水或养殖海水影响的地下水表现出较高TDS的$Cl^-\cdot HCO_3^-$型或Cl^-型地下水,海底地下水表现为较高TDS的Cl型地下水,说明其直接受到海水的影响,但阳离子表现出Na^+和Ca^{2+}混合类型,可能是由于海底地下水在含水层中发生了显著的阳离子交换作用。综合分析各项指标,陆域潜水和承压水地下水质量总体为Ⅰ~Ⅱ类,而此次获取的海底地下水样品中TDS、NH_4^+、Cl^-等指标仅满足Ⅳ类水要求。

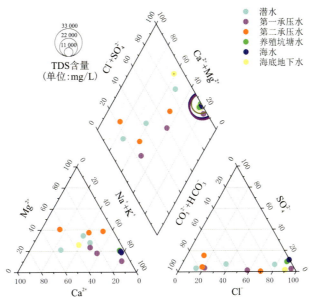

图2-2-13 地下水Piper三线图

氢氧同位素可以有效指示地下水的补给来源和特征。本次对海水、地表养殖水、陆域地下水和海底地下水氢氧同位素组成进行了分析,通过与全球大气降水线(GMWL)和海口当地大气降水线(LMWL)进行对比,该地区地下水氢氧同位素组成均靠近大气降水线(图2-2-14),说明该地区地下水以大气降水补给为主。同时从大部分地下水样品氢氧同位素组成位于大气降水线上方推测,该地区含水层硅酸盐矿物丰富,与含水层介质间发生一定的氧同位素交换。通过分析氢氧同位素发现,此次采集的海底地下水氢氧同位素组成与陆域地下水氢氧同位素组成几乎相同,并未受到海水的明显影响,说明海底含水层与陆域地下水具有较好的连续性,同时海底地下水与陆域地下水具有良好的水力联系。

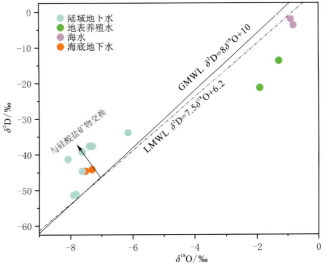

图2-2-14 陆域地下水、海水、海底地下水与地表养殖水氢氧同位素组成关系图

由锶同位素比值($^{87}Sr/^{86}Sr$)与水样品锶含量的倒数关系可以看出(图2-2-15),由潜水到承压水垂直入渗过程具有较好的混合关系,而受到地表养殖水咸化影响,海底地下水与海水具有较为一致的组成特征,这说明海水与海底地下水之间存在一定的水力联系,海底地下水咸化明显受到海水混合的影响。

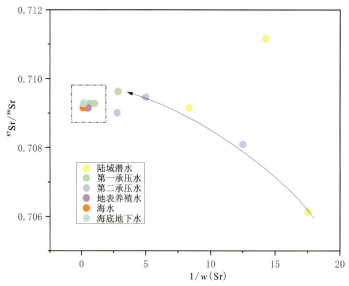

图2-2-15　陆域地下水、海水和海底地下水锶比值与锶浓度关系图

以上分析表明,海底地层与陆地地层具有较好的连续性,形成陆海一体的含水层结构和特征,使得陆域地下水与近岸海底地下水具有较好的水力联系。该含水层上覆较厚的黏土层为海底地下淡水的赋存提供了良好的隔离环境,经过多期发育,构成含水层良好的隔水顶底板,海底第四纪地层为淡水资源赋存提供良好条件,形成很好的海底淡水含水层。因此,研究表明,海口近岸海域海底赋存较为丰富的地下淡水资源,具有较好的开发利用潜力,但在开发利用过程中应注意海水混合和入渗的后续影响,有助于为如意岛及近岸地下水供给提供重要来源和途径。

第三节　近岸主要环境地质问题

一、海岸线变迁与人类活动影响

根据海口江东新区岸线的特点以及遥感图像成像质量,选取了1987年、1990年、2000年、2005年、2010年、2013年、2016年和2018年的多源多时相遥感图像为主要数据源。Landsat系列的影像包括1987年、1990年、2000年、2005年、2010年的TM影像,以及2013年、2016年、2018年的OLI影像。利用遥感影像专业处理软件ENVI和GIS软件,对海口江东新区进行遥感图像处理和海岸线信息提取。

利用上述数据与方法,提取了海口江东新区8期海岸线位置及属性信息。通过对自然岸线和人工岸线的分布特征及长度进行对比,并结合研究区地理区位因素,对不同类型海岸线分布特征展开分析,给出了1987—2018年30多年间岸线变迁情况,并对变迁较大的岸段进行了分析。

(一)海岸线变迁总体特征

30多年间,随着海口城市拓展、其他海岸带开发活动的日益增多,以及南渡江河口地区的不断淤积和人工建设,海口江东新区海岸线长度呈现出减少→增长→稳定的总体趋势(表2-3-1),海岸线长度净减少0.76km。

1987—1990年间江东新区岸线类型主要为自然岸线,受到人为活动改造的程度较轻,其中生物岸线和砂质岸线为该时期的主要岸线类型;1990—2000年和2000—2010年分别是20世纪的最后一个10年和21世纪的第一个10年,江东新区处于起步发展阶段,以开发沿海资源为主,对海岸带改造明显;1990—

表 2-3-1　海口江东新区海岸线长度及类型统计

单位:km

类型	1987年	1990年	2000年	2005年	2010年	2013年	2016年	2018年
基岩岸线	2.28	1.97	1.87	0	0	0	0	0
河口岸线	0.73	0.83	0.88	1.01	0.98	1.06	1.11	1.04
淤泥质岸线	36.64	32.14	24.76	7.70	7.96	8.95	11.86	5.57
砂质岸线	49.12	45.90	46.12	39.26	43.75	38.55	27.58	26.31
生物岸线	64.03	64.17	55.45	55.89	56.80	54.66	58.02	57.29
人工岸线	4.20	5.19	17.62	43.05	43.56	50.44	60.94	66.03
合计	157.00	150.20	146.70	146.91	153.05	153.66	159.51	156.24

2000年间人工岸线长度开始显著增长,生物岸线逐步减少;2000—2010年阶段人工岸线持续增长,多由淤泥质岸线与生物岸线改造而来,而海岸线总长度在2000—2005年这5年间较稳定,而后5年有所增长;2010—2018年,江东新区进入快速发展阶段,人工岸线继续增长,而砂质岸线明显减少,海岸线长度变化趋于稳定(图2-3-1)。若划分不同区域进行分析,南渡江河口区与东寨港在这31年间变化较大。

在各类型海岸线中,生物岸线最长,所占比例高,呈现出先减少再增长的趋势,由1987年的64.03km减少到2000年的55.45km,13年间减少了8.58km,平均变化速度为0.66km/a,所占全岛海岸线比例由1987年的40.78%减少到2000年的37.80%。江东新区生物岸线基本为红树林岸线,主要分布在东寨港。

淤泥质岸线和砂质岸线长度均呈现出减少趋势,淤泥质岸线长度减少速率相对较大,31年间减少了31.07km,平均变化速度为1.00km/a,所占比例从23.34%减少到约3.57%,分布范围主要在南渡江河口与东寨港红树林保护区;砂质岸线31年间减少22.81km,平均变化速度为0.74km/a,分布范围集中在江东新区北部与南渡江河口。

河口岸线在各类型海岸线中所占比例最少、变化幅度也较小的岸线类型,长度在31年中呈现出增长趋势,由1987年的0.73km增加到2018年的1.04km,31年共增加了0.31km,平均增长速度为0.01km/a,主要分布于东寨港与南渡江河口。

人工岸线在各类型海岸线中变化也十分显著,一直处于增长趋势,由1987年的4.20km增长到2018年的66.03km,31年间岸线长度增长了61.83km,平均增长速度为1.99km/a,2018年人工岸线占总岸线长度的42.26%,为研究区第一大海岸类型,在全区均有分布。

基岩岸线长度持续减少,1987年基岩岸线长度2.28km,到2005年全部转变为人工岸线。

(二)重点区域岸线变迁分析

1. 东寨港红树林岸线分析

31年间,东寨港海岸线总体长度由1987年的78.80km减少到2018年的77.89km,减少了0.91km。生物岸线是东寨港的主要岸线类型,受人类活动及政府保护政策影响,生物岸线由1987年64.03km减少到2018年57.29km,减少了6.74km;淤泥质岸线是东寨港海第二大岸线类型,1987年淤泥质海岸约占海岸线总长度的15.56%,31年间减少了6.69km,基本都转变成了人工岸线;基岩岸线消失,成为人工岸线;河口岸线基本处于稳定状态;2000年后出现一定规模的人工岸线,主要是由于在生物海岸及淤泥质海岸上建造盐田与养殖池塘,由2000年的8.11km增加到2018年14.83km(图2-3-2,表2-3-2)。

(1)1987—2000年:该时期海岸线总体长度由1987年的78.80km减少到2000年的75.21km,减少了3.59km。该时期人类活动对海岸的改造开始显现,人工岸线增加了8.11km,均由生物岸线和淤泥质岸线转变而来;淤泥质岸线与生物岸线分别减少了2.70km和8.58km,均转变为人工岸线。围塘养殖是该时期海岸线变化的主要原因。20世纪80年代左右"围海造林"的水稻田因土壤盐渍化严重,改造工程失败,而后在其区域建造养殖池塘,新增人工岸线3.58km,截至2000年东寨港养殖围塘约8.69km²。

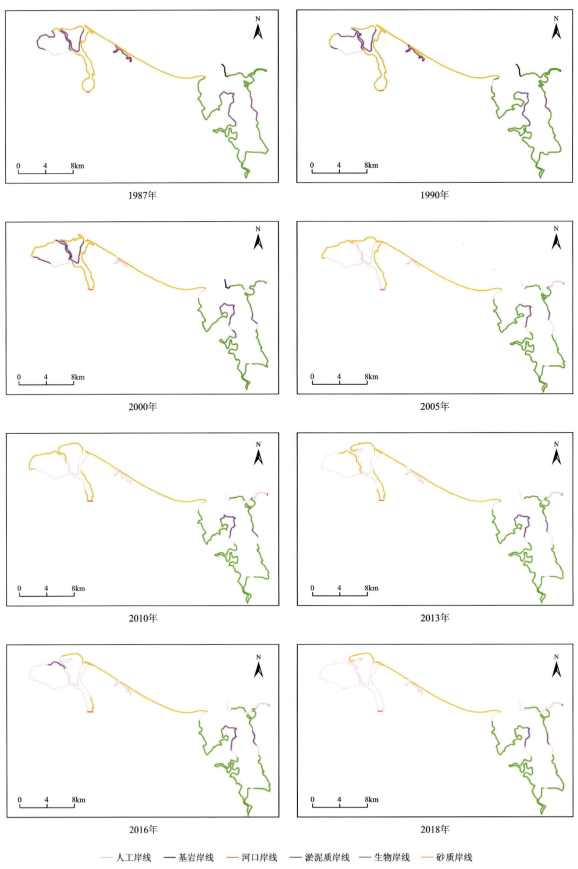

图 2-3-1 海口江东新区 1987—2018 年不同海岸线类型变化特征图

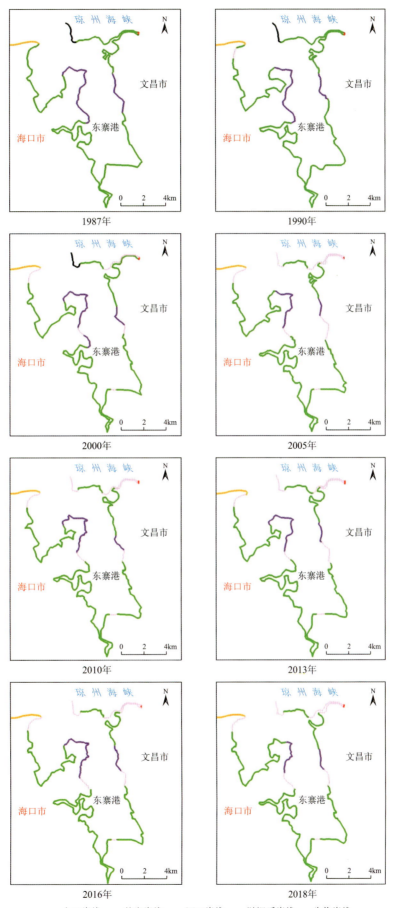

图 2-3-2 东寨港 1987—2018 年不同海岸线类型分布图

表 2-3-2　东寨港海岸线长度统计　　　　　　　　　　　　　　　　　　　　　　　单位：km

类型	1987年	1990年	2000年	2005年	2010年	2013年	2016年	2018年
基岩岸线	2.28	1.97	1.87	—	—	—	—	—
河口岸线	0.23	0.20	0.22	0.28	0.20	0.23	0.24	0.20
淤泥质岸线	12.26	10.02	9.56	7.70	7.96	8.95	8.54	5.57
生物岸线	64.03	64.17	55.45	55.89	56.80	54.66	58.02	57.29
人工岸线	0	0.98	8.11	15.38	14.72	14.12	14.01	14.83
合计	78.80	77.34	75.21	79.25	79.68	77.96	80.81	77.89

(2) 2000—2010年：该时期总体岸线长度有所增加，由2000年75.21km增加到2010年79.68km。岸线变化主要集中在珠溪河北岸及罗豆圩附近海岸。该时期以人工岸线变化为主，共增加了6.72km，有1.60km的淤泥质岸线与1.87km的基岩岸线转为了人工岸线，其余增长的人工岸线则由生物岸线转变而来。生物岸线长度在该时期整体变化不大。围塘养殖与人工修复是海岸变迁的主要原因。三江镇养殖围塘区域在该时期不断扩充，而人工修复红树林使红树林破碎程度减轻，生物岸线变得相对平直。

(3) 2010—2018年：该时期东寨港岸线总长度相对减少，由2010年79.68km减少到2018年77.89km。岸线变化主要集中在山尾村及罗豆圩附近。该时期以生物岸线与淤泥质岸线变化为主，其中生物岸线先减少再增加，总体增加了0.49km，而淤泥质岸线减少2.39km，并转变成人工岸线与生物岸线。人工岸线长度在该时期整体变化不大，说明持续的退塘还林举措使东寨港红树林岸线长度在这一时期有所恢复。

2. 南渡江河口区岸线分析

南渡江在近口段以上河床地形依次为台地、低阶地、平原区；近口段以下至汊道分流处，河口区面临琼州海峡，由于径流和潮流的相互作用消能，河床形态复杂，浅滩分布纷乱。

南渡江河口区岸段的变化主要表现在老河口废弃三角洲与南渡江三角洲，由于得不到泥沙的补给，在波浪作用下原有的河口堆积区和曲折的岸线逐渐被夷平，海岸线趋于直线状。1987—1990年间，岸线类型较单一，主要为砂质岸线以及部分淤泥质岸线和河口岸线；1990年至今，南渡江三角洲逐渐向海扩张，海甸岛面积由11.36km²增大到13.8km²，岸线类型新增了人工岸线，主要由港口、码头、人工岛等工程快速建设导致；由于砂质海岸不断受到潮流和波浪的作用，泥沙几乎侵蚀殆尽（表2-3-3，图2-3-3）。河口岸线宽度在31年间增加了0.43km，主要受径流季节变化影响和建成的琼州大桥的影响。

表 2-3-3　南渡江河口区海岸线长度统计　　　　　　　　　　　　　　　　　　　单位：km

类型	1987年	1990年	2000年	2005年	2010年	2013年	2016年	2018年
河口岸线	0.45	0.62	0.66	0.75	0.79	0.81	0.86	0.88
淤泥质岸线	24.38	22.14	15.19	0	0	0	3.01	0
砂质岸线	38.23	39.55	35.29	28.26	23.48	27.56	16.96	15.64
人工岸线	0	4.21	9.50	27.78	30.12	36.55	47.03	50.84
合计	63.06	66.52	60.64	56.79	54.39	64.92	67.86	67.36

（三）岸线变迁原因及趋势分析

随着时间的推移，江东新区自然岸线和人工岸线的长度都在变化，呈现出一种此消彼长的趋势，其中自然岸线整体呈现出逐渐减少的趋势，人工岸线整体呈现增加的趋势。以2000年为时间节点，2000年之前自然岸线呈现递增状态，人工岸线总体变化不大；2000年之后自然岸线长度呈递减趋势，人工岸线长度反而显著增加。

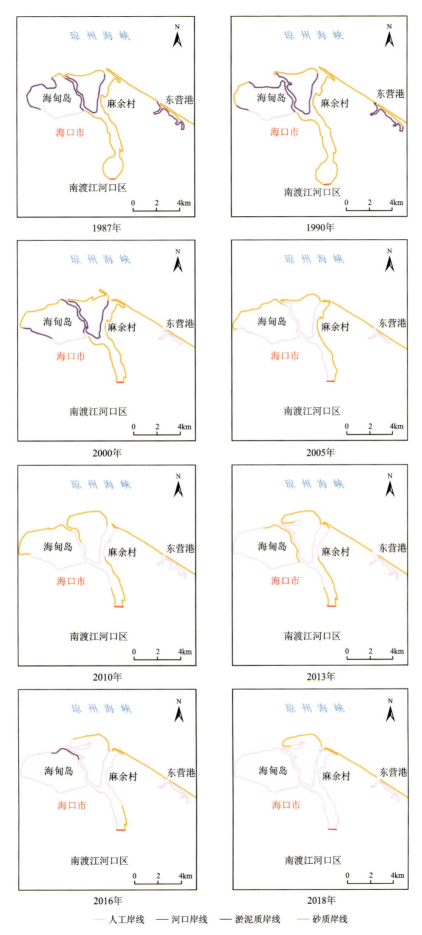

图 2-3-3 南渡江河口区 1987—2018 年不同海岸线类型分布

海岸线变迁的原因复杂多样,总结起来主要为自然因素和人为因素。造成研究区域海岸线变迁的自然原因主要有:海南岛受东北和西南季风影响,全年热带风暴和台风频繁,海浪和风暴潮是海岸线变化的重要因素;海平面上升是海岸线变化的又一影响因素,海平面上升使得海岸泥沙遭受冲刷,岸线逐渐侵蚀后退(隋燕,2018)。实际上,人类活动是江东新区海岸线变迁的主要驱动力,主要表现为人工围垦、修建养殖池、修建港口码头、修建岸堤、人工采砂等人类活动。

1. 人工采砂

20世纪六七十年代,因建设、建造的需求,开始在河流、海滩布设采砂点,砂质海岸的泥沙亏损是造成该类海岸侵蚀的一个重要原因。南渡江河口位于海口市,自改革开放以来随着城市建设进程加快,建筑用砂需求不断加大。据统计,1983年到1990年间,南渡江河口区采砂量以平均每10年翻一番的速度在不断增加。

2. 海岸工程建设

港口、码头建设不断使岸线向海推进且平直化。

3. 养殖池、盐池的修建

海南岛潟湖丛生,为养殖业提供了优越的地理位置条件,养殖围塘主要分布在东寨港周围。人类的活动造成了人工岸线长度持续增加,自然岸线长度在逐年减少,岸线总长度呈持续增长趋势。人工围垦海岸并进行开发利用是研究区海岸线向海推进的主要驱动力,使海岸线向海域推进距离增加。

二、海岸带地面沉降与形变

本次以海口江东新区及周围陆海一体区域为对象,应用ALOS-2雷达图像数据,克服区域植被覆盖度高的难题,以短基线集(SBAS)技术为主要手段,结合其他SAR数据时间序列分析技术,以形变监测为需求,以该区域地表沉降和稳定性监测为目标,该区域2017—2019年开展了InSAR遥感监测工作。

(一)海口江东新区整体地面沉降状况

对7景ALOS-2数据进行裁剪、配准、预滤波等操作,生成可能的干涉对,对干涉相位质量进行检查,最终选取了12个干涉相位图用于地表形变参数估计。然后根据计算得到的平均相干系数图,设置相关阈值,得到研究区高相干点。由上述方法和处理流程得到了研究区的地表形变速率图,如图2-3-4所示。

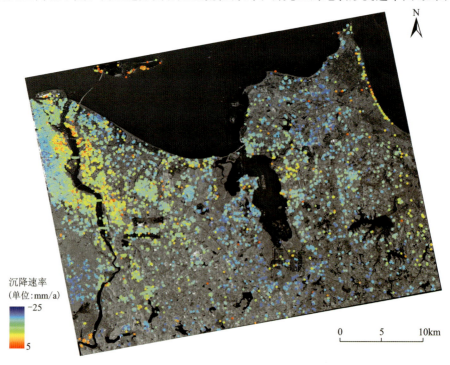

图2-3-4 江东新区年均沉降速率分布图

从图中可以看到,整体上江东新区 2017—2019 年的年沉降速率为-25~5mm/a,大部分区域的沉降速率为-5~5mm/a,表明研究区整体比较稳定。

海口江东新区及沿海地区沉降主要分布在南渡江和琼州海峡两岸,另外在东寨港附近有一处明显的沉降中心。根据沉降速率插值图,计算得到了江东新区沉降范围的面积统计信息(表 2-3-4),沉降速率大于-20mm/a 的区域面积为 2.44km², 沉降速率在-20~-10mm/a 的区域面积为 9.22km², 江东新区大部分区域沉降速率都在-10~10mm/a 区间,属于比较稳定状态(图 2-3-4)。

表 2-3-4　江东新区年均沉降速率面积统计表

沉降速率区间	mm/a	≤-20	[-20,-10]	[-10,0]	[0,10]
面积	km²	2.44	9.22	182.3	109.7

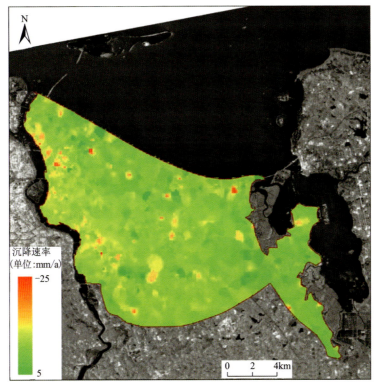

图 2-3-5　海口江东新区年均沉降速率插值图

(二)典型区域地面沉降特征

1. 南渡江两岸形变

基于 ALOS-2 数据的南渡江两岸的形变,如图 2-3-6 所示,可以看到南渡江两岸存在明显的形变,最大的形变速率达超过了-20mm/a。选取了 $P1$、$P2$ 和 $P3$ 共 3 个点用于形变趋势分析,点位置如图 2-3-6a 所示,时序形变图如图 2-3-6c 所示,可以看到 3 个点的形变趋势比较一致,在观测周期内的形变量分别达到了-46mm、-40.9mm 和-29.8mm。另外,从形变趋势上看,3 个点都是先表现出线性沉降,到 2018 年 10 月沉降速率变缓。

2. 人工岛屿形变

江东新区北部存在一处人工岛屿,监测结果显示,该处人工岛屿存在比较明显的沉降现象(图 2-3-7)。可以看到在岛屿的四周均探测出沉降的监测点,形变速率在-20mm/a。在岛屿的东部和西部分别选取了 $P4$ 和 $P5$ 两个点用于分析其形变趋势。在图 3-3-7c 中可以看到,点 $P4$ 和 $P5$ 在观测周期内持续沉降,累积沉降量分别达到了-38mm 和-48mm。

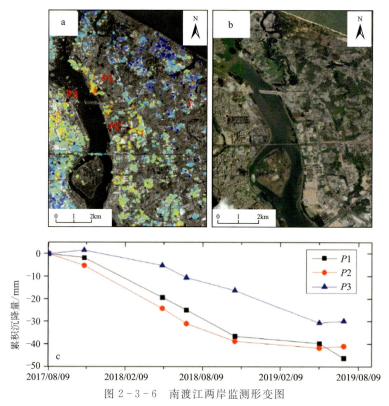

图 2-3-6 南渡江两岸监测形变图

a. 基于 ALOS-2 数据的南渡江两岸形变；b. 谷歌光学图像；c. P1、P2 和 P3 累积沉积量图

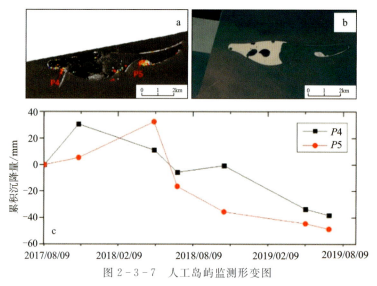

图 2-3-7 人工岛屿监测形变图

a. 基于 ALOS-2 数据的人工岛屿形变；b. 光学图像；c. P4 和 P5 累积沉降量图

3. 沿海风车形变

在江东新区东海岸沿线，监测到一排线状监测点，其中几个点存在比较明显的沉降，如图 2-3-8 所示。通过与谷歌光学图像对比，发现这些规则的线状点对应的是风力发电杆，是其中的局部放大图。选取了其中两个点 P6 和 P7 用于形变趋势分析。在图 2-3-8d 中，可以看到点 P6 的年沉降速率达到了 −22mm/a，观测周期内的形变量为 −43mm，P7 在观测周期的形变量达到了 −20mm。

（三）海口江东新区地面沉降主要原因分析

通过以上分析可以看出，研究区地面沉降发生的区域主要为南渡江沿江地带。沉降规律总体以面状及点状缓慢不均匀沉降为主。沉降区实地验证和观察发现南渡江沿岸以房屋四周地面不均沉降为主

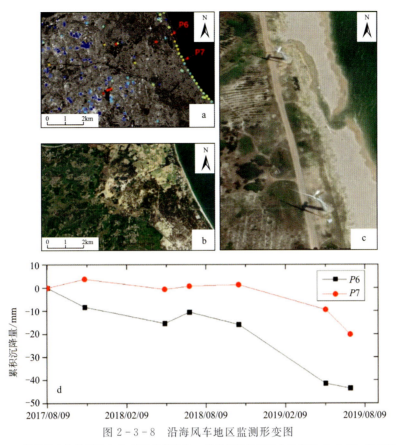

图 2-3-8 沿海风车地区监测形变图

a. 基于 ALOS-2 数据的东海岸线形变；b. 谷歌光学图像；c. 谷歌图像局部放大示意图；d. 点 $P6$, $P7$ 累积形沉降量图

（图 2-3-9），房屋桩基础总体稳定，说明沿江地区以中浅层土体沉降为主要过程。通过分析得出，该地区地面沉降主要受到两方面原因的影响。

图 2-3-9 南渡江沿岸 $P1$ 和 $P2$ 点野外实地验证照片

一是依据研究区岩土体分布特征，南渡江沿岸是该地区软土分布最广泛的地区，局部软土厚度可达 20m，且软土主要集中分布在 0~10m 范围内。从现场调查情况可以看出，浅层淤泥质粉质黏土、松散状砂类土等欠固结土存在明显的自固结过程，使得房屋周围地面缓慢发生自固结沉降过程，进而房屋周围无基础支撑的地面设施及构筑物与建筑出现明显沉降变化。

二是局部浅层地下水大量开采诱发浅层含水层及软土压密释水，导致地表发生缓慢的自沉降过程。调查发现，主要沉降区周边存在基坑开挖和路堤修建等大量工程活动，工程活动中的基坑降水等过程会导致浅层地下水水位的连续下降，对地下水水位造成影响，使得欠固结层压密产生地面沉降。

另外，沿海人工岛礁局部护岸区沉降主要是由于岛礁局部填充碎石土体不均匀和密实度不足，长期在自重作用下发生固结压密变形；在东部岸线大型风车地区，主要受大型风车的自重载荷作用，下伏砂土体产生压密沉降过程。

三、海岸带地下咸水体分布及影响

海口江东新区海岸线较长,海水养殖较为发达,在东营镇、桂林洋沿海一带分布众多的海水养殖区,在自然条件和人为因素的共同影响下,区内沿海一带地下(微)咸水体多有分布。本次结合高密度电法测线附近钻孔水样测试结果对高密度电法进行解译,咸水层高密度电法视电阻率一般具有相对低阻特征。据本次高密度电法解译结果,调查区松散岩类孔隙潜水、松散—半固结岩类孔隙承压水(第一承压水含水层和第二承压水含水层)分布有咸水。

(一)地下咸水体空间分布

根据本次高密度电法解译并结合水样测试结果,海口江东新区北侧沿海一带高密度电法视电阻率均呈相对低阻特征,以 6Ω·m 等值线圈定地下水(微)咸水分布区域。海口江东新区整个海岸带距海 1~2km 范围普遍发育地下咸水体,地下咸水体分布范围如图 2-3-10 所示,但在不同岸段由于受到人类活动影响方式及程度不同,咸水体分布范围和影响程度都存在一定差异。

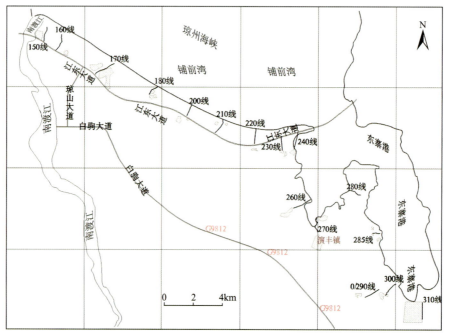

图 2-3-10 地下咸水体空间分布及高密度电法测线部署位置示意图

从地理位置上分析,150 线位于外堆村西侧,沿潭滶河边道路布设,主要为潭滶河中咸水向西横向入侵,从图 2-3-11 反演的电阻率断面图上来看亦是如此。从横向上来看整条测线浅部视电阻率为低于 6Ω·m 水平低阻带,推断为地下咸水体,深度为 30~50m 不等,平均深度 40m 左右(图 2-3-11)。

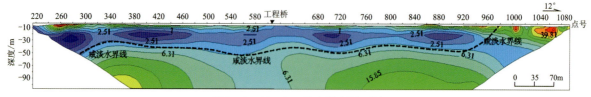

图 2-3-11 150 线电阻率断面图

160 线位于陶沙村西侧,沿养殖池边道路布设。从图 2-3-12 反演的电阻率断面图上来看,测线 720~1020 段总计有 300m 低阻异常。160 测线旁为养殖池,当养殖池发生渗漏时咸水下渗,由于长期的渗透 860 号点处渗入深度达 60m。

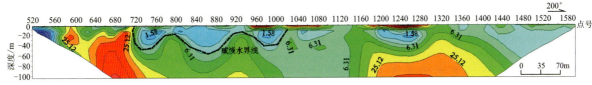

图 2-3-12 160 线电阻率断面图

170 线位于罗列村西侧,沿系崛潭边道路布设(图 2-3-13)。从反演的电阻率断面来看,地层的分层效果明显,50m 以浅存在明显低阻带异常,整体呈水平层状。系崛潭连接琼州海峡,出露地层为全新统烟墩组中细砂等滨海沉积物,常年的海水浸泡必定形成地下咸淡水界面,地下咸水体深度为 30~50m 不等。

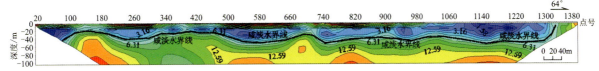

图 2-3-13 170 线电阻率断面图

180 线沿后尾村西侧道路边布设,测线总长 750m(图 2-3-14)。该测线北起琼州海峡沙滩上,南至后尾村,测线边无养殖。从反演的电阻率断面图上分析,测线 0~340 段为低阻异常,推测为地下咸水体,咸淡水分界面深约 40m。

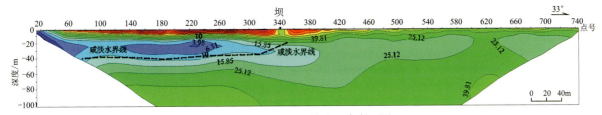

图 2-3-14 180 线电阻率断面图

200 线沿大办村北部未命名道路边布设,北起琼州海峡沙滩上,南至江东大道。从电阻率断面图来看,测线 200~440 段电阻率整体较低,为地下咸水体的影响范围,而测线 490~590 段的低阻异常应由原养殖池发生渗漏引起(图 2-3-15)。

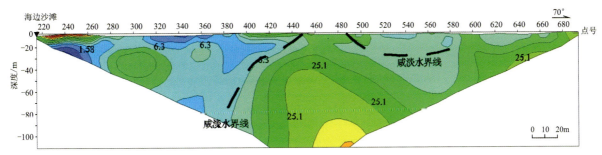

图 2-3-15 200 线电阻率断面图

210 线沿兴洋大道路边布设,北至琼州海峡,南至江东大道,该测线 200~410 段存在明显的低阻带,为地下咸水体影响范围,可能受工程施工影响;而测线 410~1200 段地表电阻率稍高,在深度 20~60m 处存在水平层状低阻,推断为历史海水养殖渗漏影响所致(图 2-3-16)。

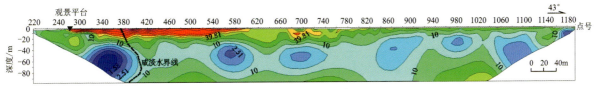

图 2-3-16 210 线电阻率断面图

220线沿林海六横路路边布设,北至琼州海峡,南至江东大道,从电阻率断面图分析,测线0～140段的低阻带为海水的横向入侵影响;测线500～900段的低阻带为养殖垂向上的渗漏所致,影响深度为10～40m。220线0号点濒海,500～700段为低洼湿地,且存在废弃养殖池,700～900段为现存的养殖池,6Ω·m等值线低阻异常范围为养殖咸水入渗引起(图2-3-17)。

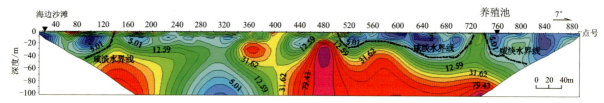

图2-3-17 220线电阻率断面图

230线沿桃兰村村北小路边布设,北至江东大道,南至桃兰村。该测线两侧均为现存的养殖池,从电阻率断面图来分析,可见断面的分层效果明显,整体上来看层位较均匀,呈水平层状,表层的低阻带推测由养殖池发生海水渗漏引起,影响深度为10～30m不等(图2-3-18)。

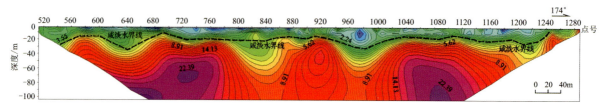

图2-3-18 230线电阻率断面图

240线沿仓头村村北小路边布设,北至江东大道,南至仓头村(图2-3-19)。该测线总体上西侧为养殖池,东侧为东寨港,从电阻率断面来看,东寨港的海水并未侵入该地段,960号测点及1110号测点附近为河道,据此推测910～1010段、1080～1200段的低阻为河道海水入渗影响,入渗深度为40m,而500～680段受该处的养殖池咸水渗漏影响。

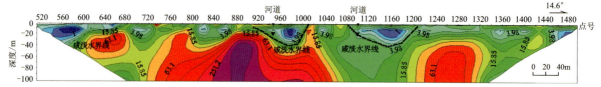

图2-3-19 240线电阻率断面图

260线位于岐山北排村与东寨港之间(图2-3-20)。由电阻率反演断面可见,在横向上变化趋势较为一致,测线0～880段以6Ω·m等值线圈定海水侵入范围存在明显水平低阻异常带,整体呈水平层状,推测为养殖海水下渗范围,但以560点为界,0～560段低阻异常下界深度较560～880段要大且电阻率幅值更低。测线880～1200段地表电阻率幅值大于10Ω·m,水平上无明显低阻异常。在纵向上,剖面的分层效果也很明显,每个层位都有较为明显的电阻率范围,第四系覆盖层与下覆第三系接触面平均埋深在15m左右,下覆地层的电阻率值较高,较为完整。

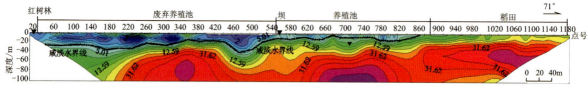

图2-3-20 260线电阻率断面图

测线0～560段位于海水与拦河坝之间,为2019年已退出养殖的水塘,虽部分已经种植红树,但常年海水浸泡导致入渗深度约为30m,且咸化程度较严重;测线560～880段为养殖池塘,由于防渗措施不到位,存在一定程度咸水下渗情况,但咸化深度及严重程度较测线0~560段相对较轻;测线880~1200段为稻田,地表及深部未见明显地下咸水体。

270线位于河港村西侧与东寨港之间,由电阻率断面图可以看出,表层的电阻率幅值高与低交替呈现,应为堤坝填土引起(图2-3-21)。其中测线0~620段存在多段低阻带,西侧为东寨港,东侧为养殖池,应为养殖池入渗引起。

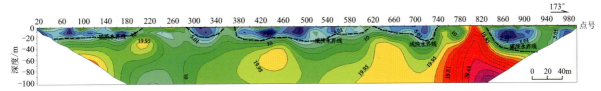

图2-3-21 270线电阻率断面图

280线位于石路村及东山村北侧的小道边,该测线北侧为东寨港河滩,测线尾部为养殖池,680~900段共220m为养殖池。从电阻率断面图来看,河滩里的海水未对该地段造成影响,而770~900段有明显的低阻带,推测为该处的养殖池发生渗漏,入渗深度最深处至30m(图2-3-22)。

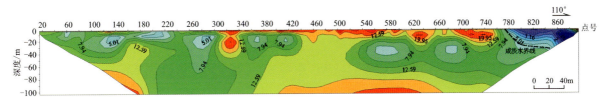

图2-3-22 280线电阻率断面图

285线位于山尾村、书田村及东排村之间的小道边,沿海岸线有众多农家乐分布,地下水是其主要供水来源(图2-3-23)。在380~480段地表为高阻,在20m深部存在低阻异常,推测上部应为填方砂石,深部低阻区应为海水侧向入渗所致。

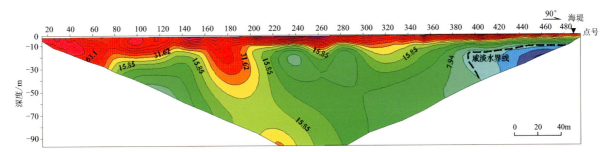

图2-3-23 285线电阻率断面图

290线位于和公村与花园村之间的小道边,该测线两侧为稻田,0~180段为东寨港海滩的红树林,原为海水养殖场,现今正在逐步退塘还林(图2-3-24)。从电阻率断面图来看,0~180段长180m受海水入渗影响,入渗深度最大为25m左右,而180~1000段的稻田未见明显的地下咸水体。

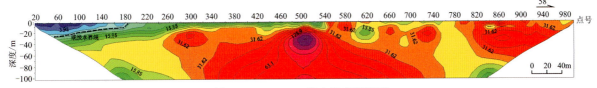

图2-3-24 290线电阻率断面图

300线位于沙土园村北边的小道边,两侧均为红树林(图2-3-25)。由电阻率断面图看,0~780段存在近水平层状低阻带,海水入渗明显,而780~1000段由于更靠近内陆,无海水入渗。

310线位于三江农场滨海管区附近的小道边,西侧为养殖池,东侧为引水渠。从电阻率断面图来看,整条断面表层存在一层明显的低阻带,存在显著的海水入渗,入渗深度为20~60m不等(图2-3-26)。

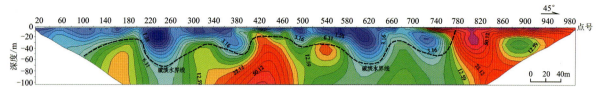

图 2-3-25 300 线电阻率断面图

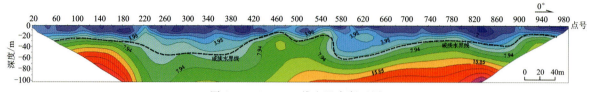

图 2-3-26 310 线电阻率断面图

(二)地下咸水入渗风险与危害

1. 工程建设和地下水超采引发地下水咸化风险

海口江东新区目前工程建设程度较低,地下水开采较少,尚不形成开采降落漏斗,不具备开采地下水条件,若开采会诱发地下水咸化风险。但随着海口江东新区全面开发,一方面大量工程建设进行基坑疏干排水,导致地下水水位下降;另一方面,随着人口和产业增加,地下水开采量随之增大,过量开采地下潜水会使地下水水位下降,导致水位降低至海平面以下,可能会引起松散岩类潜水咸化风险。

2. 地下水混层开采引发地下水咸化风险

海口江东新区东营港、起步区北侧第一承压水均出现咸化,主要由地下水的混层开采或成井工艺不当引起。海口江东新区东营港、福创港沿海分布有大量养虾塘,养虾排水不当引发潜水咸化,虾塘区开采混层地下水或成井工艺不当,上层已咸化的潜水引起第一承压水咸化,甚至第二承压水咸化。

3. 地下水咸化危害

地下水咸化具有以下危害:水质恶化、灌溉水源地减少、土壤生态系统失衡、耕地资源退化、影响农业生产、自然生态环境恶化、腐蚀工程建筑等。

(三)(微)咸水防治措施及建议

1. 合理开采地下淡水资源

进一步科学规划开采井点布局,严格控制地下水的开采强度和开采量,合理调整开采层次。在北侧沿海一带出现地下水咸化趋势的区域,应最大限度地限制地下淡水开采,定期停采或轮采,甚至禁采,缩短地下水水位恢复时间。

2. 增强地表水供水能力

随着江东新区的不断开发建设和人口的不断增加,对水资源的需求将会越来越大。为避免大量开采地下水导致水位下降,需加强区内自来水厂的地表水供水能力。同时,需要进一步加大对当地水资源的统一调度管理力度,积极推进跨流域调水,有效利用区内外地表水资源。

3. 做好海水养殖池的防渗工作

为防止区内的其他沿海区域出现地下水咸化趋势,应采用先进的废水净化技术对养殖区废水进行处理,并做好养殖池的防渗工作,避免养殖污废水下渗污染地下水。同时,建议加强养殖池周边的地下水监测力度,一旦发现地下水有咸化趋势,就可以做到早发现早处理。

第三章　地下空间资源环境协同开发与利用

第一节　地下空间三维结构模型构建

城市三维地质体建模能够为城市规划、建设、管理和数字城市构建提供技术服务，是城市经济建设、社会发展信息化的基础性工作。特别是近年来，随着中国城镇化进程不断加快，城市地质环境问题制约着城市的可持续发展，开发地下空间也是城市再开发的必然要求。城市规划、建设、运营管理对地下地质结构信息的完备性和精确性要求越来越高。因此，建立城市三维地质信息系统，建立高精度的城市三维地质模型，以反映城市地下地质对象的空间特质与关联关系，对于降低城市空间规划、工程设计、施工面临的风险以及为城市管理提供地质信息支撑具有重要意义。

一、地下空间结构及特征

本次根据以往海口江东新区开展的区域基础地质调查、工程地质调查和水文地质调查成果，结合本次围绕海口江东新区开展的城市地下空间开发利用潜力调查评价项目所取得的地下空间结构调查成果，对海口江东新区城市地下空间结构及特征进行了系统梳理，对工程地质标准层和水文地质标准层进行了划分，为海口江东新区三维地质结构模型构建奠定了重要工作基础。

（一）基础地质结构与特征

为指导和服务海口江东新区标准地层、标准工程地质层划分，本次工作在系统梳理前人工作成果的基础上，通过对区内地层接触关系、岩石组合特征、古生物化石、光释光年龄、^{14}C 年龄及同位素年龄的进一步研究，对江东新区的地层结构进行了重新厘定，建立了江东新区 200m 以浅标准地层层序，对各地层的空间分布、岩性特征、沉积环境、年代及古生物特征、鉴定标志进行了总结（表 3-1-1）。

（二）工程地质结构与特征

1. 工程地质标准层划分

结合已有地质成果资料及本次施工的勘探孔，对海口江东新区的工程地质层进行工程地质层标准化，标准化主要包括土层层序统一划分以及唯一土层编号的确定。

1）划分范围
平面范围：海口江东新区 $298km^2$。
深度范围：考虑工程建设和地下空间开发深度的需要，工程地质标准层划分深度为地面以下 100m。

2）基础数据
本次工程地质标准层划分主要的数据基础为 1∶5 万区域地质调查的测年数据，收集的海口江东新区 6592 个工程地质钻孔，131 个水文地质钻孔及本次施工的 264 个钻孔的工程地质分层数据。

3）划分方法
根据岩土体地质年代与沉积环境、岩性与工程性质、空间展布特征，将海口江东新区范围内的岩土层按工程地质层组、层、亚层三级进行划分。

表3-1-1　海口江东新区200m深度标准地层层序与特征一览表

年代地层				华南地层大区			基础地质特征			
界	系	统	阶	东南地层区			岩性组合特征	沉积环境	年龄与古生物	空间结构
					雷琼地层分区	海口地层小区				
新生界	第四系	全新统	未分			(未建组)	中下部为黄色砂砾,上部为中细砂,河流冲洪积,具下粗上细的河流"二元结构"	河流相	光释光(OSL)年龄:(0.5±0.1)ka	仅分布于南渡江东岸至群山村之间,埋深0~11m,厚3~14.8m
			上			烟墩组	黄色砂与灰黑色淤泥质黏土互层,多以灰白色砂砾层为底	滨海-潟湖相	孢粉化石:Polypodiaceae、Gramineae科,以及Quercus、Castanopsis属等。光释光(OSL)年龄:(0.9±0.3)ka	分布于江东新区沿海以及演村至高山村一带,层顶埋深0~17.5m,厚0~17.5m
			中			琼山组	多为细颗粒-粗颗粒的两个沉积旋回,底部为褐黄色、浅褐黄色粗砂层、砂砾层,局部夹卵石(鉴定标志层),粗砂层之上由中砂渐变为灰黑色淤泥质黏土(沉积旋回分界线,鉴定标志层);上部为灰色、灰褐色渐变灰黄色粉质黏土	三角洲相	有孔虫:Quinqueloculina、Triloculina trigonula、Ammonia tepida、Elphidium。孢粉:Castanopsis、Cyathea、Dacrydium属以及Proteaceae科等。^{14}C年龄:10 230~8460a	分布于南渡江东侧至道孟河西侧,南至灵山镇北侧,层顶埋深0~30m,厚0.4~39.8m
		更新统				多文组	底部为灰黑色致密-气孔状玄武岩(鉴定标志);上部风化作用强,为残积厚层红土	火山喷发相	^{39}Ar-^{40}Ar年龄:(1.12±0.02)Ma	南东起于东寨港,北西至道孟河南部,南西起于云龙镇,北东至塔市村,层顶埋深0~23m,厚0.5~25.0m
			中			北海组	下部以黄褐色砂,含砾含黏土质中粗砂为主;上部以黄褐色、红褐色含砾、含黏土中细砂或者细中砂为主,颗粒分选性差、粗粒矿物磨圆度差,夹少许铁质结核	冲积扇相	玻璃陨石裂变径迹法测定年龄:(765±43)~(527±58)ka;热释光(TL)法测定年结果:(296±1)~(227±1)ka	呈狭长带状分布于东寨村小燕尾村-灵山镇,桂林洋-林香村一带,层顶埋深0~12m,厚0.5~0.8m
			下			秀英组	底部为灰白色、灰黄色砂砾层;上部为紫红色夹白色、黄色等杂色黏土层(鉴定标志层)	湖泊相	古地磁年龄:730ka	分别位于云龙镇-演丰镇一带,灵山镇-桂林洋经济开发区一带以及抱厉溪-福创港一带,层顶埋深0~39.8m,厚0.3~27.7m

第三章 地下空间资源环境协同开发与利用

续表 3-1-1

年代地层			华南地层大区			基础地质特征			
			东南地层区			岩性组合特征	沉积环境	年龄与古生物	空间结构
界	系	统	阶	雷琼地层分区					
				海口地层小区					
新生界	新近系	上新统		海口组	四段	受海进海退影响，沉积物特征变化，由无障壁海岸—浅海陆棚相相变化，由下至上多分为4段：一段为灰白色、褐黄色、褐红色砂砾岩；二段为厚层灰黑色粉砂质黏土，三段为灰白色、灰黑色贝壳碎屑砂岩，四段为灰黑色粉质黏土	浅海陆棚相	底栖有孔虫：*Pseudorotalia yabei*，*Amphistegina radiata*，*Operculina complanata*，*Heterolepa dutemplei*，*Ammonia*，*Elphidium* 等。孢粉化石：Polypodiaceae，Graminae，Gramineae 科，以及 *Pinus*，*Castanea*，*Quercus* 属等	隐伏分布于全区，局部缺失四段，美兰—演丰镇以南埋深 20～78.5m，海口美兰国际机场—塔市村一带埋深 20～110m，新岛村—龙窝水库—铺前大桥一带埋深 10～150m，灵山镇—沙上港一带地层埋深为 20m 至 200m 以深。四段厚 0.7～52.9m，三段厚 0.7～39.4m，二段厚 1.3～67.5m，一段厚 2.0～60.0m
					三段		无障壁海岸相		
					二段		浅海陆棚相		
					一段		无障壁海岸相		
				灯楼角组		中下部为灰色、灰黄色、灰绿色粉砂、中砂岩夹灰绿色粉砂质黏土；顶部为青灰色、灰绿色黏土	浅海陆棚相	孢粉化石：*Castanopsis*，*Dicolpollis*，*Liquidambar*，Polypodiaceae，*Pinus*，*Quercus* 等	三江镇北部区埋深 60～100m，桂林洋—起步区南部埋深 60～170m，灵山镇—海口美兰国际机场、灵山镇—铺前大桥一带埋深 90～240m；北部沿海一带埋深为 150m 至 300m 以深
		中新统		角尾组		灰褐色、灰绿色粉砂夹黏土，局部同夹灰绿色粉砂质黏土，薄—中层状粗、中砂层	浅海陆棚相	孢粉化石：*Polypodiaceoisporites*，*Tricolpites*，*Graminidites* 等	海口美兰国际机场—演丰镇一带埋深 180～270m，灵山镇—铺前大桥一带埋深 310～370m，东营一带埋深 430m 至 490m 以深
				下洋组		下部以灰白色、灰绿色砂砾岩层为主；中上部以灰色、灰绿色泥质粉砂岩和粉砂质浅海陆棚相泥岩为主	浅海陆棚相	孢粉化石：*Polypodiaceoisporites*，*Tricolpites*，*Graminidites* 等	海口美兰国际机场—桂林洋一带埋深 200～290m，灵山镇—桂林洋大学城—铺前大桥—带埋深 390～470m，东营镇—铺前大桥—带深大于 500m
古生界	石炭系—二叠系			石英岩，片岩，片麻岩，混合岩（未建组）		中下部为片岩，片麻岩，混合岩；上部为石英岩			200m 深度范围仅海口美兰国际机场—演丰镇一带揭露，层顶埋深约 190m

(1)工程地质层组:岩土体形成时代对于其工程性质具有重要意义,特别是对于松散沉积物,沉积年代越久远,沉积物自重压密程度越高,工程性质往往越好,本次将岩土体形成时代(或地质时代)作为工程地质层组划分的主要依据。

根据本次对区域基础地质结构的研究成果,将江东新区100m深度范围内岩土体由新到老依次划分为全新统未分组(Qh)、烟墩组(Qh^3y)、琼山组(Qh^2q)、多文组(Qp^2d)、北海组(Qp^2b)、秀英组(Qp^1x)、海口组(N_2h)、灯楼角组(N_1d)共8个岩石地层单位,不同岩石地层单位的形成时代和沉积环境往往都存在较大差别,进而导致工程性质的差异,本次将这8个岩石地层均单独划分为工程地质层组,层组代号以阿拉伯数字"1、2、3…7、8"由上至下(地层年代由新到老)依次表示(表3-1-2)。另外,区内局部地段由于人类活动形成人工堆积的填土层(Q^{ml}),该土层结构松散、均匀性差,不利于工程建设,故本次将该层填土层作为一个特殊层组进行单独划分,由于堆积年代最近,本次以阿拉伯数字"0"作为该工程地质层组的编号。

表3-1-2 江东新区岩石地层层序与工程地质层组对照表

年代地层				华南地层大区		工程地质层组编号	备注
				东南地层区			
界	系	统	阶	雷琼地层分区			
				海口地层小区			
新生界	第四系	全新统	上	烟墩组	冲洪积(未建组)	2	
			中	琼山组		3	1
		更新统	中	多文组		4	
				北海组		5	
			下	秀英组		6	
		上新统		海口组		7	
	新近系			灯楼角组		8	
		中新统		角尾组		—	工作区100m深度范围内未揭露,本次未进行划分,水文地质层标准化时按顺序编
				下洋组			
古生界	石炭系—二叠系			石英岩、片岩、片麻岩、混合岩(未建组)			

(2)工程地质层:同一时代的岩土层因形成时所处环境存在差异,岩土体性质往往有差别,对于松散沉积物来说,主要反映为岩性、颗粒组成、密实状态、塑性状态等方面的差异。本次在划分工程地质层组的基础上,主要依据沉积环境、岩性、工程性质进行工程地质层的划分;另外,由于区内岩土体种类繁杂,部分岩土体呈透镜体状分布,本次在划分工程地质层时,还考虑了岩土体在空间上的延续性,一般将在空间上分布范围较广,且具有一定的空间连续性、稳定性,层厚超过1m的岩土层进行单独划分为工程地质层。

4)工程地质标准层划分结果

根据以上工程地质标准层划分原则,对海口江东新区工程地质层进行划分,结果如表3-1-3所示。

2. 工程地质分区与特征

为了更好地评价岩土体质量,本次根据工程地质条件优劣对研究区进行分区。

1)分区依据

江东新区地貌形态的差异是沉积环境演化的结果。沉积环境决定了岩土层的物质成分及组合关系,物质成分决定了土体物理力学参数的优劣。根据不同的岩土组合关系、物理力学指标可以评价地基承载力及建筑基础的适用性。

表 3-1-3　海口江东新区工程地质标准层划分及其基本特征

年代地层	岩石地层组	代号	沉积相	工程地质层组	层	亚层	定名	颜色	黏性土含水率w（砂类土湿度）	黏性土状态（砂类土密实度）	压缩指标 压缩模量 E_s	压缩指标 压缩系数 a 及压缩性	直接剪切指标 黏聚力 c/kPa	直接剪切指标 内摩擦角 φ/(°)	透水性分级	地基承载力特征值/kPa
第四系 全新统		Q^{ml}	人工填土	0	0		填土		22.34	松散—稍密状	6.02	0.36	42.65	17.50		
		Qh	冲洪积相	1	1-1		粉质黏土	褐色、褐黄色		可塑状						
					1-2		粉细砂	灰黄色	稍湿—饱和	松散—稍密状						90~150
						1-2a	淤泥质粉质黏土	灰黑色、深灰色		软塑—流塑						50~70
					1-3		中粗砂	灰白色、灰黄色	饱和	稍密—中密状						10~150
					1-4		砾砂	灰白色、灰黄色	饱和	稍密—中密状						15~200
	烟墩组	Qh_3^y	海岸相	2	2-1		粉细砂	灰白色夹灰黄色	稍湿—饱和	松散—稍密状	16.43	0.14	34.10	29.00	中等	10~150
						2-1a	粉质黏土	灰黑色、浅灰色夹浅黄色	28.67	软—可塑	6.96	0.28	21.65	17.00		90~130
						2-1b	淤泥质粉质黏土	灰黑色、深灰色	47.50	软塑—流塑	2.35	1.01	13.45	3.50		50~80
					2-2		中粗砂	灰白色、灰色	稍湿—饱和	松散—稍密状	14.58	0.10	17.60	24.75	中等	10~250
					2-3		粉细砂	灰色、灰黄色	湿—饱和	松散—稍密状	10.38	0.17	15.59	5.87		10~160
						2-3a	淤泥质粉质黏土	灰黑色、深灰色	44.74	软塑—流塑	3.24	1.01	33.40	12.50		60~80
						2-3b	中粗砂	浅灰黄色、棕灰色	28.03	稍密—中密状	7.33	0.27	6.60	23.00	中等	10~190
					2-4		粉质黏土	浅灰色、灰白色	饱和	软—可塑	7.29	0.22	19.30	5.00		15~210
						2-4a	粉质黏土	浅灰色、灰色	33.43	软塑—可塑	4.43	0.51				12~140

续表 3-1-3

年代地层		岩石地层		沉积相	工程地质层			定名	颜色	黏性土含水率 w（砂类土湿度）	黏性土状态（砂类土密实度）	压缩指标		直接剪切指标		透水性分级	地基承载力特征值/kPa
		组	代号		层组	层	亚层					压缩模量 E_s	压缩系数 α 及压缩性	黏聚力 c/kPa	内摩擦角 ψ/(°)		
第四系	全新统	琼山组	Qh_2^2q	滨海潟湖相	3	3-1		粉质黏土	浅灰色、棕黄色	26.96	软—可塑状	8.04	0.24	29.70	13.38		10~150
						3-2		粉细砂	灰白色、灰黄色	稍湿—饱和	松散—稍密状	17.74	0.10	21.25	26.00		10~160
						3-3		中粗砂	灰白色、灰黄色	稍湿—饱和	松散—稍密状	9.66	0.19				13~200
						3-4		淤泥质粉质黏土	灰黑色、深灰色	46.79	软塑状	3.06	1.10	16.92	6.68		50~90
							3-4a	中粗砂	灰白色、灰黄色	饱和	稍密—中密状	17.73	0.08				15~200
							3-4b	粉细砂	灰色、深灰色	饱和	松散—稍密状	19.99	0.31	22.70	12.50		10~160
						3-5		粉细砂	深灰色、浅灰色	32.70	软—可塑状	10.08	0.25	31.67	11.13		90~170
						3-6		中粗砂	灰灰色	饱和	稍密—中密状	11.35	0.14				10~180
						3-7		砾砂	灰白色、灰黄色	饱和	稍密—中密状	20.61	0.08	9.30	30.00		16~300
						3-8		粉质黏土	灰白色、褐黄色、浅红褐色	49.22	可塑状	5.27	0.33	24.40	8.00		18~300
				冲洪积相	4	4-1		粉质黏土	灰白色、褐黄色、浅红褐色	49.22	可塑—密实状	9.34	0.33	45.56	15.80		12~260
							4-1a	中风化玄武岩	灰色、褐灰色		岩芯破碎，呈碎块状、短柱状						—
	中更新统	多文组	Qp_2^2d	喷发—溢流相		4-2		碎石土	灰色、褐灰色	52.20	岩芯板破碎、呈砂砾状、碎块状	12.86	0.29	40.54	18.00		11~260
						4-3		中风化玄武岩	灰色、褐灰色	47.73	岩芯破碎，呈碎块状、短柱状						1500~2000

续表 3-1-3

年代地层		岩石地层		沉积相	工程地质层			定名	颜色	黏性土含水率 w（砂类土湿度）	黏性土状态（砂类土密实度）	压缩指标		直接剪切指标		透水性分级	地基承载力特征值/kPa
		组	代号		层组	层	亚层					压缩模量 E_s	压缩系数 α 及压缩性	黏聚力 c/kPa	内摩擦角 ψ/(°)		
第四系	中更新统	北海组	Qp^2b	冲洪积相	5	5-1		粉质黏土	浅灰色、褐黄红色	22.99	可塑—硬塑状	9.16	0.26	48.63	15.00		13～180
						5-2		中粗砂	灰白色、褐黄红色	饱和	稍密—中实状	9.38	0.17	35.30	29.00	中等	15～230
	下更新统	秀英组	Qp^1x	湖泊河流	6	6-1		黏土	灰白色、红褐色	45.81	软塑—可塑状	7.89	0.55	39.21	10.11		10～280
							6-1a	粉细砂	灰白色、红褐色	饱和	主要呈稍密—中密状	18.74	0.09	14.33	31.75	强透水	10～220
							6-1b	中粗砂	灰白色、灰黄色	饱和	主要呈中密—密实状	17.26	0.10	10.50	25.00	强透水	15～260
				滨海潮坪		6-2		粉质黏土与粉细砂互层	灰白色、红褐色	28.05	粉质黏土呈可塑状，粉细砂呈中密—密实状	12.44	0.22	39.78	14.79		15～180
							6-2a	中粗砂	橘黄色、灰白色	饱和	稍密—中密状					强透水	14～250
						6-3		中粗砂	灰绿色、灰黄色	饱和	稍密—中密状					强透水	18～260

续表 3-1-3

年代地层		岩石地层			沉积相	工程地质层			定名	颜色	黏性土含水率 w (砂类土湿度)	黏性土状态 (砂类土密实度)	压缩指标		直接剪切指标		透水性分级	地基承载力特征值/kPa
		组	代号			层组	层	亚层					压缩模量 E_s	压缩系数 α 及压缩性	黏聚力 c/kPa	内摩擦角 ψ/(°)		
新近系	上新统	海口组	N_2h^4		浅海相	7	7-1		粉质黏土	灰色—深灰色	33.24	可塑—硬塑状	21.24	0.14	79.19	22.56		22~450
								7-1a	粉细砂	浅灰白色、褐黄色	饱和	中密—密实状	13.91	0.21	55.25	28.88	中等	16~280
			N_2h^3		滨海相		7-2		贝壳碎屑砂	灰白色、褐黄色	饱和	浅部稍密—中密状,中部及以下呈中密—密实状	18.90	0.15	72.36	30.77	中等	18~450
								7-2a	粉质黏土	灰色—深灰色	25.94	以硬塑状为主	28.76	0.09	101.99	28.67		25~500
			N_2h^2		滨海相		7-3		粉质黏土	灰白色、褐黄色	23.65	以硬塑状为主	31.92	0.07	112.45	29.46		25~500
								7-3a	贝壳碎屑砂	灰白色、褐黄色	饱和	密实状	24.53	0.10	70.86	33.38	中等	18~450
			N_2h^1		滨海相		7-4		贝壳砂砾岩	浅灰白、褐红色	17.82	岩芯呈短柱状,碎块状	14.85	0.13	33.80	34.00	中等	50~800
								7-4a	粉质黏土	灰色	24.25	坚硬状	28.67	0.07	115.57	32.00		35~450
	中新统	灯楼角组	N_1d		浅海相	8	8-1		粉质黏土	灰色—深灰色	24.86	可塑—硬塑状	24.31	0.09	82.68	23.78		35~500
							8-2		中粗砂	灰色、灰绿色	饱和	密实状	16.51	0.11	78.50	24.00		30~450
							8-3		粉细砂与粉质黏土互层	灰色、灰绿色	23.29	粉细砂呈密实状,粉质黏土呈坚硬状	15.77	0.15	85.40	22.50		30~450
							8-4		中粗砂								中等	30~500

本次从平面及垂向角度出发,以地貌特征为基础,主要考虑岩土体沉积环境及物质成分、岩土层组合空间分布、工程力学性质的差异性等因素,对江东新区进行工程地质区划分。

2）分区结果

根据分区依据,可划分为 5 个工程地质区（滨海堆积平原区、河口三角洲区、河流一级阶地区、冲洪积平原区、火山岩台地区），5 个工程地质亚区（海积砂堤砂类土亚区、海积阶地砂黏土亚区、海湾沉积黏性土亚区、河口三角洲沉积黏性土亚区、河口三角洲沉积砂类土亚区），各区的区位分布见图 3-1-1 及表 3-1-4。

3）分区工程地质基本特征

根据各分区的工程地质条件,结合本次钻探的地层岩性综合分析评价,各工程地质分区基本特征见表 3-1-5。

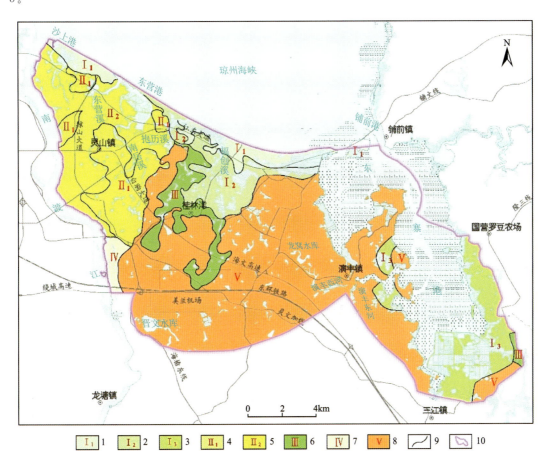

图 3-1-1 江东新区工程地质分区图

1.滨海砂堤砂类土亚区；2.滨海阶地砂黏土亚区；3.海湾沉积黏性土亚区；4.河口三角洲沉积黏性土亚区；5.河口三角洲沉积砂类土亚区；6.河流一级阶地区；7.冲洪积平原区；8.火山岩台地区；9.工程地质分界线；10.江东新区范围

表 3-1-4 工程地质分区表

工程地质区	工程地质亚区	代号	浅层地基土（<5m）
滨海堆积平原区（Ⅰ）	海积砂堤砂类土亚区	I_1	砂类土
	海积阶地砂黏土亚区	I_2	砂、黏土
	海湾沉积黏性土亚区	I_3	粉土、黏性土
河口三角洲区（Ⅱ）	河口三角洲沉积黏性土亚区	II_1	黏性土
	河口三角洲沉积砂类土亚区	II_2	砂类土
河流一级阶地区（Ⅲ）		Ⅲ	砂类土
冲洪积平原区（Ⅳ）		Ⅳ	黏土质砂
火山岩台地区（Ⅴ）		Ⅴ	玄武岩残坡积粉质黏土

表 3-1-5　江东新区 100m 深度工程地质分区基本特征表

工程地质分区		分布范围	工程地质标准层			工程地质基本特征及问题备注			其他环境地质问题
区	亚区		层组	层	亚层	天然地基条件	桩基条件	主要工程地质问题	
滨海堆积平原区（I）	海积砂堤砂类土亚区（I_1）	分布于研究区西北部沿海一带，包括东营村西北，大昌村一振家社区一线以北沿海区域	0,2,3,5,6,7	0,2-1,2-2, 2-3,2-4,3-2, 3-4,3-5,3-6, 3-7,3-8,5-1, 6-1,6-2,6-3, 7-1,7-2,7-3, 7-4	2-1a,2-1b, 2-3a,2-3b, 2-4a,3-4a, 3-4b,6-1a, 6-1b,6-2a, 6-2b,7-1a, 7-2a,7-3a, 7-4a	第 2 层组和第 3 层组的砂类（除第 5 层外）地层有分布，厚度大，且严重液化、震陷软土，且迁回沉积多层震陷软土，厚度分布不稳定，天然地基条件差，可采用按规范要求处理液化及软土措施后的复合地基；下卧第 5 层组和第 6 层组，工程性能较好，但埋藏较深，作为天然地基持力层不经济	第 5 层组的地层仅个别地段有分布，且厚度薄，桩端持力层不宜作为砂类土地层；第 6 层组为砂类土地层和黏性土地层，工程性能较好，在厚度满足条件的情况下，桩基端持力层较好，均可作为桩端持力层；第 7 层组的地层层位稳定，厚度大，承载力高，为优良的桩端持力层。此外，局部大的区域 3~8 层埋深大、厚度大的区域也可作为桩端持力层	2-1,2-2,2-3, 2-4,3-2,3-4a,3-7 为严重液化砂土, 2-1b,2-3a为震陷软土	西北侧由于开发建设对沿岸防风林破坏，在东北季风的作用下，扬沙作用较严重，其他沿岸亦为砂质海岸，受东北季风、风暴潮、海流、波浪的共同作用，海岸侵蚀现象较严重。区内分布较多的海塘、淡水养殖鱼塘，污水对浅层潜水的水质影响较大
	海积阶地砂黏土亚区（I_2）	分布于江东新区中北部，包括红丰社区一桂林洋开发区一五一社区以北至江东大道以南区域	0,2,3,5,6,7	0,2-1,2-2, 2-3,2-4,3-3, 3-5,3-7,3-8, 5-1,5-2,6-1, 6-2,6-3,7-1, 7-2,7-3a,7-4	2-1a,2-1b, 2-3a,2-3b, 3-4a,4,6-1a, 6-1b,6-2a, 7-1a,7-2a, 7-3a,7-4a	第 2 层组和第 3 层组的砂类土严重液化，厚度大，且迁回沉积多层震陷软土，厚度分布不稳定，天然地基条件差，可采用按规范要求处理液化及软土措施后的复合地基；下卧第 5 层组和第 6 层组，工程性能较好，但埋藏深，天然地基持力层不经济	第 5 层工程性能较好，可作为中、低层建筑的桩端持力层；第 6 层组分为砂类土层，地层和黏土地层，工程性能均较好，桩基条件均满足，均可作为桩端持力层；第 7 层组的地层层位稳定，厚度大，承载力为优良的桩端持力层。此外，局部 3~8 层埋深大、厚度大的区域也可作为桩端持力层	2-1,2-2,2-3, 2-4,3-4a,3-7 为严重液化砂土, 2-1b,2-3a为震陷软土	本亚区北侧紧靠海岸，表层为砂质地层，受东北季风、风暴潮、海流的共同作用，表层砂土被侵蚀现象较严重。区内分布较多的淡水养殖企业，污水对浅层潜水的水质影响较大

续表 3-1-5

工程地质分区		分布范围	工程地质标准层			天然地基条件	桩基条件	主要工程地质问题备注	其他环境地质问题
区	亚区		层组	层	亚层				
滨海堆积平原区（Ⅰ）	海湾沉积黏性土亚区（Ⅰ₃）	分布于研究区东南角，包括罗豆圩以南至三江镇	2,6,7,8	6-1,7-3,7-4,8-1,8-2	2-1a,2-1b,6-1b	第2层组中砂类土严重液化，厚度较小，天然地基条件差，不宜直接作为天然地基持力层；黏性土土质不均匀，工程性能较差，不宜作为天然地基持力层。层位不稳定，地基持力层能满足规范要求施工措施后下卧层为第6层组，工程性能较好，但埋藏较深，作复合地基及处理液化及软土的复合地基。工程地基性能较好，但埋藏深，作天然地基不经济	第6层组分砂类土和黏性土地层，工程性能均较好，在厚度满足条件的情况下，桩基端持力层；第7层组的地层层位稳定、厚度大，承载力高，为优质的桩端持力层。此外，局部3~8层埋深大，厚度大的区域也可作为桩端持力层	2-1,2-2,2-3,2-4 为严重液化砂土，2-1b,2-3a 为震陷软土	主要分布于东寨港南侧岸边，受政府政策的保护，红树林保护得完整，环境地质对本亚区影响较小
河口三角洲（Ⅱ）	河口三角洲沉积黏性土亚区（Ⅱ₁）	分布于研究区西部，主要包括白驹大道—儒林上村—道山户村一带	0,1,2,3,4,6,7,8	0-1,1-3,2-1,3-2,3-3,4-3,3-5,3-6,3-7,3-8,4-1,6-2,7-1,7-2,7-3,7-4,8-1,8-2	3-4a,3-4b,6-1a,6-1b,7-1a,7-2a,7-3a,7-4a	第1~3层组（除3~8层外）的砂类土严重液化，且厚度大，天然地基条件较差，可采用按规范要求处理液化及软土措施后下卧第6层组的复合地基，下卧第6层组工程性能较好，但埋藏较深，作天然地基不经济	第6层组分砂类土和黏性土地层，工程性能均较好，在厚度满足条件的情况下，桩基端持力层；第7层组的地层层位稳定、厚度大，承载力高，为优质的桩端持力层。此外，局部3~8层埋深大，厚度大的区域也可作为桩端持力层	2-2,3-2,3-4a,3-4b,3-6,3-7 为严重液化砂土，1-3 为震陷软土	南渡江河口段受洪水的不断侵蚀，造成河岸坍塌东移。其他沿岸段，由于人工无序开采河砂，不但使河床不断加深，加剧了河岸的切割侵蚀、河岸崩塌
	河口三角洲沉积砂类土亚区（Ⅱ₂）	分布于研究区西部。主要包括白驹东营大道—东营镇—北托村—迈雅村一带	0,2,3,6,7,8	0-2,2-3,3-1,3-2,3-3,3-4,3-5,3-6,3-7,3-8,6-1,6-2,7-1,7-2,7-3,7-4,8-1	3-4a,3-4b,6-1a,6-1b,7-1a,7-2a,7-3a,7-4a	第2层组和第3层组（除3~8层外）的砂类土均严重液化，天然地基条件差，天然地基条件范围要求处理液化及软土措施后下卧第6层组的复合地基，下卧第6层组工程性能较好，但埋藏较深，作天然地基不经济	第6层组分砂类土和黏性土地层，工程性能均较好，在厚度满足条件的情况下，桩基端持力层；第7层组的地层层位稳定、厚度大，承载力高，为优质的桩端持力层。此外，局部3~8层埋深大，厚度大的区域也可作为桩端持力层	2-2,3-2,3-4a,3-4b,3-6,3-7 为严重液化砂土，2-1b,2-3a 为震陷软土	区内个别地段分布淡水鱼塘，鱼塘水对浅层水的水质有一定影响

续表 3-1-5

工程地质分区		分布范围	工程地质标准层			工程地质基本特征及问题备注			
区	亚区		层组	层	亚层	天然地基条件	桩基条件	主要工程地质问题	其他环境地质问题
河流一级阶地（Ⅲ）		分布于灵山镇至桂林洋开发区两翼	0、5、6、7、8	0.5-1,5-2,6-1,6-2,7-1,7-2,7-3,7-4,8-1	6-1a,6-1b,6-2a,7-2a,7-3a,7-4a	第5层组地层直接出露地表，层位稳定，厚度较大，工程性能较好，天然地基条件较好，可作中、低层天然地基持力层。工程性能较好，局部埋藏较深，可作为天然地基持力层时下卧第6层组，但总体埋藏较深，局部埋藏较浅	第7工程地质层组的地层位稳定，层厚大，埋藏不深，承载力高，为优质的桩端持力层	本区工程地质条件较好	本区环境地质条件较好
冲洪积平原（Ⅳ）		分布于江东新区西南部，包括江东岸、包括群山村西侧	1、2、6、7、8	1-1,1-2,1-3,1-4,1-5,1-6,6-1,6-2,7-1,7-2,7-3,7-4,8-2	1-2a,2-1b,6-1b,7-3a	第1层组的砂类为严重液化砂土，且厚度较大，天然地基条件差，可采用按规范要求处理液化及软土精后的复合地基；下卧第6层组工程性能较好，但埋藏较深	第6层组地层分布个别地段较差，厚度小，桩基条件较差，不宜作桩端持力层；第7工程地质层组的复合地层位稳定，层厚大，承载力高，为优质的桩端持力层	1-2,1-2a,1-4,1-5,1-6为严重液化砂土,1-3为震陷软土	本区主要分布于南渡江沿岸，由于人工无序开采河砂，河床不断加深，加剧了对河岸的切割侵蚀，以致河岸崩塌
火山岩台地（Ⅴ）		广泛分布于研究区东部，包括灵山镇—桂林洋开发区—塔市—南广一线以南广大地区	0、4、5、6、7、8	0.4-1,4-2,4-3,5-1,5-2,6-1,6-2,7-1,7-2,7-3,7-4,8-1,8-2,8-3	4-1a,6-1a,6-1b,6-2a,7-1a,7-2a,7-3a,7-4a	第4层组的地层出露于地表，层位稳定，天然地基条件较好，可作中、低层的天然地基持力层；下卧第5层组和第6层组，工程性能较好，但埋藏较深，作天然地基不经济	第7层组工程地质层位稳定，层厚大，承载力高，为优质的桩端持力层。其上覆地层存在碎石、砾质土或卵石、第5工程地质层组存在卵石，第6工程地质层组在卵石时，应考虑成桩的难度，若采用预制桩时	表层4-1层具有膨胀性，对低层建筑物天然地基有一定影响，整体地基工程地质条件较好	环境地质条件较好

(三)水文地质结构与特征

1. 水文地质标准层划分

1)划分范围

平面范围:海口江东新区 298km²。

深度范围:考虑地下空间开发过程中地下水因素的影响以及地下水资源开发利用的需求,本次水文地质标准层划分主要考虑地下 200m 深度范围内。

2)数据基础

本次水文地质标准层划分主要的数据基础为收集的海口江东新区 133 个工程地质钻孔、131 个水文地质钻孔和本次施工的 264 个钻孔。

3)划分原则

溯源性以江东新区工程地质分层成果为主要依据。江东新区工程地质分层成果清晰、准确地反映了区内岩性结构特征,而岩性结构特征又是划分水文地质层的基础和依据。通用性应与现行的水文地质勘查分层习惯协调,以便于后期水文勘察设计同行使用。水文地质标准层应以《水文地质手册》上的地下水类型(大类)划分为基准,结合海南全岛的含水层结构特征进行编号,且分层编号应具有简洁明了、操作方便、便于沟通、便于统一管理等特点。

4)层序编号

由于含水层成因不同,松散岩类孔隙潜水赋存条件、水化学等特征也存在明显的差异。根据含水层成因可将松散岩类孔隙潜水含水层进一步细分为河流冲洪积层孔隙潜水含水层、滨海堆积层孔隙潜水含水层、海陆交汇相沉积层含水层,对应编号为Ⅰ1、Ⅰ2、Ⅰ3。

在本次划分深度范围内(200m)将松散—半固结岩类孔隙承压水含水层进一步细分为第一承压水含水层、第二承压水含水层、第三+四承压水含水层,其对应编号为Ⅱ1、Ⅱ2、Ⅱ3+4、Ⅱ5、Ⅱ6+7。

按基岩类型区进一步细分,区内的基岩裂隙水含水岩组属于火山岩裂隙孔洞水,考虑到编号的可沿用性,该含水岩组编号定为Ⅲ1。

5)划分依据

考虑地下空间开发过程中地下水因素的影响以及当前地下水资源开发利用的需求,本次水文地质标准层划分主要考虑地下 200m 深度范围内。而在江东新区 100m 深度范围内,工程地质标准层共划分为 9 个工程地质层组(层组编号 0~8),本次为了水文地质层划分,在 100~200m 深度范围内,划分 3 个工程地质层组(层组编号 9~11),每一层组都具有典型的岩性结构特征。如前文所述,岩性结构是含水层划分的基础依据,因此水文地质标准层在已经厘定好的 12 个工程地质层组的基础上结合所收集到的区域地质、水文地质等资料进行划分。

6)划分结果

将江东新区 200m 深度范围内水文地质标准层共划分为 3 个水文地质大层组(层组编号为Ⅰ~Ⅲ)、9 个水文地质层,具体各层组、层的基本特征见表 3-1-6。

2. 含水岩组的空间分布特征及水文地质参数

1)松散岩类孔隙潜水含水层

松散岩类孔隙潜水主要赋存于第四系松散沉积层中,包括海岸相沉积、海陆交汇相沉积层沉积、河流冲洪积相沉积,因此松散岩类孔隙潜水含水层包括滨海堆积层孔隙潜水含水层、河流冲洪积层孔隙潜水含水层以及海陆交汇沉积层含水层 3 种类型。

滨海堆积层孔隙潜水含水层:主要分布于东营西北部以及桂林洋开发区以北的沿海一带,在区域地层上为烟墩组(Qh_3^y)分布地区,属于工程地质层第 2 层组第 2-2、2-3、2-4 层。岩性主要为浅灰色、灰黄色、灰白色中粗砂,普遍含贝壳碎屑,部分区域为粉细砂,层厚 0.6~12.5m,平均层厚 8.91m。

表 3-1-6 海口江东新区水文地质标准层表

地下水类型	含水岩组	水文地质层代号	地层代号	主要岩性	对应工程地质层层号
松散岩类孔隙潜水（Ⅰ）	滨海堆积层孔隙潜水含水层	Ⅰ1	Qh^3y	中粗砂	2-1、2-2、2-3、2-4、
	河流冲洪积层孔隙潜水含水层	Ⅰ2	Qh、Qh^2q、Qp^2b	中粗砂、砾砂	1-2、1-2a、1-4、3-2、3-3、3-4a、3-4b、3-6、3-7、3-8、5-2、
	海陆交汇相沉积层含水层	Ⅰ3	Qp^1x	中粗砂	6-1a、6-1b、6-2a、6-3
松散—半固结岩类孔隙承压水（Ⅱ）	第一承压水含水层	Ⅱ1	N_2h^4、N_2h^3	贝壳碎屑砂	7-1a、7-2
	第二承压水含水层	Ⅱ2	N_2h^2、N_2h^1	贝壳砂砾岩	7-3a、7-4
	第三+四承压水含水层	Ⅱ3+4	N_1d	中粗砂	8-2、8-4
	第五承压水含水层	Ⅱ5	N_1j	中粗砂	9-2、9-4
	第六+七承压水含水层	Ⅱ6+7	N_1x	中粗砂	10-2、10-4
基岩裂隙水（Ⅲ）	火山岩孔洞裂隙水含水岩组	Ⅲ1	Qp^2d	碎石土、玄武岩	4-2、4-3

河流冲洪积层孔隙潜水含水层：主要分布于南渡江沿岸一带、灵山镇西北大部以及桂林洋开发区周边小范围内，在区域地层上为第四系全新统（Qh）、琼山组（Qh^2q）以及北海组（Qp^2b）分布地区，属于工程地质层第1、3、5层组第1-2、1-2a、1-4、3-2、3-3、3-4a、3-4b、3-6、3-7、3-8、5-2层。岩性主要为浅灰色、灰黄色、灰白色、褐黄色中粗砂，在南渡江沿岸地带多为砾砂，小部分区域为粉细砂，层厚0.8～21.40m，平均层厚4.32m，南渡江沿岸厚度一般大于5m。

海陆交汇相沉积层含水层：隐伏分布于灵山镇以东大部分地区，为早更新世滨海潮坪相沉积。在区域地层上为秀英组（Qp^1x）分布地区，属于工程地质层第6层组第6-1a、6-1b、6-2a、6-3层。岩性主要为灰白色、灰色、灰黄色中粗砂，粉细砂零星分布。层厚0.7～9.90m，平均层厚3.6m。

松散岩类孔隙潜水含水层总厚度一般5～30m，最大可达49.31m，水位埋深0～16.5m，渗透系数1.4～42.1m/d，大部分地区单孔涌水量183～1407m³/d，极个别地方单孔涌水量小也达到96m³/d，总体上富水性中等（富水性划分标准见表3-1-7）。

表 3-1-7 海口江东新区含水层富水性划分表

地下水类型	含水岩组富水等级	富水等级划分标准		划分原则
		涌水量/m³·d⁻¹	泉流量/L·s⁻¹	
松散岩类孔隙潜水	丰富	>1000		根据水文地质钻孔统一200mm口径、统一10m降深换算后的单井涌水量进行划分
	中等	100～1000		
	贫乏	<100		
松散—半固结岩类孔隙承压水	丰富	>1000		
	中等	100～1000		
	贫乏	<100		
火山岩类孔洞裂隙水	丰富	>1000	>10	
	中等	100～1000	1～10	
	贫乏	<100	<1	

2)松散—半固结岩类孔隙承压水含水层

根据此次调查成果,江东地区在200m深度范围内揭露4层承压水,第一、二承压水含水岩组之间有分布较为稳定的黏性土层相隔,第三、四承压水隔水层分布很不稳定,常见两层地下水连通,故本次将第三、四层承压水归并为第三+四承压水。各承压水含水层结构特征分述如下。

(1)第一承压水含水层:主要属于海口组第三段(N_2h^3),岩性主要为灰色、灰白色、灰黄色贝壳碎屑砂,局部胶结成岩,孔隙较发育,硬度较低。在江东新区大面积分布。此外海口组第二段(N_2h^1)普遍为粉质黏土或黏土,但是在局部地区岩性则为贝壳碎屑砂,并与海口组第三段承压水含水层有较密切的水力联系,因此将其归并为第一承压水含水层。

该含水层顶板埋深20~96m,总体上由东南盆地边缘往西北盆地中心方向埋深逐渐变大,东营一带埋深超过50m。含水层厚度一般在10~40m,钻孔揭露最厚可达49m。该层含水层厚度变化较为复杂,但是总体与含水层顶板埋深规律大致相同,往西北方向含水层厚度逐渐变大,往东至琼北盆地边缘方向逐渐变小直至尖灭,含水层上覆的隔水层岩性以粉质黏土、黏土为主。

第一承压水水位埋深1.73~13.2m,向西北埋深逐渐增大。灵山镇北部小范围内富水性丰富,单孔涌水量1259~2315m³/d,导水系数为34.79~133.75m²/d。而灵山镇东南小范围内则富水性贫乏,单孔涌水量不超过28.4m³/d,导水系数不超过10m²/d。其他地区富水性中等,单孔涌水量108~867m³/d,导水系数为9.82~202m²/d。

(2)第二承压水含水层:主要属于海口组第一段(N_2h^1),为工作区内的地下水主要开采层位。含水层岩性为褐黄色、浅肉红色贝壳砂砾岩,以半固结为主,部分呈松散状,以钙质胶结为主,贝壳碎屑结构,孔隙和孔洞发育。在盆地边缘该含水层底部岩性通常为砂卵砾石层,部分区域层间夹粉质黏土。此外,海口组第二段(N_2h^2)岩性通常为粉质黏土,为隔水层,但在局部地区岩性相变为贝壳碎屑砂,并与海口组第一段承压水含水层有较密切的水力,因此将其归并为第二承压水含水层。含水层顶板埋深一般30~130m,从东南向西北埋深逐渐增大。含水层厚度一般在20~50m,最厚达57.7m。

第二承压水水位埋深6.42~24.07m,向西北埋深逐渐增大。在江东新区中部一带富水性中等,单孔涌水量321~774m³/d,导水系数21~758m²/d;其他区域内该含水层富水性丰富,单孔涌水量1665~9394m³/d,导水系数117~1211m²/d。

(3)第三+四承压水含水层:主要赋存于灯角楼组(N_1d),平面上在江东新区内均有分布。含水层岩性主要为灰绿色中粗砂,部分地段为粉细砂等。顶板埋深一般50~200m,总体上从东南向西北逐渐增大。含水层一般有2~4层,层间普遍为粉细砂与黏土互层,含水层厚度一般为10~60m,最厚可达126m。

第三+四承压水水位埋深7.2~41.21m,向西北埋深逐渐增大。在江东新区中部一带富水性丰富,单孔涌水量1098~9343m³/d,导水系数为84~786m²/d;其他区域内该含水层富水性中等,单孔涌水量250~948m³/d,导水系数为14~351m²/d。

3)火山岩类孔洞裂隙水含水岩组

火山岩类孔洞裂隙水主要赋存于第四纪中更新世全—强风化玄武岩中,在碎石土中同样赋存有少量地下水。玄武岩多呈气孔—微孔状构造,裂隙较发育,碎石土多含大量强风化玄武岩碎块。

火山岩类孔洞裂隙水分布在江东新区南渡江东岸灵山镇—云龙镇、三江镇、演丰镇一带的火山岩台地区,但是其下伏玄武岩基岩仅在演丰镇东南一带小范围内分布,玄武岩厚度为1.0~20.7m,其他地区多为玄武岩风化残积的碎石土。含水岩组顶板埋深1.8~11.1m;厚度1.6~16.6m;水位埋深一般0.5~14.0m,涌水量一般小于100m³/d,总体上富水性贫乏(富水性划分标准见表3-1-7)。

3. 地下水补径排

1)松散岩类孔隙潜水

江东新区松散岩类孔隙潜水主要接受降雨入渗补给,其次河流、灌溉沟渠、虾塘和鱼塘水入渗也是重要的补给来源;新区范围内总体水位标高由南向北降低,因此潜水总体由南向北往大海径流、排泄,蒸发作用是该类型地下水较重要的排泄方式。

2）松散—半固结岩类孔隙承压水

江东新区内该类型地下水补给来源主要有3种：①局部地段的第一承压水含水层上覆隔水层缺失，潜水直接与承压水接触，由潜水直接补给，形成补给"天窗"；②局部地段潜水与承压水间的隔水层薄或者为弱透水层，潜水位相对高于承压水水位，在水头差作用下，越流补给承压水，而在各层承压水之间也同样存在越流补给情况；③在江东新区东部琼北盆地边缘地带，基岩裂隙水以侧渗方式补给承压水。

地下水总体往西北方向径流、排泄，当地地下水主要开采第一、第二承压水，因此人工开采也是该类地下水排泄方式之一。

3）火山岩类孔洞裂隙水

火山岩孔洞裂隙水主要接受大气降雨入渗补给，总体上自南向北径流排泄。

4. 地下水动态变化特征

1）松散岩类孔隙潜水

江东新区位于海口市东海岸，属于"海南国际旅游岛水文地质工程地质调查"项目的工作区范围，根据项目资料，江东新区松散岩类孔隙潜水年水位变幅小于1m，最高水位一般在6月至10月，最低水位一般在11月至次年5月，有地表水补给的地区，地下水水位变化幅度相对较小，但总体变化形态与降雨变化基本吻合，反映出降雨量决定地下水水位总体变化趋势，地表水补给对地下水水位变化有一定的缓冲作用。

2）松散—半固结岩类孔隙承压水

承压水含水层受大气降雨影响较小，总体地下水接受大气降水补给表现为滞后现象，北部承压水水位受潮汐及人工开采影响较为明显，潮汐影响范围大约在沿海3km内地带，总体距离海岸越近，受到的影响越明显；承压水水温、水质和水量较为稳定，变化不大。

5. 地下水水化学及水质特征

江东新区地下水水化学类型主要在舒卡列夫分类法的基础上根据主要阴离子的组合关系进行分类，主要分为HCO_3^-型、$HCO_3^- - Cl^-$型、$Cl^- - HCO_3^-$型、Cl^-型4类。

对于水质地下水质量评价则依据《地下水水质标准》(DZ/T 0290—2015)进行评价。根据工作区实际情况选取NH_4^+、Cl^-、SO_4^{2-}、NO_3^-、NO_2^-、F^-、TDS、砷(As)、汞(Hg)、镉(Cd)、铬(Ⅵ)、铅(Pb)、挥发性酚类、氰化物、总硬度、Na^+共16项指标采用单项指标评价法进行评价。在此需要说明的是，江东新区地下水由于地质背景关系，铁锰普遍超标，当前除铁锰技术比较成熟，因此本次水质评价不选这两项作为重点评价指标。

1）松散岩类孔隙潜水

江东新区北部沿海地段2km范围内潜水水化学类型主要为Cl^-型，阳离子主要为Na^+。桂林洋开发区周边则以$Cl^- \cdot HCO_3^-$型为主，阳离子以Na^+、Ca^{2+}为主。灵山镇周边为$HCO_3^- \cdot Cl^-$型，阳离子以Ca^{2+}、Mg^{2+}为主。由于受到潮汐及沿海地带大量海水养殖影响，由南往北海边水化学类型由HCO_3^-型向$Cl^- \cdot HCO_3^-$型、Cl^-型逐渐变化。

在距海岸线2km范围分布有大量的养殖池，养殖所带来的污水乱排放及渗漏污染问题导致潜水咸化，Cl^-、TDS、Na^+明显超标，其中Cl^-含量623～9100mg/L，TDS含量345～4820mg/L，Na^+含量345～4820mg/L，因此其地下水基本为Ⅴ类水；江东新区中部一带，地下水为Ⅳ类水，超标组分主要为NH_4^+、pH、NO_3^-，该区域内主要为当地传统的农业种植区，地下水超标主要受种植过程中的农药污染；江东新区以南水质指标基本上达到了Ⅲ类水标准，水质较好。

2）松散—半固结岩类孔隙承压水

(1)第一承压水：水化学类型主要为HCO_3^-型，阳离子以Na^+、Ca^{2+}、Mg^{2+}为主；在西北部沿海地带为Cl^-型，阳离子以Na^+为主；此外在演丰镇东部和灵山镇西部一带小范围为$Cl^- \cdot HCO_3^-$型，阳离子以Na^+、Ca^{2+}为主。

在西北部海水养殖区采集的 JDSK21-S1 样品测试成果显示 Cl^- 含量 778mg/L，TDS 含量 1672mg/L，Na^+ 含量 425mg/L，超过了Ⅴ类水限制标准。因此，在西北部为Ⅴ类水，主要受到海水养殖影响。当海水养殖造成潜水咸化后，局部地段第一承压水隔水顶板薄甚至直接与上部潜水连通，第一承压水将会接受咸化水补给，此外人为混层开采同样会使得咸化潜水补给第一承压水，造成了第一承压水咸化。其他地方水质指标基本上达到了Ⅲ类水标准，水质较好。

（2）第二承压水：第二承压水水化学类型以 HCO_3^- 型为主，阳离子以 Na^+、Ca^{2+}、Mg^{2+}；在东营港和福创港一带为 Cl 型，阳离子以 Na^+ 为主。东营港一带的样品显示 Cl^- 含量 370~650mg/L，TDS 含量 853~1366mg/L，Na^+ 含量 194~280mg/L，已达到了微咸水标准。因此，该范围内地下水水质属于Ⅴ类水。而在沙上港—东营溪—福创港一带主要超标组分为砷，其含量为 0.011~0.034mg/L，属于Ⅳ类水，砷超标可能受到地质背景影响。其他地方水质指标基本上达到了Ⅲ类水标准，水质较好。

（3）第三十四承压水：第三十四承压水水化学类型为 HCO_3^- 型，阳离子以 Na^+、Ca^{2+}、Mg^{2+} 为主。该层承压水水质普遍较好，达到了Ⅲ类水标准，仅个别地方存在 NH_4、Al^{3+} 存在超标现象。

二、三维地质结构模型构建

（一）三维地质建模系统

三维地质建模系统 Creatar X Modeling 是基于各种相关地质资料中提取出来的地质要素信息，对地质现象进行三维重建、展现和分析的软件平台。该系统可实现构建和展示地上建筑物、地表、地层、岩体、构造，地下建构筑物的空间几何特征、内部属性特征以及相互关系等地质信息。

（二）三维地质结构模型

本次采用了岩性自动建模方法和层控、相控属性建模方法。基于地层岩性的自动建模算法，可解决沉积地层中的地层尖灭、透镜体、夹层、地层穿插旋回倒转等复杂地质情况。可根据地质规律，追踪计算每个地层的平面分布范围，快速动态地构建指定区域的三维结构地质模型，建模效率高，结果模型与实际情况非常贴近。以地层中的沉积相为约束条件，对地层属性样本值进行筛选、分类、过滤，进一步分相模拟计算，可快速动态构建各种地质属性模型。

通过本区三维地质建模，尤其是基于大量钻孔数据和连孔剖面，分别建立了岩石地层模型（大层模型）、工程地质模型（小层模型或细层模型）、水文地质模型（图 3-1-2～图 3-1-7）。

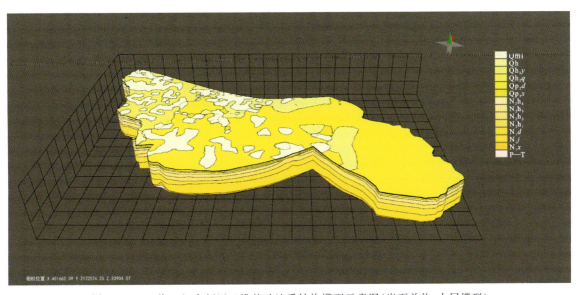

图 3-1-2　海口江东新区三维基础地质结构模型示意图（岩石单位，大层模型）

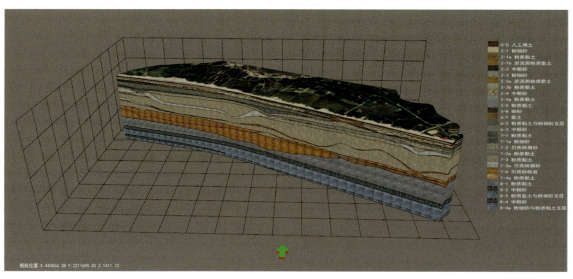

图 3-1-3　海口江东新区起步区三维基础地质结构模型示意图

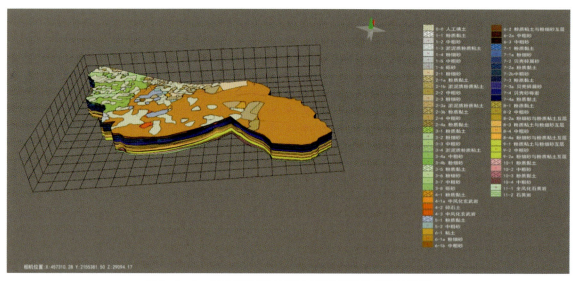

图 3-1-4　海口江东新区三维工程地质结构模型示意图

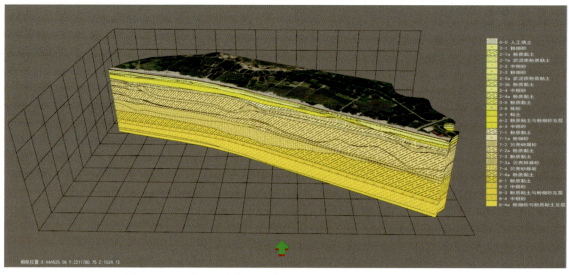

图 3-1-5　海口江东新区起步区三维工程地质结构模型示意图

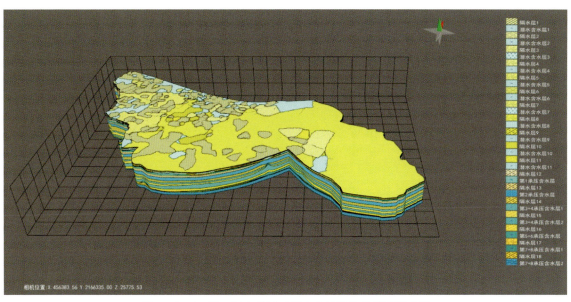

图 3-1-6　海口江东新区三维水文地质结构模型示意图

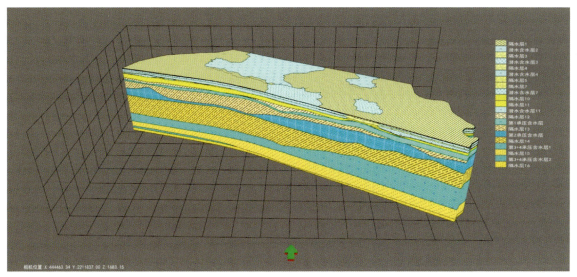

图 3-1-7　海口江东新区起步区三维水文地质结构模型示意图

三、三维地质结构可视化应用

（一）特殊层位多方位显示与查询

特殊层位多方位展示内容主要包括软土层（图 3-1-8、图 3-1-9）、第一承压水含水层、第二承压水含水层的顶板、底板，同时可通过此应用查询不同特殊层位的信息。

（二）线路工程指定深度岩土体结构快速显示与查询

江东大道起步区 0～20m、0～50m 地层结构三维显示与查询见图 3-1-10、图 3-1-11。

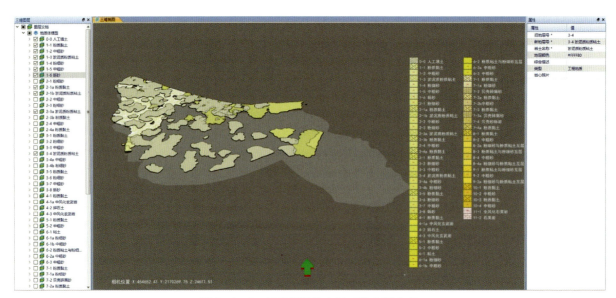

图 3-1-8 江东新区软土层三维空间分布

	选择	地层编码	岩土名称	土方量(立方米)	地层平均厚度(米)
1	☑	0-0 人工填土	人工填土	6.13075e+7	0.67
2	☑	1-1 粉质黏土	粉质黏土	985683	0.88
3	☑	1-2 中粗砂	中粗砂	578854	1.52
4	☑	1-3 淤泥质粉质黏土	淤泥质粉质黏土	644769	0.63
5	☑	1-4 粉细砂	粉细砂	1.01608e+6	2.67
6	☑	1-5 中粗砂	中粗砂	4.42131e+6	2.86
7	☑	1-6 砾砂	砾砂	399983	1.05
8	☐	2-1 粉细砂	粉细砂	3.23016e+7	1.59
9	☑	2-1a 粉质黏土	粉质黏土	2.09591e+7	1.01
10	☑	2-1b 淤泥质粉质黏土	淤泥质粉质黏土	3.24904e+7	1.53
11	☐	2-2 中粗砂	中粗砂	2.42626e+7	1.34
12	☐	2-3 粉细砂	粉细砂	9.87674e+6	1.9
13	☑	2-3a 淤泥质粉质黏土	淤泥质粉质黏土	3.10045e+7	2.4
14	☐	2-3b 粉质黏土	粉质黏土	4.83646e+6	1.2
15	☐	2-4 中粗砂	中粗砂	2.50175e+7	3.23
16	☐	2-4a 粉质黏土	粉质黏土	213482	0.54
17	☐	3-1 粉质黏土	粉质黏土	3.70264e+7	1.05
18	☐	3-2 粉细砂	粉细砂	2.24937e+7	1.15
19	☐	3-3 中粗砂	中粗砂	2.04296e+8	4.4
20	☑	3-4 淤泥质粉质黏土	淤泥质粉质黏土	3.06932e+8	4.1

图 3-1-9 江东新区软土层属性信息查询表

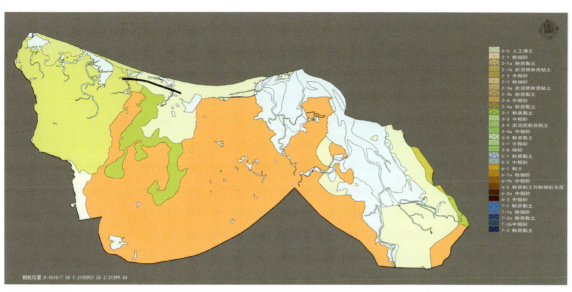
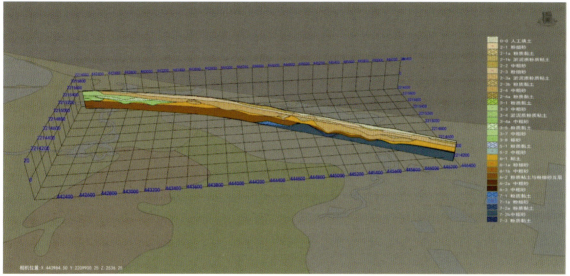

图 3-1-10　江东大道起步区段 0～20m 地层结构三维显示与查询

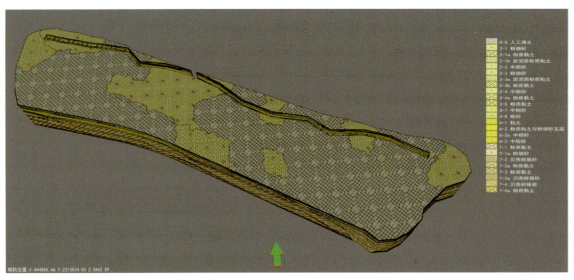

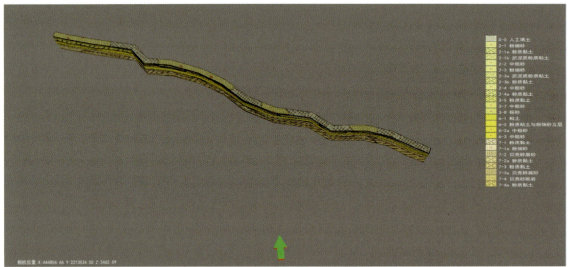

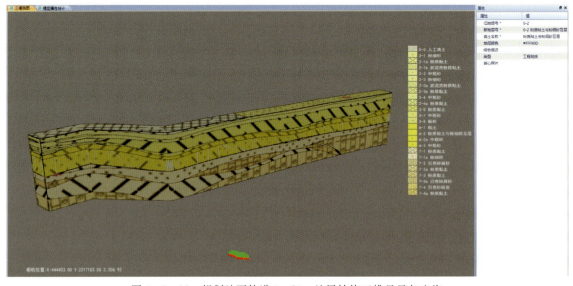

图 3-1-11　规划地下轨道 0~50m 地层结构三维显示与查询

第二节 基于地下水资源保护的地下空间安全开发利用评价

地下空间不仅有空间资源,还有宝贵的地下水资源、地热资源等,还具有复杂的生态系统。传统的地下空间开发适宜性评价都是将地质要素视为对地下工程开发的正、负影响,没有考虑地下空间生态环境及地下水资源的保护需求。为了在城市地下空间的开发过程中避免不必要的地下水流失和地下水污染情况的发生,就有必要构建基于地下水资源保护的城市地下空间开发适宜性评价体系,在地下水资源不受到较大破坏的前提下,合理协调地下水资源保护和地下空间开发这两种需求,实现地下空间资源开发效益最大化。

一、协同适宜性评价

通过搜集海口江东新区地下空间资源环境等相关数据与资料,厘定相关评价因子、指标权重确定以及基于变权层次分析法的模糊综合评价方法研究,进而开展以三维地质体为评价单元的地下空间开发工程适宜性评价和地下水资源风险性评价,结合地下空间开发和地下水资源保护之间的制约关系,按照同一评价单元取两者间最小值的原则,构建滨海城市地下空间开发与地下水资源保护协同评价方法,技术路线如图3-2-1所示。

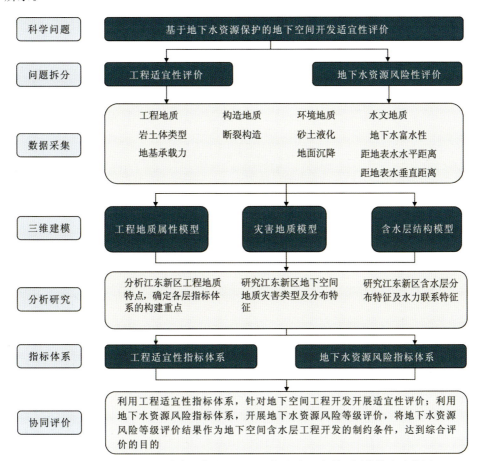

图3-2-1 基于地下水资源保护的地下空间安全开发利用评价技术路线图

(一)评价步骤与流程

(1)分别结合海口江东新区的工程地质资料、水文地质资料、相关文献资料,并结合专家组意见,分别构建工程适宜性指标体系和地下水风险评估指标体系(图3-2-2)。

(2)根据工程适宜性指标体系,采用三维地质建模软件,构建双指标体系下的三维指标要素模型。

(3)根据工程适宜性指标要素模型及地下水资源风险指标要素模型的分布特征,结合专家组意见,制订双指标体系的初始权重集。

(4)构建惩罚性变权函数,利用变权方法,对初始权重进行变权处理,最终得到3种不同程度的变权权重集;再基于初始权重集和3种不同程度的变权权重集,采用模糊综合评价法,分别对工程适宜性和地下水风险进行模糊综合评价,分别得到4种基于不同权重的评价结果。

(5)依据所制订的评价结果选取原则,分别对工程适宜性和地下水资源风险性的4种评价结果进行分析对比,选出合适的评价结果。

(6)选择合适的方法,将选取的工程适宜性结果和地下水资源风险性评价结果进行综合评价。

(7)最终评价结果展示。

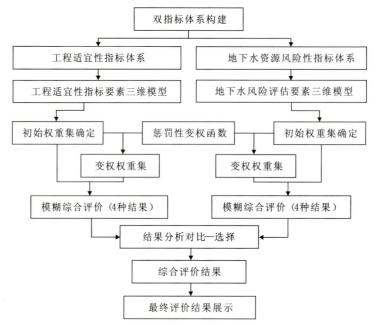

图 3-2-2 地下空间安全开发利用评价技术流程

(二)双指标体系构建

1. 工程适宜性指标体系

首先,从工程地质(C11)、灾害地质(C12)、水文地质(C13)3个方面,构建工程适宜性指标体系,如图3-2-3所示。

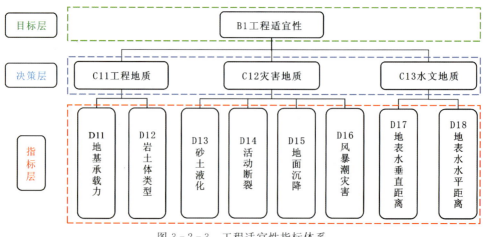

图 3-2-3 工程适宜性指标体系

如表 3-2-1 所示,首先对地下空间指标量化进行赋值分级,赋值由 1~4 分别对应差、中、良、优 4 个等级。

表 3-2-1　工程适宜性评价指标量化表

评价指标	指标量化			
	差	中	良	优
	1	2	3	4
D11 地基承载力	<100kPa	100~150kPa	150~200kPa	>200kPa
D12 岩土体类型	淤泥	砂层、卵石层	人工填土	黏土
D13 砂土液化	液化严重	液化中等	液化较轻	非液化
D14 活动断裂	<50m	50~200m	200~400m	>400m
D15 地面沉降	>50cm	20~50cm	10~20cm	<10cm
D16 风暴潮灾害	易发生	—	中等易发	不发生
D17 地表水垂直距离	<10m	10~20m	20~40m	>40m
D18 地表水水平距离	<100m	100~400m	400~800m	>800m

2. 地下水资源风险性指标体系

针对地下水资源风险性指标体系的构建,主要从地下水水质（C21）、地下水水量（C22）、含水层结构（C23）3 个方面考虑（图 3-2-4）。

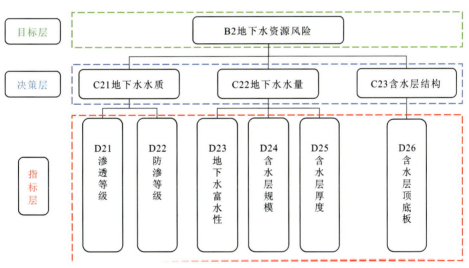

图 3-2-4　地下水资源风险性评价指标体系

地下水资源风险性评价主要是从其价值保护的导向出发,去评价地下工程开发过程中对地下水资源的破坏性风险。表 3-2-2 为地下水资源风险性指标量化表。

二、多要素三维属性模型构建

首先确定研究区范围,在矢量三维模型的基础上,对研究区进行三维评价单元划分,通过钻孔地质建模,构建出江东新区地下空间的三维矢量地层结构模型;利用体切割建模方法,构建双指标体系的三维属性模型。

表 3-2-2　地下水资源风险性评价指标量化表

评价指标	指标量化			
	风险高	风险较高	风险较低	风险低
	1	2	3	4
D21 渗透等级	高渗透	次高渗透	中等渗透	低渗透
D22 防渗等级（厚度）	<10m	10～30m	30～60m	60～150m
D23 地下水富水性	极丰富	丰富	中等丰富	贫水
D24 含水层规模	第三+四承压水	第二承压水	第一承压水	潜水
D25 含水层厚度	巨厚	厚	中等	薄
D26 含水层顶底板（厚度）	<2m	2～3m	3～5m	>5m

（一）评价范围及评价单元划分

本文的建模及评价范围主要有两项：一是总体研究范围，横向上为江东新区陆域部分，纵向上为江东新区地表至150m深度范围；二是由4层含水层组成的含水层部分。

本文的三维评价单元划分：江东新区陆域总面积达298km²，研究深度至150m。图3-2-5是三维地质评价单元划分示意图，本次采用100m×100m×1m的精度，对研究区进行三维地质单元划分。

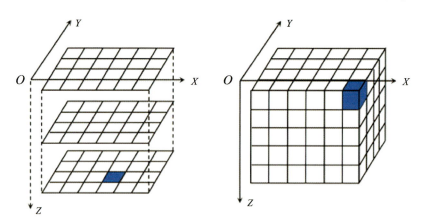

图 3-2-5　三维地质评价单元划分示意图

（二）工程适宜性指标要素模型

依据工程适宜性指标体系和量化指标数据构建的工程适宜性指标属性模型如图3-2-6所示。采用四级归一化指标分别对地基承载力、岩土体类型、砂土液化、活动断裂、地面沉降、风暴潮灾害、地表水垂直距离、地表水水平距离8项指标进行了三维可视化展示。

（三）地下水资源风险性评估指标要素模型

依据表3-2-2中的指标量化数据，分别构建各层含水层的地下水资源风险性评价指标模型（图3-2-7）。

如图3-2-8所示，同样采用四级归一化风险值，分别对渗透等级、防渗等级、地下水富水性、含水层规模、含水层厚度、含水层顶底板6项指标进行了三维可视化展示。

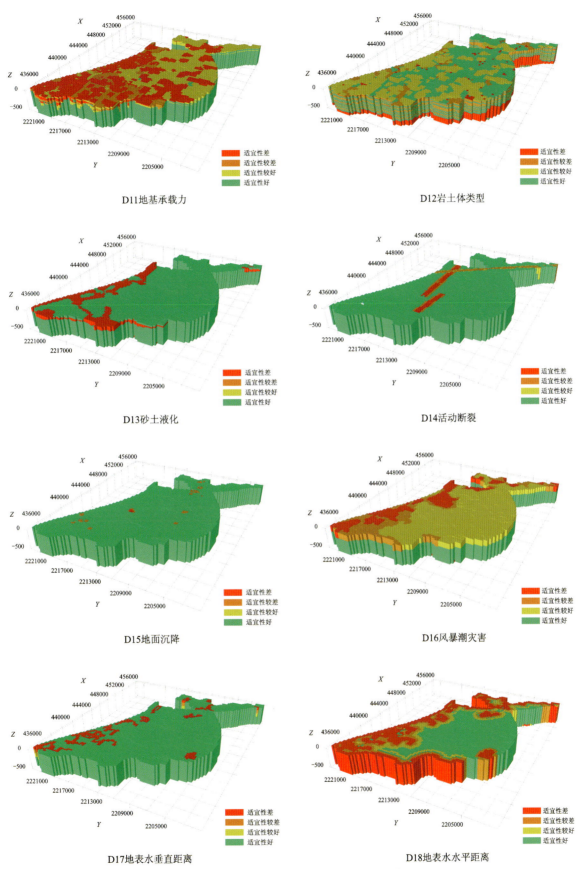

图 3-2-6 工程适宜性指标要素三维模型

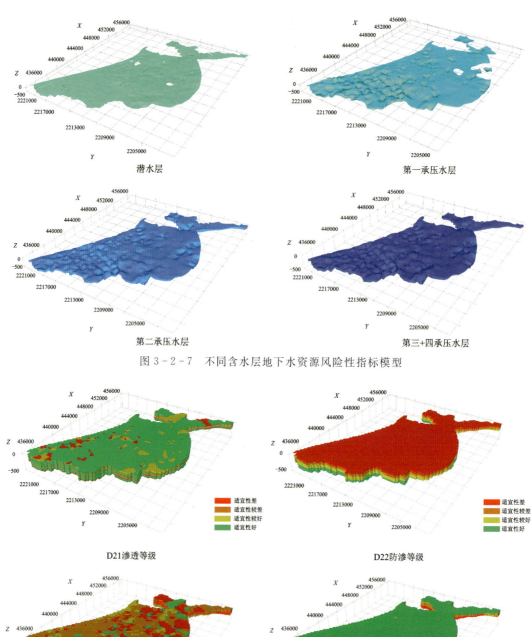

图 3-2-7 不同含水层地下水资源风险性指标模型

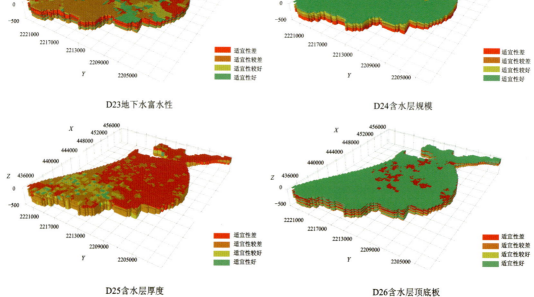

图 3-2-8 地下水资源风险性评估指标要素三维模型

表 3-2-14 地下水资源风险性指标值表

评价单元	渗透等级	防渗等级	地下水富水性	含水层规模	含水层厚度	含水层顶底板
1	1	4	2	1	2	1
2	1	4	2	1	2	1
3	4	4	2	1	2	2
4	4	4	2	1	2	2
5	4	4	2	1	2	3
6	1	4	2	1	2	3
7	4	4	2	1	2	4
…	…	…	…	…	…	…
164 404	4	1	2	4	1	4

表 3-2-15 地下水资源风险性初始权重表

评价单元	渗透等级	防渗等级	地下水富水性	含水层规模	含水层厚度	含水层顶底板
1	0.097 9	0.097 9	0.243 4	0.153 4	0.096 6	0.310 8
2	0.097 9	0.097 9	0.243 4	0.153 4	0.096 6	0.310 8
3	0.097 9	0.097 9	0.243 4	0.153 4	0.096 6	0.310 8
4	0.097 9	0.097 9	0.243 4	0.153 4	0.096 6	0.310 8
5	0.097 9	0.097 9	0.243 4	0.153 4	0.096 6	0.310 8
6	0.097 9	0.097 9	0.243 4	0.153 4	0.096 6	0.310 8
7	0.097 9	0.097 9	0.243 4	0.153 4	0.096 6	0.310 8
…	…	…	…	…	…	…
164 404	0.097 9	0.097 9	0.243 4	0.153 4	0.096 6	0.310 8

表 3-2-16 地下水资源风险性变权 a 权重表

评价单元	渗透等级	防渗等级	地下水富水性	含水层规模	含水层厚度	含水层顶底板
1	0.116 9	0.058 4	0.193 7	0.183 1	0.076 9	0.371 0
2	0.116 9	0.058 4	0.193 7	0.183 1	0.076 9	0.371 0
3	0.071 4	0.071 4	0.236 8	0.223 9	0.094 0	0.302 5
4	0.071 4	0.071 4	0.236 8	0.223 9	0.094 0	0.302 5
5	0.077 3	0.077 3	0.256 1	0.242 2	0.101 7	0.245 4
6	0.143 5	0.071 7	0.237 8	0.224 8	0.094 4	0.227 8
7	0.077 3	0.077 3	0.256 1	0.242 2	0.101 7	0.245 4
…	…	…	…	…	…	…
164 404	0.076 7	0.153 5	0.254 3	0.120 3	0.151 5	0.243 6

表 3-2-17 地下水资源风险性变权 b 权重表

评价单元	渗透等级	防渗等级	地下水富水性	含水层规模	含水层厚度	含水层顶底板
1	0.129 4	0.032 3	0.160 9	0.202 8	0.063 8	0.410 8
2	0.129 4	0.032 3	0.160 9	0.202 8	0.063 8	0.410 8
3	0.046 4	0.046 4	0.230 6	0.290 6	0.091 5	0.294 5
4	0.046 4	0.046 4	0.230 6	0.290 6	0.091 5	0.294 5
5	0.054 4	0.054 4	0.270 4	0.340 9	0.107 3	0.172 6
6	0.187 0	0.046 8	0.232 5	0.293 0	0.092 3	0.148 4
7	0.054 4	0.054 4	0.270 4	0.340 9	0.107 3	0.172 6
…	…	…	…	…	…	…
164 404	0.053 6	0.214 4	0.266 4	0.084 0	0.211 5	0.170 1

表 3-2-18 地下水资源风险性变权 c 权重表

评价单元	渗透等级	防渗等级	地下水富水性	含水层规模	含水层厚度	含水层顶底板
1	0.134 2	0.022 4	0.148 3	0.210 3	0.058 9	0.425 9
2	0.134 2	0.022 4	0.148 3	0.210 3	0.058 9	0.425 9
3	0.034 3	0.034 3	0.227 6	0.322 9	0.090 3	0.290 6
4	0.034 3	0.034 3	0.227 6	0.322 9	0.090 3	0.290 6
5	0.042 0	0.042 0	0.278 1	0.394 3	0.110 4	0.133 2
6	0.208 1	0.034 7	0.229 9	0.326 0	0.091 2	0.110 1
7	0.042 0	0.042 0	0.278 1	0.394 3	0.110 4	0.133 2
…	…	…	…	…	…	…
164 404	0.041 2	0.247 0	0.272 9	0.064 5	0.243 7	0.130 7

在得到指标值表和权重值表后,利用 MATLAB 软件进行编程,利用普通加权叠加的方式,计算工程适宜性和地下水风险性在常权和 3 种变权权重下的结果(图 3-2-10、图 3-2-11)。

如图 3-2-10 和图 3-2-11 所示,采用四种不同的权重及常规加权叠加的方式,得到 4 种不同的工程适宜性结果和地下水资源风险评价结果。可以清晰地看出,随着惩罚性变权系数的变化,以及变权程度的不断加强,适宜性结果和风险性结果的约束性逐渐加强。

(三)模糊综合评价

(1)首先,构建总范围工程适宜性评价和含水层部分地下水风险评价的因素集,以及分别由双指标体系中的各指标因素组成的模糊集合。

①工程适宜性模糊综合评价的因素集。由 D11 地基承载力、D12 岩土体类型、D13 砂土液化、D14 活动断裂、D15 地面沉降、D16 风暴潮灾害、D17 地表水垂直距离、D18 地表水水平距离组成的因素集 U_1:

$$U_1 = \{u_{11}, u_{12}, u_{13}, u_{14}, u_{15}, u_{16}, u_{17}, u_{18}\} \quad (3-2-1)$$

②地下水风险模糊综合评价的因素集。由 D21 渗透等级、D22 工程防渗等级、D23 地下水富水性、D24 含水层规模、D25 含水层厚度、D26 含水层顶底板组成的因素集 U_2:

$$U_2 = \{u_{21}, u_{22}, u_{23}, u_{24}, u_{25}, u_{26}\} \quad (3-2-2)$$

(2)其次,构建总范围工程适宜性评价和含水层部分地下水风险评价的评价集,如表 3-2-19 和表 3-2-20 所示。

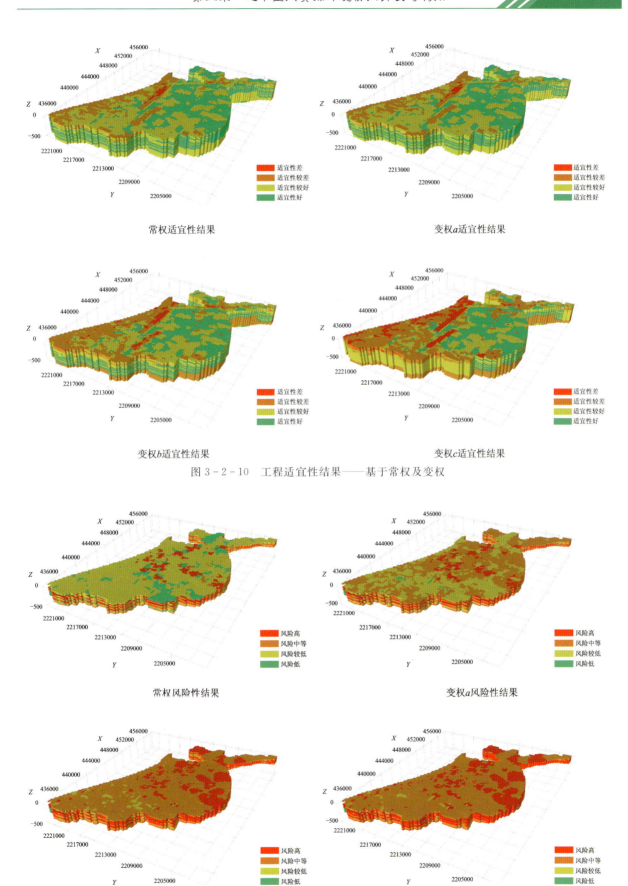

图 3-2-10 工程适宜性结果——基于常权及变权

图 3-2-11 含水层范围地下水资源风险性评价结果——基于常权及变权

表 3-2-19　工程适宜性评价集表

工程适宜性评价	适宜性差	适宜性较差	适宜性较好	适宜性好
评价集 V_1	1	2	3	4

表 3-2-20　地下水资源风险性评价集表

地下水风险评价	风险高	风险较高	风险较低	风险低
评价集 V_2	1	2	3	4

(3) 最后,构建总范围工程适宜性评价和含水层部分地下水资源风险性评价权重集。模糊综合评价所用的权重集,采用上述由变权方法所构建的变权权重集。然后构建工程适宜性评价关于每一个评价单元的模糊隶属度矩阵 R_1 和含水层部分地下水资源风险性评价关于每一个评价单元的模糊隶属度矩阵 R_2。在以上要素构建完成后,针对工程适宜性和地下水资源风险性中的每一个评价单元进行计算,得到图 3-2-12 和图 3-2-13 所示评价结果,是基于前面 4 种不同的权重,采用模糊综合评价法计算得到的工程开发适宜性结果和地下水资源风险性评价结果。通过模糊综合评价结果来看,其评价结果的连片性好,区分差异明显。

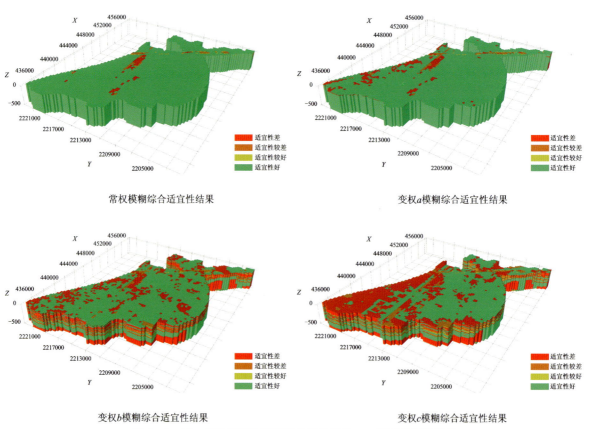

图 3-2-12　工程适宜性模糊综合评价结果——基于常权及变权

(四) 工程适宜性与地下水风险单项评价结果分析

在得到诸多结果后,就需要对各项结果进行分析和选择,将工程适宜性的变权评价结果和模糊综合评价共 8 种结果,分别按照从最小值到最大值排序的方式,进行排列,观察各结果分布情况。其中,常权是基于常权权重的评价结果,W_1 对应变权 a 的评价结果,W_2 对应变权 b 的评价结果,W_3 对应变权 c 的评价结果。

从图 3-2-14 和图 3-2-15 中的变权评价结果分布可以看出,随着变权系数的惩罚性越来越大,评价结果因综合效应导致的评价结果普遍趋好的现象逐渐减弱。从模糊综合评价结果分布可以看到,基于 W_1 和 W_3 权重的结果分布,比较符合评价结果选取原则。因此,在接下来的工程适宜性与地下水风险综合

三、工程适宜性与地下水资源风险性等级评价

(一)初始权重的确定

基于已经建立的评价体系,由专家对各层指标因子对上一层评价要素的影响重要性进行排序,在此基础上确定各指标权重。

1. 工程适宜性指标初始权重

结合海口江东新区的工程地质特点,采用标度法对各层指标进行两两互相比较,得出江东新区地下空间安全开发适宜性评价的决策层和指标层判断矩阵(表3-2-3、表3-2-4)。从权重看,灾害地质要素在工程适宜性评价中占据主导地位,其次是工程地质要素、水文地质要素(表3-2-5)。

表3-2-3 工程适宜性决策层判断矩阵

决策层	C11 工程地质	C12 灾害地质	C13 水文地质
C11 工程地质	1	2	3
C12 灾害地质	1/2	1	4
C13 水文地质	1/3	1/4	1

表3-2-4 工程适宜性指标层判断矩阵

灾害地质	D13 砂土液化	D14 活动断裂	D15 地面沉降	D16 风暴潮灾害
D13 砂土液化	1	1/5	1/3	4
D14 活动断裂	5	1	3	6
D15 地面沉降	3	1/3	1	6
D16 风暴潮灾害	1/4	1/6	1/6	1
工程地质	D11 地基承载力	D12 岩土体类型	水文地质	D17 地表水垂直距离	D18 地表水垂直距离
D11 地基承载力	1	1/2	D17 地表水垂直距离	1	1
D12 岩土体类型	2	1	D18 地表水水平距离	1	1

表3-2-5 工程适宜性常权权重

指标层	C11	C12	C13	综合权重
	WB1=0.319 6	WB2=0.558 4	WB3=0.122 0	(i=1,2,3,…,8)
D11 地基承载力	0.333 3	—	—	0.106 5
D12 岩土体类型	0.666 7	—	—	0.213 1
D13 砂土液化	—	0.127 1	—	0.071
D14 活动断裂	—	0.548 2	—	0.306 1
D15 地面沉降	—	0.272 4	—	0.152 1
D16 风暴潮灾害	—	0.052 3	—	0.029 2
D17 地表水垂直距离	—	—	0.5	0.061
D18 地表水水平距离	—	—	0.5	0.061

2. 地下水资源风险性指标初始权重

如表3-2-6和表3-2-7所示,结合海口江东新区的滨海型地下水环境特点,采用标度法对各层指标进行两两互相比较,给出相对重要性值,由此得出江东新区地下水资源风险性评价的决策层和指标层的判断矩阵。江东新区的总体富水性程度较高,资源价值量巨大,因此其破坏造成的危害性较高,在风险性评价中影响最大。从权重来看,地下水水量要素占据主要地位,其次是含水层结构和地下水水质(表3-2-8)。

表3-2-6 地下水资源风险性决策层判断矩阵

决策层	C21 地下水水质	C22 地下水水量	C23 含水层结构
C21 地下水水质	1	1/2	1/2
C22 地下水水量	2	1	2
C23 含水层结构	2	1/2	1

表3-2-7 地下水资源风险性指标层判断矩阵

地下水水质	D21 渗透等级	D22 防渗等级	
D21 渗透等级	1	1	
D22 防渗等级	1	1	
地下水水量	D23 地下水富水性	D24 含水层规模	D25 含水层厚度
D23 地下水富水性	1	2	2
D24 含水层规模	1/2	1	2
D25 含水层厚度	1/2	1/2	1
含水层结构	D26 含水层顶底板		
D26 含水层顶底板	1		

表3-2-8 地下水资源风险性常权权重

指标层	C21 WB1=0.195 8	C22 WB2=0.493 4	C23 WB3=0.310 8	综合权重 (i=1,2,3,…,6)
D21 渗透等级	0.5	—		0.097 9
D22 防渗等级	0.5	—		0.097 9
D23 地下水富水性	—	0.493 7		0.243 4
D24 含水层规模	—	0.310 5		0.153 4
D25 含水层厚度	—	0.195 8		0.096 6
D26 含水层顶底板	—	—	1	0.310 8

(二)变权评价

本书采用惩罚型变权函数$S(X)$,采用的适宜性分值和风险性分值均为1、2、3、4,因此取值$\lambda=1,\beta=2,\gamma=3$,分别通过调整$a$、$b$、$c$的大小,来调整变权函数的变权程度。图3-2-9所示为采用3组a、b、c所呈现的变权函数图形。

变权函数$a:a_1=0.6,b_1=0.5,c_1=0.3$。

变权函数$b:a_2=0.8,b_2=0.5,c_2=0.2$。

变权函数$c:a_3=0.9,b_3=0.5,c_3=0.15$。

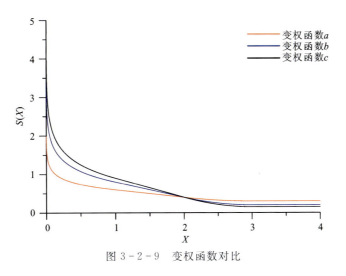

图 3-2-9 变权函数对比

由于研究范围划分的三维评价单元多达 433 091 个，含水层部分的三维评价单元也多达 164 404 个，因此在文中仅显示部分数据，如表 3-2-9～表 3-2-18 所示。

表 3-2-9 工程适宜性指标值表

评价单元	地基承载力	岩土体类型	砂土液化	活动断裂	地面沉降	风暴潮灾害	地表水垂直距离	地表水水平距离
1	4	1	4	4	4	4	1	4
2	4	1	4	4	4	4	1	4
3	4	1	4	4	4	4	1	4
4	4	1	4	4	4	4	1	4
5	4	1	4	4	4	4	1	4
6	4	1	4	4	4	4	1	4
7	4	1	4	4	4	4	1	4
…	…	…	…	…	…	…	…	…
433 091	3	1	4	4	4	1	4	4

表 3-2-10 工程适宜性初始权重表

评价单元	地基承载力	岩土体类型	砂土液化	活动断裂	地面沉降	风暴潮灾害	地表水垂直距离	地表水水平距离
1	0.106 5	0.213 1	0.071	0.306 1	0.152 1	0.029 2	0.061	0.061
2	0.106 5	0.213 1	0.071	0.306 1	0.152 1	0.029 2	0.061	0.061
3	0.106 5	0.213 1	0.071	0.306 1	0.152 1	0.029 2	0.061	0.061
4	0.106 5	0.213 1	0.071	0.306 1	0.152 1	0.029 2	0.061	0.061
5	0.106 5	0.213 1	0.071	0.306 1	0.152 1	0.029 2	0.061	0.061
6	0.106 5	0.213 1	0.071	0.306 1	0.152 1	0.029 2	0.061	0.061
7	0.106 5	0.213 1	0.071	0.306 1	0.152 1	0.029 2	0.061	0.061
…	…	…	…	…	…	…	…	…
433 091	0.106 5	0.213 1	0.071	0.306 1	0.152 1	0.029 2	0.061	0.061

表 3-2-11　工程适宜性变权 a 权重表

评价单元	地基承载力	岩土体类型	砂土液化	活动断裂	地面沉降	风暴潮灾害	地表水垂直距离	地表水水平距离
1	0.083 6	0.334 5	0.055 7	0.240 2	0.119 4	0.022 9	0.095 8	0.047 9
2	0.083 6	0.334 5	0.055 7	0.240 2	0.119 4	0.022 9	0.095 8	0.047 9
3	0.083 6	0.334 5	0.055 7	0.240 2	0.119 4	0.022 9	0.095 8	0.047 9
4	0.083 6	0.334 5	0.055 7	0.240 2	0.119 4	0.022 9	0.095 8	0.047 9
5	0.083 6	0.334 5	0.055 7	0.240 2	0.119 4	0.022 9	0.095 8	0.047 9
6	0.083 6	0.334 5	0.055 7	0.240 2	0.119 4	0.022 9	0.095 8	0.047 9
7	0.083 6	0.334 5	0.055 7	0.240 2	0.119 4	0.022 9	0.095 8	0.047 9
…	…	…	…	…	…	…	…	…
433 091	0.097 7	0.195 5	0.065 1	0.280 7	0.139 5	0.053 6	0.111 9	0.056 0

表 3-2-12　工程适宜性变权 b 权重表

评价单元	地基承载力	岩土体类型	砂土液化	活动断裂	地面沉降	风暴潮灾害	地表水垂直距离	地表水水平距离
1	0.058 4	0.467 7	0.039 0	0.168 0	0.083 5	0.016 0	0.133 9	0.033 5
2	0.058 4	0.467 7	0.039 0	0.168 0	0.083 5	0.016 0	0.133 9	0.033 5
3	0.058 4	0.467 7	0.039 0	0.168 0	0.083 5	0.016 0	0.133 9	0.033 5
4	0.058 4	0.467 7	0.039 0	0.168 0	0.083 5	0.016 0	0.133 9	0.033 5
5	0.058 4	0.467 7	0.039 0	0.168 0	0.083 5	0.016 0	0.133 9	0.033 5
6	0.058 4	0.467 7	0.039 0	0.168 0	0.083 5	0.016 0	0.133 9	0.033 5
7	0.058 4	0.467 7	0.039 0	0.168 0	0.083 5	0.016 0	0.133 9	0.033 5
…	…	…	…	…	…	…	…	…
433 091	0.083 8	0.167 7	0.055 9	0.241 0	0.119 7	0.091 9	0.192 0	0.048 0

表 3-2-13　工程适宜性变权 c 权重表

评价单元	地基承载力	岩土体类型	砂土液化	活动断裂	地面沉降	风暴潮灾害	地表水垂直距离	地表水水平距离
1	0.044 9	0.539 4	0.03	0.129 1	0.064 2	0.012 3	0.154 4	0.025 7
2	0.044 9	0.539 4	0.03	0.129 1	0.064 2	0.012 3	0.154 4	0.025 7
3	0.044 9	0.539 4	0.03	0.129 1	0.064 2	0.012 3	0.154 4	0.025 7
4	0.044 9	0.539 4	0.03	0.129 1	0.064 2	0.012 3	0.154 4	0.025 7
5	0.044 9	0.539 4	0.03	0.129 1	0.064 2	0.012 3	0.154 4	0.025 7
6	0.044 9	0.539 4	0.03	0.129 1	0.064 2	0.012 3	0.154 4	0.025 7
7	0.044 9	0.539 4	0.03	0.129 1	0.064 2	0.012 3	0.154 4	0.025 7
…	…	…	…	…	…	…	…	…
433 091	0.073 4	0.146 9	0.048 9	0.211 0	0.104 8	0.120 7	0.252 3	0.042 0

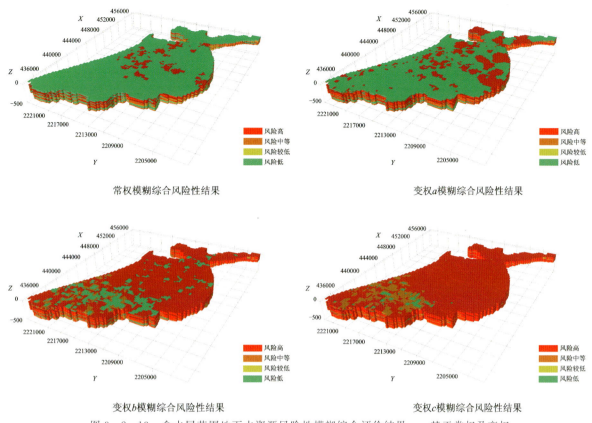

图 3-2-13 含水层范围地下水资源风险性模糊综合评价结果——基于常权及变权

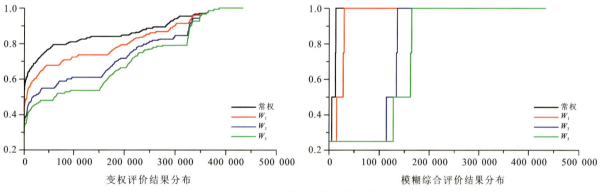

图 3-2-14 工程适宜性结果分析对比

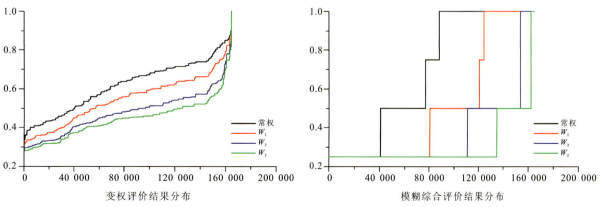

图 3-2-15 地下水资源风险性结果分析对比

评价中,选取基于 W_3 和 W_1 权重的工程适宜性和地下水资源风险性模糊综合评价结果进行评价,如图 3-2-16 和图 3-2-17 所示。

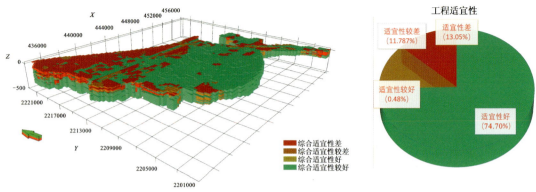

图 3-2-16　工程适宜性模糊评价结果分布及统计(W_3)

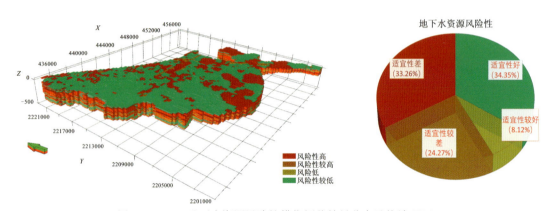

图 3-2-17　地下水资源风险性模糊评价结果分布及统计(W_1)

(五)工程适宜性与地下水资源风险性综合评价

在对江东新区地下空间的工程适宜性和地下水资源风险性进行评价后,对二者进行综合评价,即将含水层部分的工程适宜性结果与地下水风险评价进行综合评判。本书基于地下水资源保护的地下空间开发适宜性评价的目标,需要综合评估地下空间含水层部分的开发适宜性。在同一评价单元内,取工程适宜性结果和地下水风险评价结果两者间的最小值。该评估方式的优点主要是能够在充分保留地下水资源风险性分异特征的基础上,综合工程适宜性的约束条件,从而达到综合评价的目的。

图 3-2-18 所示是江东新区含水层部分的综合适宜性结果。从饼形图中可以看到,含水层大部分区域适宜性差或较差,合计占比达 61.72%,适宜性好及较好区域合计占比为 38.28%。表 3-2-21 为各含水层的综合适宜性结果统计表,从表中可以看出,各含水层中适宜性好的占比较大,其次是适宜性差和适宜性较差,适宜性较好的占比最少,各层适宜性较好的占比均低于 1%。

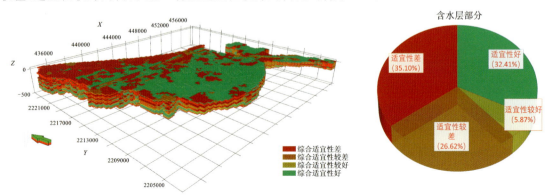

图 3-2-18　含水层部分综合适宜性分布及统计

表 3-2-21　各含水层适宜性结果统计表

统计数据	含水层				
	含水层部分	潜水层	第一承压水层	第二承压水层	第三+四承压水层
适宜性好(1)	32.41%	32.30%	20.40%	25.02%	31.12%
适宜性较好(0.75)	5.87%	0.79%	0.53%	1.19%	11.65%
适宜性较差(0.5)	26.62%	9.92%	17.55%	49.33%	36.55%
适宜性差(0.25)	35.10%	57.99%	61.52%	24.46%	20.69%
平均适宜性值	0.59	0.52	0.45	0.57	0.45

图 3-2-19～图 3-2-22 所示为潜水层、第一承压水层、第二承压水层、第三+四承压水层综合适宜性各级分布图。

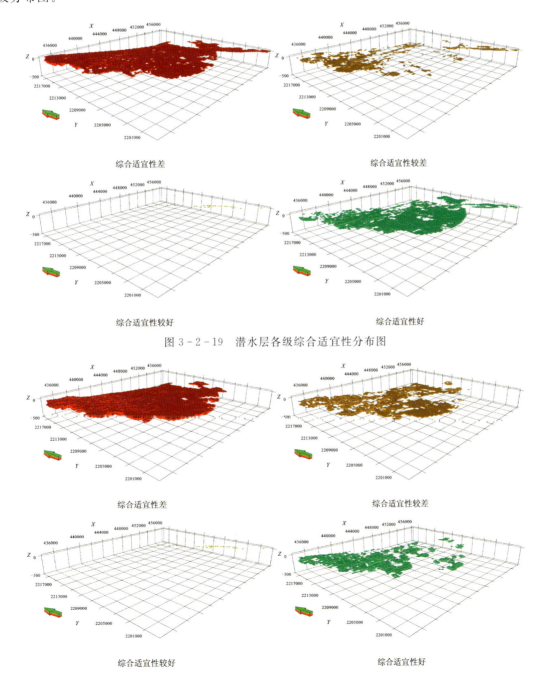

图 3-2-19　潜水层各级综合适宜性分布图

图 3-2-20　第一承压水层各级综合适宜性分布图

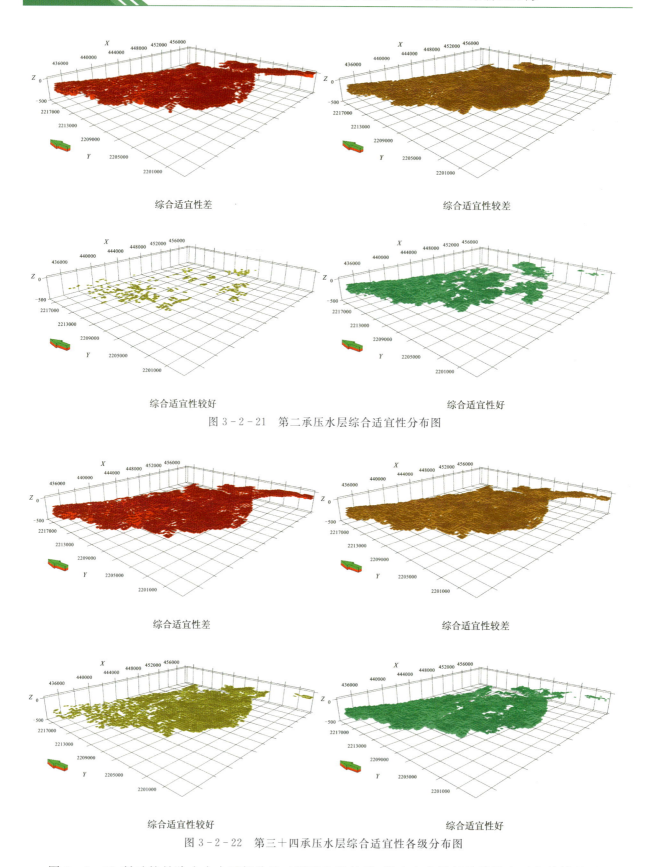

综合适宜性差　　　　　　　　　　　　　　　综合适宜性较差

综合适宜性较好　　　　　　　　　　　　　　综合适宜性好

图 3-2-21　第二承压水层综合适宜性分布图

综合适宜性差　　　　　　　　　　　　　　　综合适宜性较差

综合适宜性较好　　　　　　　　　　　　　　综合适宜性好

图 3-2-22　第三十四承压水层综合适宜性各级分布图

图 3-2-23 所示的是除去含水层部分的工程适宜性结果,嵌入含水层部分的综合适宜性结果后呈现的三维模型。从饼形图可以看到,适宜性好的占比最大,为 45.53%,其次是适宜性差的,占比 38.14%,适宜性较差的区域占比 13.76%,适宜性较好的占比最小,为 2.57%。

通过分析综合评价结果的空间展布特征(图 3-2-24)可以看出,江东新区南部如美兰机场所处区域的综合适宜性整体较好,而位于临江沿海区域的灵山镇、江东新区北中部的桂林洋所处的江东新区北部区

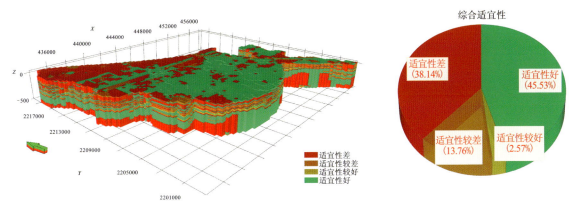

图 3-2-23　基于地下水资源保护的地下空间综合适宜性评价结果

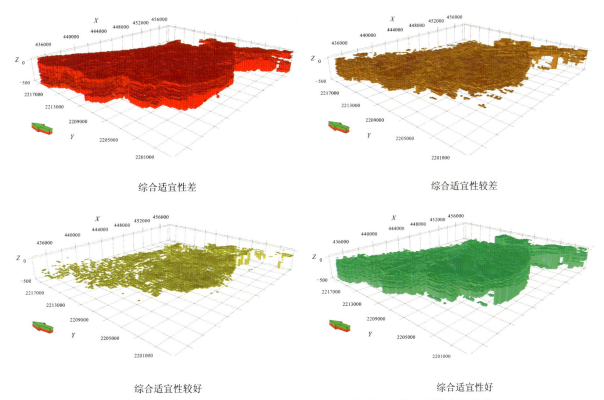

图 3-2-24　基于地下水资源保护的地下空间综合适宜性评价分级结果

域的综合适宜性相对较差,原因可能是北部的活动断裂及沿海地质灾害导致制约性加强。

第三节　地下空间资产价值差异性评估

随着社会经济的不断发展,城市地下空间的有偿使用与价值评估管理已经是必然趋势,而如何显化地下空间使用权的价值,建立一套行之有效的地下空间价值评估体系是目前急需解决的问题(林国斌等,2021)。

合理评估地下空间基准地价,是服务支撑自然资源部"两统一"职责中的统一行使全民所有自然资源资产所有者职责的关键一步,而合理评估地下空间的综合经济价值则是评估地下空间基准地价的关键。

本书将地表经济要素对地下空间开发价值的收益性影响与地质要素对地下空间开发价值的成本性影响相结合,采用加权叠加的方式,综合评估了地下空间开发的经济价值在三维空间上的分异特征,为地下空间的基准地价评估提供了定性参考和新思路。

一、评价研究方法

(一)研究思路

(1)查明江东新区地表区位等级、土地等级、交通节点等级、市政等级等的地表经济要素数据;查明江东新区地形地貌、地层岩性、水文地质特征、构造断裂、地质灾害分布等地质情况。

(2)采用层次分析法分别构建地表经济要素对地下空间开发价值的收益性影响评价指标体系和地质要素对地下空间开发价值的成本性影响指标体系,并构建判断矩阵,在满足一致性检验要求的情况下,计算两种评价指标体系的权重受地表经济因素影响对地下空间的开发价值主要是收益性的,而地质要素对地下空间开发价值的影响是成本性的,因此为了方便描述,分别采用"影响收益指标体系"和"影响成本指标体系"来简述上述两种指标体系。

(3)对江东新区地下空间进行分层,构建分层下的地下空间纵向价值衰减系数模型。

(4)采用三维地质单元剖分的方式,构建影响成本指标体系中各要素三维属性模型。

(5)利用ArcGIS和三维建模软件将获取的影响收益指标体系内的各地表经济要素属性三维化。

(6)在双指标体系的三维属性模型构建完成后,确定指标体系的权重分配,分别计算得到地下空间的收益性等级和成本性等级,并将两种结果数据导入三维模型中,与已经建立的地下空间纵向价值衰减系数模型相乘,得到分层下的地下空间收益性模型和地下空间成本性模型。此时,地下空间开发的收益随层深增加而减小,地下空间开发的成本随层深增加而增大。

(7)将分层下的地下空间收益性分异模型与成本性空间分异模型按照每层不同的权重进行加权叠加,获得最终地下空间开发利用经济价值分布模型(图3-3-1)。

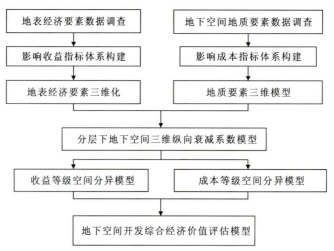

图3-3-1 地下空间资产价值评估研究思路

(二)评价模型构建

1. 指标体系构建

采用美国著名运筹学专家Saaty提出的层次分析法(AHP)(Xiong et al.,2005),分别构建影响收益指标体系和影响成本指标体系,并分别构建判断矩阵,在满足一致性检验要求的情况下,计算各指标体系的综合权重。

2. 影响收益指标体系构建

地表经济类要素对地下空间开发的需求强度、经济效益有着重要影响。本书采用区位等级、土地等级、交通关键节点等级、市政管线密度4项主要经济要素指标,构建地表经济要素对地下空间开发价值的收益性影响指标体系(图3-3-2)。

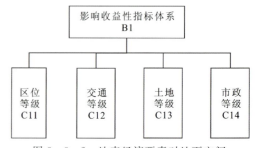

图3-3-2 地表经济要素对地下空间开发价值的影响收益指标体系

表 3-3-1 为江东新区地下空间基于地表经济要素的收益性指标量化表。表中将各指标分差、中、优 3 级，分别给出 1、2、3 的评价值。区位等级的划分依据主要是地段的繁华程度，市级商业中心的价值等级最高，其次是区级商业中心，剩余地区全部划归一般地段；交通等级则主要考虑节点，根据《海口江东新区总体规划（2018—2035）》道路交通规划图及轨道交通规划，将海口市江东新区交通区位分为 3 个等级，一级为交通枢纽及轨道交通换乘站，二级为轨道交通车站，三级为非交通节点；土地等级的价值区间划分，则主要考虑地价的高低；市政等级的划分依据主要是地下管线以及市政设施的分布密度，由于市政设施为地下工程的运行提供着种种便利，因此较高的市政设施密度对地下空间开发的收益有着积极的影响。

表 3-3-1 影响收益指标量化表

评价指标	评价值		
	差	中	优
	1	2	3
C11 区位等级	一般地段	区级商业中心	市级商业中心
C12 交通等级	非交通节点	轨道交通车站	交通枢纽及轨道交通换乘站
C13 土地等级	低地价	中等地价	高地价
C14 市政等级	稀疏	一般	密集

3. 影响成本指标体系构建

由于地下空间开发适宜性在一定程度上可以反映地下空间开发的难度和成本差异，所以影响成本指标体系的构建主要参考地下空间开发适宜性指标体系，但与传统开发适宜性指标体系相比，前者更注重地下空间的地质条件对地下空间工程开发的成本性影响（图 3-3-3）。

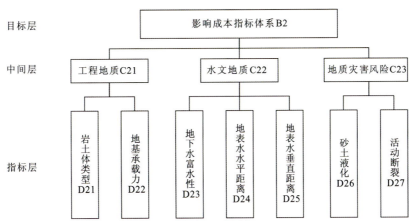

图 3-3-3 地下空间资产价值评估影响成本指标体系

表 3-3-2 为江东新区地下空间基于地质要素的成本指标量化表。岩土体类型的分值界定的标准主要从开挖成本考虑，开挖黏土的成本最低，其次是砂石、卵石层，成本最高的则是淤泥。地基承载力则考虑的是工程开发后的支护成本，给出三级承载力，对地质承载力的影响进行等级划分。地下水的富水性及地表水的垂直和水平距离均影响着地下工程的突涌、渗水等风险，相应地影响地下工程的防水防灾等级，因此按照富水性和距地表水距离，来表征地下工程在防水方面的成本性影响。而砂土液化和活动断裂带则是灾害地质因素，同样影响着地下工程的防灾与支护成本，在砂土液化方面，主要是判断研究区的液化程度分异，将全区划分为液化严重区、液化中等区以及非液化区，以此区分该要素的分值等级。活动断裂则是按照距活动断裂中心的距离进行分值等级的划分（表 3-3-2）。

表 3-3-2　地下空间资产价值评估影响成本指标量化表

评价指标	评价值		
	差	中	优
	1	2	3
D21 岩土体类型	淤泥	砂层、卵石层	黏土
D22 地基承载力	<100kPa	100～150kPa	>200kPa
D23 地下水富水性	极丰富	中等丰富	不丰富
D24 地表水水平距离	<100m	100～400m	>800m
D25 地表水垂直距离	<10m	10～20m	>40m
D26 砂土液化	液化严重	液化中等	非液化
D27 活动断裂	<50m	50～200m	>400m

(三)权重确定

本次研究结合相关文献资料和专家调查法,分别构建影响收益指标体系和影响成本指标体系的判断矩阵,对每层各指标两两相互比较,按照相对重要性进行打分,在满足一致性检验的情况下,分别计算影响收益指标和影响成本指标的权重。

1. 影响收益指标权重

通过综合调研和对比分析,发现区位等级对地下空间开发的需求强度占据主导地位(辛韫潇等,2019),其次是交通等级、市政等级和土地等级(表 3-3-3)。

表 3-3-3　影响地下空间资产收益指标权重表

指标层	C11	C12	C13	C14
权重	0.523 4	0.266 7	0.063 9	0.146 0

2. 影响成本指标权重

岩土体类型、地基承载力等工程地质条件直接控制着地下空间开发的难易程度,对工程安全和经济成本起着决定性作用。岩土体作为地下空间工程的承载介质,对地下构筑物的变形和承载特征差异导致地下空间开发产生成本差异,地基承载力越强,地下空间开挖的支护措施越简单,开挖成本也就越低(王松泉和李友,2021)。因此,工程地质层的权重比例最大,而地下水的赋水特征、与地表水的横纵向距离和各类潜在地质灾害对地下空间开发也有着重要作用,也占据了一定的权重比例(表 3-3-4)。

表 3-3-4　影响地下空间资产成本指标权重表

指标层	C21	C22	C23	综合权重
	WB1=0.625 0	WB2=0.238 5	WB3=0.136 5	(i=1,2,3,…,7)
D21	0.75	—	—	0.468 7
D22	0.25	—	—	0.156 3
D23	—	0.683 3	—	0.163 0
D24	—	0.116 9	—	0.027 9
D25	—	0.199 8	—	0.047 7
D26	—	—	0.5	0.068 2
D27	—	—	0.5	0.068 2

二、三维模型构建

本次研究采用的三维建模软件为 Creater X Modeling(北京超维创想信息技术有限公司自主研发的三维可视化地质建模系统)。

本报告所采用的评价数据分为两个部分,分别是地表经济数据和地质要素数据。其中,地表经济数据来自海口市自然资源和规划局,地质要素数据采用江东新区钻孔数据资料及其他工程地质资料。

(一)三维模型构建方法

本报告采用多种建模方式,构建多要素三维属性模型。首先用 Creater X Modeling 软件,对江东新区整体的横纵向研究边界进行划定,构建矢量边界模型。采用三维地质体单元剖分的方式,构建地下空间各地质要素的三维体元(VOXET)模型(图3-3-4)。

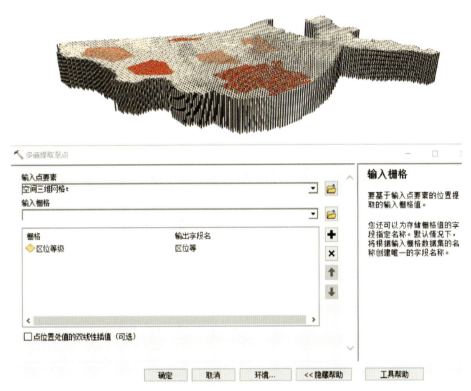

图3-3-4　地表经济要素的三维投影

(二)地下空间三维纵向衰减模型

结合海口江东新区地下空间需求和海口江东新区地下空间规划,将海口江东新区地下空间分为浅层(0~15m)、中层(15~45m)、深层(45~100m)。构建分层的地下空间衰减模型,用以计算衰减后的地下空间收益等级和开发成本等级。衰减系数的确定主要参考楼层效用比例理论,浅层衰减系数为1,中层为0.5,深层为0.1(图3-3-5)。

采用纵向衰减模型的意义在于,随着层深的增加,地表经济要素对地下空间开发价值的收益性影响是逐层衰减的,地质要素对地下空间开发价值的成本性影响则是逐层递增的。在双指标体系等级的归一化中,成本等级由高到低为1~3,而收益等级的分值成本等级由高到低为3~1。因此,将成本等级和收益等级与衰减模型相乘,随着层深增加,地下空间的收益降低,成本增加。

(三)三维地质要素模型构建

依据上述建模方法,构建各地质要素对地下空间开发成本影响程度分布的三维模型(图3-3-6)。按照表3-3-2中的等级划分标准归一化后,进行三维展示。

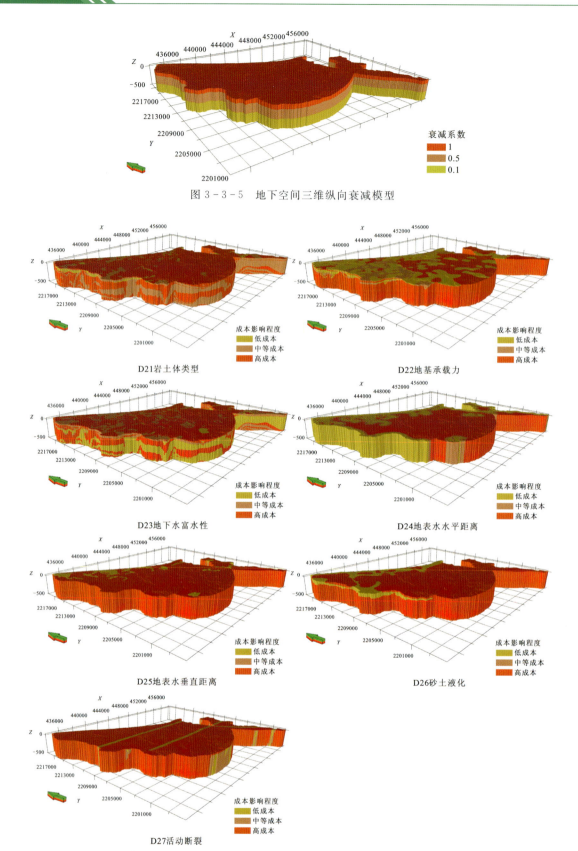

图 3-3-5 地下空间三维纵向衰减模型

D21岩土体类型　　D22地基承载力
D23地下水富水性　　D24地表水水平距离
D25地表水垂直距离　　D26砂土液化
D27活动断裂

图 3-3-6 地下空间各地质要素对地下空间开发成本的影响等级

（四）地表经济要素的三维投影

从地表经济要素对地下空间开发收益的三维影响等级模型可以看出，地表经济要素的影响在纵向上是递减的，这符合随着层位加深地表经济类要素对地下空间价值影响递减的客观规律（图 3-3-7）。

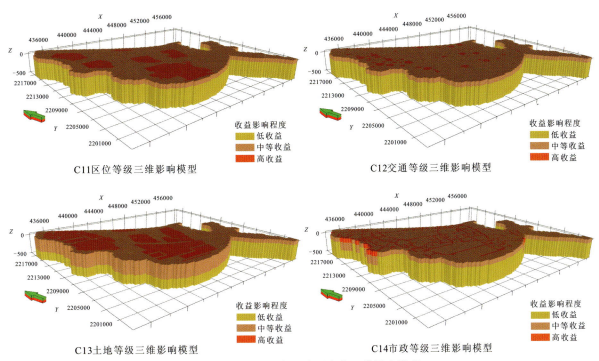

图 3-3-7　地表各经济要素的三维影响模型

三、收益和成本等级计算

通过构建地下空间三维各要素属性模型,采用构建的评价体系分别评价地下空间开发的收益性空间分异特征和成本性空间分异特征。

(一)收益等级模型的空间分异

图 3-3-8 所示是地下空间开发收益等级的空间分异模型,高收益区主要集中在浅层,中等收益区则主要集中在浅中层,低收益区涵盖大部分深层和少部分浅中层。

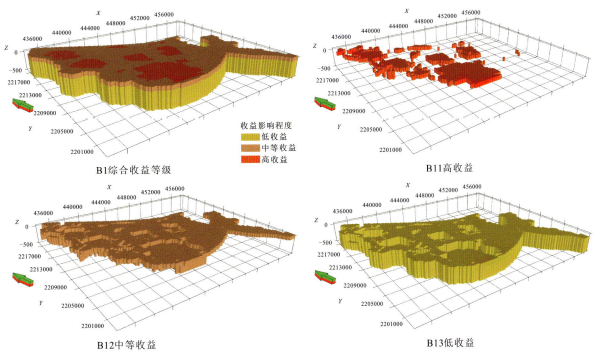

图 3-3-8　收益等级模型的空间分异

(二)成本等级模型的空间分异

地下空间开发成本等级的空间分异模型显示低成本区主要集中在浅层,中等成本区则主要集中在浅中层,高成本区涵盖大部分深层和少部分浅中层(图3-3-9)。

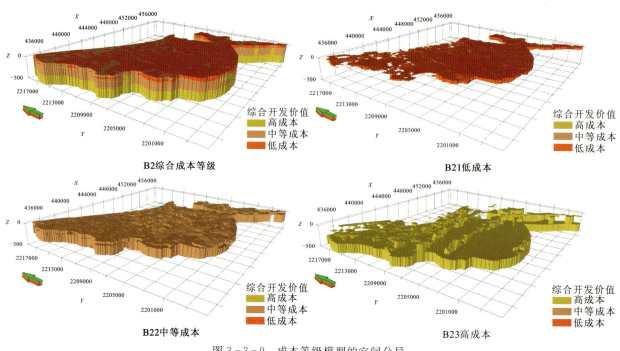

图3-3-9 成本等级模型的空间分异

四、综合经济价值评估

(一)纵向分层变权叠加

图3-3-10是城市地下空间的开发成本造价与区位距离的关系曲线图,可以看到,相比于在地表进行开发,地下空间的开发成本受地表区位的影响较小。所以,本次在地下空间开发收益模型与地下空间成本模型的加权叠加模式中主要考虑纵向上的价值变化带来的影响。

纵向来看,浅层的综合经济价值主导要素是地表经济要素,且地下空间开发成本相对于中层和深层较低,所以在浅层的影响收益模型和影响成本模型的叠加中,收益模型的叠加权重更大。以此类推,随着深度增加,收益模型的权重递减,成本模型的权重递增。结合文献资料和专家调查,把影响收益指标在浅、中、深三层的叠加权重定为0.7、0.5、0.3。影响成本指标在浅、中、深三层的叠加权重定为0.3、0.5、0.7。

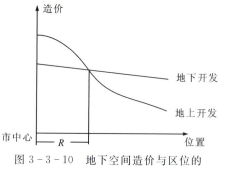

图3-3-10 地下空间造价与区位的关系曲线图(胡毅夫和梁凤,2015)

$$W = \sum_{i=1}^{n} C_i \quad (i=1,2,\cdots,n) \quad (3-3-1)$$

采用以上公式加权叠加的方式,依据表3-3-5中的各层中影响成本模型和影响收益模型的权重分配,进行加权计算,得到综合评价结果。

(二)综合评价结果分析

依据开发价值的连续性,本书对最终综合开发价值的区间等级的划分方式,是在结果的最小值与最大值间进行三等分,在归一化后,进行三维展示。

表 3-3-5 综合评价分层叠加权重分布表

层位权重	模型	
	收益影响模型	成本影响模型
浅层权重	0.7	0.3
中层权重	0.5	0.5
深层权重	0.3	0.7

图 3-3-11 是通过成本等级模型和收益等级模型分层加权叠加后获得的综合经济价值模型。从图中可以看到,高价值区主要分布于浅中层,大部分在浅层区域;中等价值区主要分布于浅中层,大部分在中层区域;低价值区主要分布于深层,极少量分布于浅中层区域。由此可以看出,该计算结果模型基本满足地下空间价值随深度递减的客观经济规律。同时,地质条件引发的成本性要素的介入,导致3个等级价值在空间上并不是单纯地随深度变化。

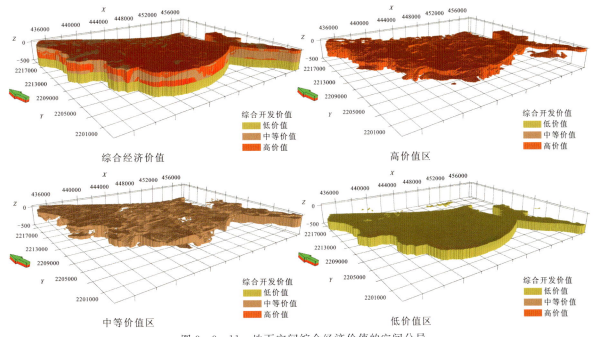

图 3-3-11 地下空间综合经济价值的空间分异

结果表明,引入地下空间开发过程中的成本性指标后,地下空间的总体价值分异特征与仅采取地表经济因素的收益性价值分异特征相比,增加一个评判维度。地下空间综合价值在浅中层范围内,存在高价值区与中等价值区相互交织的状态,说明地质条件在某种程度上约束了地下空间开发的价值分布特征,从而更具科学性。

第四节 地下水资源与应急水源地评价

一、地下水资源评价

(一)评价内容

本次评价范围为海口江东新区规划范围,面积 298km²,对象为与降雨以及与地表水体有直接水力联系且参与水循环并可以逐年更新的动态水量。该地区深部的承压水与降雨有着直接水力联系,参与水循环,同时潜水与承压水之间缺乏连续稳定的隔水层,存在潜水与承压水之间的天然补给联系(图 3-4-1),因此,地下水资源量计算中包含下部承压水含水层。

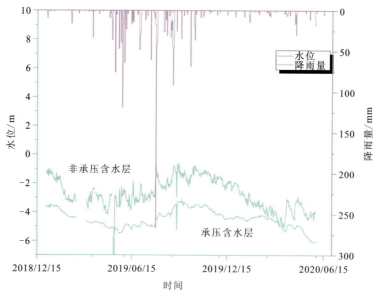

图 3-4-1 海口江东新区降雨量与地下水水位动态变化特征

(二)评价参数及方法

1. 大气降水

此次评价收集海口江东新区内灵山气象站 2015—2020 年度平均降雨数据(1 803.3mm/a),将其作为此次地下水天然补给量计算的降雨数据。江东地区大气降雨与浅层地下水和承压水均有较好的沟通和联系,是该地区地下水有效的补给来源。

2. 主要评价参数及其取值

平原盆地区以地下水补给量作为地下水资源量。平原盆地区地下水主要以孔隙水的形式存在,其补给量包括降雨入渗补给量、地表水体补给量、平原侧向补给量、其他补给量,各项补给量之和为总补给量,其中潜水以降雨入渗补给和地表水水体补给为主,承压水同时受到南部承压水侧向补给影响。其中,地表水体补给量包括河道渗漏补给量(含河道对傍河地下水水源地的补给量)、水库渗漏补给量、湖泊渗漏补给量、田间入渗补给量、以地表水为水源的人工回灌补给量,其他补给量包括城镇管网漏损补给量、非地表水源的人工回灌补给量等。

1)给水度(μ)

给水度(μ)是指饱和岩土层在重力作用下,自由排出重力水的体积与该饱和岩土层相应体积的比值。它是计算降雨入渗补给系数的重要参数,给水度(μ)的变化在平面上随岩性而异,在垂直方向上随深度而变。

根据《全国水资源调查评价技术细则》(水利部水利水电规划设计总院,2017)、《1:20万海口市幅区域水文地质普查成果报告》(广东省地质局海南地质大队水文队,1981a)和《1:20万文昌市幅区域水文地质普查成果报告》(广东省地质局海南地质大队水文队,1981b),同时参考《中国地下水资源·海南卷》(张宗祜和李烈荣,2005)中的参数取值,最终确定本次不同包气带岩性的给水度(μ)取值见表3-4-1。

表 3-4-1 平原区各岩性给水度取值表

岩性	中砂	粉砂	红土	粉质黏土	黏土	裸露区
给水度(μ)	0.20	0.15	0.05	0.05	0.05	0.055

2)降雨入渗补给系数(α)

降雨入渗补给系数(α)为降雨入渗补给地下水的水量与降水量之比值。

$$\alpha = \frac{\Delta h \cdot \mu}{P} \qquad (3-4-1)$$

式中：Δh 为某一次降雨过程所引起的水位上升值(m)；P 为某一次降雨过程之降雨量(mm)；μ 为含水层的给水度。

根据《区域水文地质地质普查报告》(1：20万)，确定降雨入渗补给系数(α)参数，确定的各岩性入渗补给系数(α)取值见表3-4-2。

表3-4-2 平原区各岩性降雨入渗补给系数取值表

岩性	中砂	粉砂	红土	粉质黏土	黏土	裸露区
入渗补给系数(α)	0.471	0.35	0.335	0.18	0.08	0.5

3) 灌溉入渗补给系数(β)

灌溉田间入渗补给系数(β)为灌溉渗漏量与净灌溉定额的比值。由于地类、岩性不同，β取值不同。

根据海南地区灌水定额经验值，水田灌水定额取值40～80m³/亩次，砂土定额大于壤土定额。本次水田地区粉质黏土、黏土灌水定额取值40～60m³/亩次，粉砂、细砂、中砂、红土灌水定额取值60～80m³/亩次。旱地灌水定额统一取20～40m³/亩次。

根据不同岩性、不同灌水定额、不同水位埋深进行查表取β值，取值结果见表3-4-3。

表3-4-3 各岩性灌溉入渗补给系数取值表

岩性	中砂	粉砂	红土	粉质黏土	黏土	裸露区
β旱地	0.11～0.15	0.1～0.14	0.1～0.13	0.08～0.1	0.07～0.08	—
β水田	0.16～0.24	0.14～0.23	0.13～0.2	0.1～0.12	0.09～0.1	—

4) 稳渗率(φ)

稳渗率(φ)为水稻田在水稻生长期，单位时间、单位面积上降水及渠灌水入渗补给地下水的水量，其取值可通过灌溉试验、双环试验法求得，本次取值借鉴第二次全国水资源调查成果数据。稳渗滤取值分为晚造、早造期，本次取两者平均值。结果见表3-4-4。

表3-4-4 平原区各岩性稳渗率取值表

岩性	中砂	粉砂	红土	粉质黏土	黏土
稳渗率(φ)	2.25	1.55	1.4	0.7	0.7

5) 渠系渗漏补给系数(m)

渠系渗漏补给系数(m)为在某时间段内，某渠系渗漏补给地下水的水量与该时间段内该渠系渠首引水量的比值。可采用干、支两级渠系水有效利用系数计算，专门实验借用因渠系引水造成两侧地下水水位上升资料来进行计算。本次采用干、支两级渠系水有效利用系数的方法进行计算。

$$m = (1-\eta)\gamma \qquad (3-4-2)$$

式中：η 为渠系水有效利用系数；γ 为渠系渗漏补给地下水的水量与渠系损失水量的比值。

根据海南地区经验值，渠道水有效利用系数η取值0.8～0.85(只计算干渠、支渠)；γ取值0.85，其他地区半干旱半湿润地区中未衬砌取值0.55，对于大型灌区粉土质砂、砂土按照衬砌条件γ取值0.37，其他岩性区γ取0.32。

3. 地下水补给资源量计算方法

平原区地下水补给量包括两部分：降雨入渗补给量及地表水体补给量。降雨入渗补给量、地表水体补给量计算依据土地类型选择计算方法，承压水天然资源量采用达西断面法计算评价。

降雨入渗补给量的计算分为水田、旱地两种情形。季节不同，降水和灌溉水量也不同，同时入渗率的大小取决于岩土的性质，则补给量也随时期和岩性差异而不同。因此，在计算过程中，将水稻分为生长期及旱作期，生长期内水田处于泡水期，降雨入渗补给量采用稳渗滤法计算，其中水田生长期按照234d计算;水田旱作期及旱地采用降雨入渗系数法计算降雨入渗补给量。

地表水体补给量包括渠系渗漏补给量、渠灌田间入渗补给量。其中,灌溉田间入渗补给量中水田生长期地表水体入渗补给量采用稳渗滤法计算,水田旱作期和旱地采用灌溉入渗系数法计算。

为便于计算,对江东新区各个计算单元的水田、旱地和不透水面积进行了统计。其中,水田面积为 54.84km^2;旱地面积是指除去水田和不透水面积以外其他所有用地,总面积为 142.05km^2;不透水面积是指硬化地面,总面积为 45.19km^2,主要包括城市、村庄、风景名胜及特殊用地、港口码头用地、公路用地、渠沟、管道运输用地、机场用地、建制镇、铁路用地、农村道路、水面等,其中水面包括水库、河流、湖泊、坑塘。旱地、水田旱作期降雨入渗补给量逐年降雨入渗补给量可按下式计算:

$$P_r = 10^{-1} \times \alpha \times P \times F \quad (3-4-3)$$

式中:P_r 为年降雨入渗补给量($\times 10^4 \text{m}^3$);α 为降雨入渗补给系数,无量纲,根据岩性不同降雨入渗系数取值不同;P 为年降雨量(mm);F 为透水面积(km^2)。

1)水田生长期降雨入渗补给量

对于水稻田,在水稻生长期内,田间的地表面始终处于积水状态,积水包括降雨和渠灌水。积水除水面蒸发消耗和通过排水渠排出田间外,还形成对地下水的补给。水稻田水稻生长期渠灌田间入渗补给量可按下式计算:

$$Q_{水田降雨补} = 10^{-1} \times (1-Y) \times \varphi \times F_水 \times t' \quad (3-4-4)$$

$$Y = Q_{渠田}/(P + Q_{渠田}) \quad (3-4-5)$$

式中:$Q_{水田降雨补}$ 为年水稻田水稻生长期降雨田间入渗补给量($\times 10^4 \text{m}^3$);$Q_{渠田}$ 为年水稻田水稻生长期斗渠渠首引水量($\times 10^4 \text{m}^3$);P 为年水稻田水稻生长期降水量($\times 10^4 \text{m}^3$);φ 为稳渗率(mm/d),依照各岩性的稳渗率,中砂取值 2.25,粉砂取值 1.55,红土取值 1.4,粉质黏土及黏土取值 0.7;$F_水$ 为年水稻田面积(km^2);t' 为年水稻生长期天数(d),取值为 234d。

2)渠系渗漏补给量

渠系渗漏补给量只计算到干渠、支渠两级,按下式计算:

$$Q_{渠系补} = m \times Q_{渠首引} \quad (3-4-6)$$

式中:$Q_{渠系补}$ 为年渠系渗漏补给量($\times 10^4 \text{m}^3$);m 为渠系渗漏补给系数,无量纲,m 依据水利灌区衬砌情况及水利灌区底部包气带岩性取值,对于未衬砌、部分衬砌粉砂、粉质黏土、黏土,m 取值 0.144,对于衬砌粉砂 m 取值 0.055 5,衬砌黏土、粉质黏土 m 取值 0.48;$Q_{渠首引}$ 为年干渠渠首引水量($\times 10^4 \text{m}^3$)。

3)旱地、水田旱作期渠灌田间入渗补给量

渠灌田间入渗补给量包括渠道的渗漏补给量和渠灌水进入田间的入渗补给量两部分,可按下式计算:

$$Q_{渠灌补} = \beta_渠 \times Q_{渠田} \quad (3-4-7)$$

$$Q_{渠田} = \eta \times Q_{渠首引} \quad (3-4-8)$$

式中:$Q_{渠灌补}$ 为年渠灌田间入渗补给量($\times 10^4 \text{m}^3$);$\beta_渠$ 为渠灌田间入渗补给系数,无量纲;η 为渠系水有效利用系数,取值 0.55;$Q_{渠首引}$ 为年斗渠渠首引水量($\times 10^4 \text{m}^3$)。

4)水田生长期渠灌田间入渗补给量

对于水稻田,在水稻生长期内,田间的地表面始终处于积水状态,积水包括降水和渠灌水。积水除水面蒸发消耗和通过排水渠排出田间外,还形成对地下水的补给。水稻田水稻生长期渠灌田间入渗补给量可按下式计算:

$$Q_{水田渠灌补} = 10^{-1} \times Y \times \varphi \times F_水 \times t' \quad (3-4-9)$$

式中:$Q_{水田渠灌补}$ 为年水稻田水稻生长期渠灌田间入渗补给量($\times 10^4 \text{m}^3$);其他参数意义同式(3-4-4)一致;φ 中砂取值 2.25,粉砂取值 1.55,红土取值 1.4,粉质黏土及黏土取值 0.7。

5)承压水含水层侧向补给量

评价范围内承压水除受到浅层水越流补给外,主要由南部承压水含水层侧向补给且是整个江东新区地下水主要的补给来源之一,其补给量一般用达西断面流量法进行计算:

$$Q = KIMBT \quad (3-4-10)$$

式中：Q 为承压水含水层侧向补给量（m^3）；K 为渗透系数（m/d）；I 为垂直于剖面方向上的水力坡度，可用承压水水位来确定；M 为各承压水含水层垂直地下水流方向剖面面积（m^2）；B 为补给区周边的计算长度（m）；T 为计算时间（d）。

4. 地下水可采资源量评价

以现状条件下浅层地下水资源量、开发利用水平及技术水平为基础，根据评价区浅层地下水含水层的开采条件，在多年平均地下水总补给量的基础上，合理确定现状条件下的地下水可开采量。

目前常用方法有水均衡法、可开采系数法。水均衡法适用于地下水开发利用程度较高的地区，可开采系数法适用于含水层水文地质条件研究程度较高的地区。在这些地区，本次浅层地下水含水层的岩性组成、厚度、渗透性能及单井涌水量、单井影响半径等开采条件掌握得比较清楚。本书采用可开采系数法进行计算，最终确定海口江东新区的地下水开采资源量。

可开采系数（ρ，无因次）是指某地区的地下水可开采量（$Q_{可开}$）与同一地区的地下水总补给量（$Q_{总补}$）的比值，即 $\rho = Q_{可开}/Q_{总补}$，ρ 应不大于 1；确定了可开采系数 ρ，就可以根据地下水总补给量 $Q_{总补}$，确定出相应的可开采量 $Q_{可开}$，即 $Q_{可开} = \rho \cdot Q_{总补}$。

可开采系数 ρ 是以含水层的开采条件为定量依据；ρ 值越接近 1，说明含水层的开采条件越好；ρ 值越小，说明含水层的开采条件越差。

确定可开采系数 ρ 时，应遵循以下基本原则：①对于开采条件良好，特别是地下水埋藏较深、已造成水位持续下降的超采区，应选用较大的可开采系数，参考取值为 0.6；②对于开采条件一般的地区，宜选用中等的可开采系数，参考取值为 0.4；③对于开采条件较差的地区，宜选用较小的可开采系数，参考取值不大于 0.3。

（三）资源量计算结果

1. 地下水天然补给资源量

海口江东新区地下水补给量包括 3 个部分：降雨入渗补给量、地表水体补给量、承压水侧向补给量。降雨入渗补给量及地表水体补给量根据地类（水田、旱地）及雨期（生长期、旱作期）不同，选用入渗补给法、稳渗率法，侧向补给量采用断面法。各项地下水资源补给量计算结果如表 3-4-5 所示。

表 3-4-5　海口江东新区 2019 年地下水天然补给资源量表　　单位：$\times 10^4 m^3/a$

补给来源	降雨入渗补给量		地表水体补给量		承压水侧向补给量	
补给项	水田生长降补	1 144.17	渠系渗漏补给量	331.06	第一承压水	72.66
			水田生长灌溉补给量	525.97		
	水田旱作降补	293.74			第二承压水	145.53
			水田旱作灌溉补给量	60.65		
	旱地降补	6 410.69			第三承压水	287.59
			旱地灌溉补给量	30.21		
补给量	小计	7 448.60	小计	947.89	小计	505.78
	总计	8 902.27				

2. 地下水可采资源量

1）潜水（均匀布井法）

采用均匀布井法进行计算，计算公式如下：

$$Q = \alpha \cdot P \cdot F \quad (3-4-11)$$

$$n = F/D^2 \quad (3-4-12)$$

式中：$Q_{可采}$为可采资源量（m³/d）；n为布井个数（口）；$Q_{单井}$为单井出水量（m³/d），利用本次抽水试验结果取平均值，并换算成统一口径200mm、降深10m的涌水量，当10m超过含水层厚度的2/3时，取含水层厚度的2/3；F为含水层分布面积（km²）；D为布井间距（km），取经验值1km。根据计算，调查区内可采资源量为6.367×10^4 m³/d（表3-4-6），折合$2 323.96 \times 10^4$ m³/a。

表3-4-6 江东新区潜水可采资源量计算表

块段编号	可采资源量 10^4m³/d	单井涌水量 m³/d	布井个数 口	面积 km²	区位
A	1.912	658.838	29	29	滨海堆积平原区
B	4.455	478.985	93	93	三角洲平原及冲洪积区
C	0		0	128	玄武岩风化残积土覆盖区
合计	6.367		122	250	

注：①玄武岩风化残积土覆盖区考虑其地下水较为贫乏，故本次不计算其开采量；②东侧临近东寨港的区域（48km²）因临近海湾、淤积严重，本次也不考虑其开采量。

2）承压水（数值模拟法）

基于前人应用FEFLOW软件建立的琼北地下水数值模型（邬立等，2009），并基于模型对海口市的天然资源量、可开采资源量的评价结果（表3-4-7），通过数值模拟法进一步估算了海口江东新区地下水承压水含水层的天然资源量和可采资源量。

表3-4-7 海口市天然资源量可采资源量表　　　　　　　　　　　单位：$\times 10^4$m³/d

含水层	第一承压水	第二承压水	第三承压水	第四承压水	合计
天然资源量	8.64	39.81	13.93	12.50	74.88
可开采资源量	2.53	31.80	2.39	7.71	44.43

数值模拟法在地下水资源评价方面具有明显优越性，江东新区位于琼北盆地内，本次基于上述项目计算的结果，采用水文地质比拟法进行近似计算。计算公式如下：

$$Q_0 = Q_1 \times A_0 / A_1 \quad (3-4-13)$$

式中：Q_0、A_0分别为江东新区承压水资源量（$\times 10^4$m³/d）、江东新区评价区承压水面积（km²）；Q_1、A_1分别为海口地区资源量（m/d）、海口地区模拟区面积（km²）。

根据计算，海口江东新区内承压水天然资源量为14.95×10^4 m³/d（折合$5 456.75 \times 10^4$ m³/a），可采资源量为7.25×10^4 m³/d（折合$2 646.25 \times 10^4$ m³/a）（表3-4-8、表3-4-9）。

表3-4-8 江东新区承压水天然资源量表　　　　　　　　　　　单位：$\times 10^4$m³/d

地下水类型		Q_0	Q_1	A_1	A_0
孔隙承压水	第一承压水	1.17	8.64	853	119
	第二承压水	7.38	39.81	1305	242
	第三+四承压水	6.40	76.90	2907	242
	合计	14.95			

注：第三、四承压水合并为第三+四承压水计算。

表 3-4-9　江东新区承压水可开采资源量表　　　　单位：$\times 10^4\,\mathrm{m}^3/\mathrm{d}$

地下水类型		Q_0	Q_2	A_2	A_0
孔隙承压水	第一承压水	0.52	2.53	853	119
	第二承压水	5.89	31.80	1305	242
	第三+四承压水	0.84	10.10	2907	242
合计		7.25			

3）潜水和承压水（可采系数法）

以现状条件下浅层地下水资源量、开发利用水平及技术水平为基础，根据评价区浅层地下水含水层的开采条件，在多年平均地下水总补给量的基础上，合理确定现状条件下的地下水可开采量，由于海口江东新区浅层地下水与承压水含水层之间存在密切的水力联系，具有较快的补给更新能力，统一通过可采系数法进行计算。

该地区地下水开采条件良好，选用较大的可开采系数，参考取值范围为 0.6，该地区 2019 年度地下水资源天然补给量为 $8\,902.27\times10^4\,\mathrm{m}^3/\mathrm{a}$，所以年可采资源量为 $5\,341.36\times10^4\,\mathrm{m}^3/\mathrm{a}$，即 $14.63\times10^4\,\mathrm{m}^3/\mathrm{d}$。通过潜水利用均匀布井法和承压水数值模拟法可得地下水可采资源量为 $13.62\times10^4\,\mathrm{m}^3/\mathrm{d}$，二者计算结果总体接近，计算结果较为合理。

二、地下水资源开发利用现状及潜力分析

（一）地下水资源开发利用现状

灵山、桂林洋等各镇中心区域及各大型住宅小区接入自来水管网，使用南渡江水源。大部分村庄将第一承压水或第二承压水作为生活水源。沿海地带的水产养殖区以及部分住宅小区、单位和公司则将第一承压水或第二承压水作为生活、生产用水。总体上，海口江东新区对地下水的开发利用程度稍低。

根据收集到的海口市地下水开采资料统计，江东新区潜水开采量约为 $192\times10^4\,\mathrm{m}^3/\mathrm{a}$，第一、第二、第三+四承压水开采量分别为 $0.21\times10^4\,\mathrm{m}^3/\mathrm{d}$、$2.3\times10^4\,\mathrm{m}^3/\mathrm{d}$、$0.65\times10^4\,\mathrm{m}^3/\mathrm{d}$，主要作为生活、工业和城市绿化用水。

（二）地下水资源潜力分析

地下水开采潜力是指在开采条件下，相对于地下水开采层的开采资源评价量的可扩大开采资源量和开采盈余量。按地下水潜力系数对其进行评价。评价时着重考虑开采盈余量，具体方法如下：

$$\alpha = Q_{开资}/Q_{开采} \tag{3-4-14}$$

$$Q_{潜力} = Q_{盈余} + Q_{扩大} \tag{3-4-15}$$

式中：α 为地下水潜力系数；$Q_{开资}$ 为开采层的可采资源量（$\times10^8\,\mathrm{m}^3/\mathrm{a}$）；$Q_{开采}$ 为开采层的已开采量（$\times10^8\,\mathrm{m}^3/\mathrm{a}$）；$Q_{潜力}$ 为地下水开采潜力（$\times10^8\,\mathrm{m}^3/\mathrm{a}$）；$Q_{盈余}$ 为地下水开采盈余量（$\times10^8\,\mathrm{m}^3/\mathrm{a}$）；$Q_{扩大}$ 为地下水可扩大的开采量（$\times10^8\,\mathrm{m}^3/\mathrm{a}$）。

根据地下水潜力计算，按表 3-4-10 标准对地下水开发利用潜力进行分级。

表 3-4-10　地下水开发利用潜力分级表

α 取值范围	$\alpha<1$	$1\leqslant\alpha<1.2$	$1.2\leqslant\alpha<1.4$	$\alpha\geqslant1.4$
地下水开采潜力	无潜力	潜力一般	潜力较大	潜力大

1. 潜水

计算得到的潜水可采资源量为 $6.367\times10^4\,\mathrm{m}^3/\mathrm{d}$，开采量为 $0.526\times10^4\,\mathrm{m}^3/\mathrm{d}$，地下水潜力系数为 12.10，开采盈余为 $5.841\times10^4\,\mathrm{m}^3/\mathrm{d}$，地下水开采潜力大。

2. 孔隙承压水

区内第一承压水可采资源量 $0.52×10^4 m^3/d$,开采量 $0.21×10^4 m^3/d$,潜力系数 2.48,开采盈余 $0.31×10^4 m^3/d$,开采潜力大;第二承压水可采资源量 $5.89×10^4 m^3/d$,开采量 $2.30×10^4 m^3/d$,潜力系数 3.13,开采盈余 $3.59×10^4 m^3/d$,开采潜力较大;第三+四承压水可采资源量 $0.84×10^4 m^3/d$,开采量 $0.65×10^4 m^3/d$,潜力系数 1.58,开采盈余 $0.19×10^4 m^3/d$,开采潜力较大(表 3-4-11)。

表 3-4-11 潜水及孔隙承压水水资源潜力统计表　　　　单位:$×10^4 m^3/d$

含水层	可采资源量	开采量	开采盈余	潜力系数	开采潜力
潜水	6.367	0.526	5.841	12.10	大
第一承压水	0.52	0.21	0.31	2.48	大
第二承压水	5.89	2.30	3.59	3.13	大
第三+四承压水	0.84	0.65	0.19	1.58	较大

三、地下应急水源地评价

由前文水文地质条件分析可知,作为应急取水水源的第二承压水含水层,在整个新区均有分布,顶板埋深由东南至西北从 30m 到 130m 逐渐增大,200m 范围内该层水普遍分布,机井施工工艺成熟;在富水性方面,除东北侧临近罗豆圩处水量相对贫乏外,其余区位富水性均为中等—丰富;在地下水水质方面,除东营港和福创港一带(Ⅴ类水)及沙上港—东营溪—福创港一带(Ⅳ类水)外,其他地方水质指标基本上达到了Ⅲ类水标准,水质较好。

地下水应急水源的取水方式一般多为分散式施工机井取水,在需要应急供水时,将所取水接市政管网供水。新区未来在六大功能组团区的市政供水管网较为发达,因此可以在各组团的公共服务设施区域修建备用取水机井接入供水管网,保障应急供水。

江东新区沿江主要为三江口国际文化交往组团、滨江国际活力中心,中部主要为桂林洋国际离岸创新创业组团、桂林洋国际高教科研组团,南部为大空港组团、北侧临海为起步区组团,各组团均有配套的各类公共设施,其公共设施大多非常重要。根据当前江东新区已有的取水机井、第二承压水含水层分布规律结合功能组团规划布局,初步圈定了 3 处集中区域作为应急水源地机井布设区,总面积约 $40 km^2$(图 3-4-2)。此外,其他区位必要时也可零星布设应急供水机井。

(一)应急可采资源量计算

江东新区可采资源量采用布井法计算,计算方法如下:

$$Q = nQ_{单井} \tag{3-4-16}$$

式中:Q 为开采资源量(m^3/d);$Q_{单井}$ 为单井开采量(m^3/d);n 为布井数(口)。

基于本次调查成果及前期收集钻孔抽水试验成果资料(表 3-4-12)分析,由于地区含水层特征的差异性,换算 10m 降深涌水量也有明显的差异,第二承压水最小平均涌水量接近 $3000 m^3/d$。另外,"海南国际旅游岛水文地质工程地质调查评价"项目对江东新区内的相关研究成果表明,单井开采量 $2000 m^3/d$,距离 1000m 处的降深基本可以忽略(小于 0.01m),在考虑井损的条件下,开采井中心降深约为 11m,因此单井开采量可以定为 $2000 m^3/d$。

综合以上分析,在 3 处应急水源地范围内各布设两排开采井,排间距 1km,每排的井间距 1km,共布设开采井 40 口,总开采量 $8.0×10^4 m^3/d$(图 3-4-2)。

按设计的布井方案进行开采,排井之间、同排相邻井的干扰均很小,不会形成区域降落漏斗,仅会在开采井附近形成小型漏斗,开采中心降深均小于 12m,该开采量有保证。

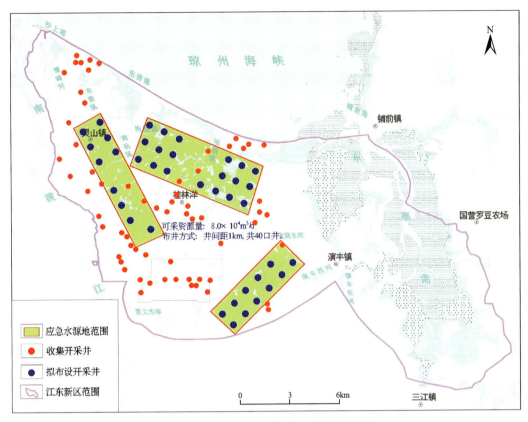

图 3-4-2　江东区后备水源地评价建议图

(二)水源地保障程度分析

1. 供水保障程度

据江东新区规划纲要,2025 年人口规模为 40 万左右,2035 年人口规模为 85 万左右,远景人口规模不超过 100 万。按照远期 100 万人口规模的标准,用水定额按《海南省用水定额》(DB 46/T 449—2021)中居民生活用水定额的城镇居民生活用水的中等城市考虑,为每人每天 200L,则城市需水量为 $20.0×10^4 m^3/d$。在地表水供水水源地发生突发事件污染或水源破坏等时,应急用水定额减半计算,即应急时用水定额按每人每天 100L 计算,城市需水量为 $10.0×10^4 m^3/d$。

目前,因区内市政供水未完全保障,因而采取第二承压水地下水。第二承压水可采资源量 $5.89×10^4 m^3/d$,目前开采量 $2.3×10^4 m^3/d$,盈余 $3.59×10^4 m^3/d$,在后期规划及市政供水后可以将已开采量作为应急备用水井。总的来说,江东新区建成后可供应急供水的第二承压水资源量为 $7.19×10^4 m^3/d$。

建议规划的新建 3 处后备水源布设开采井 40 口,总开采量 $8.0×10^4 m^3/d$,加上已有的 $2.3×10^4 m^3/d$ 开采量,总计用来应急供水的资源量为 $10.3×10^4 m^3/d$,保证率在 100% 左右。

2. 资源量保障程度

前文分析江东新区远期保障全区应急供水时,应急供水资源量为 $10.3×10^4 m^3/d$,第二承压水可采资源量为 $5.89×10^4 m^3/d$。考虑一般应急期时间不长、应急范围不会整个新区同时进行、单井抽水时降深还可以适当加深,总体来说,第二承压水作为应急供水水源,水量能保证应急。

3. 地下水资源可恢复性分析

总体来说,江东新区地下水后备水源主要开采第二承压水,整个琼北盆地内该层水与上部火山岩潜水水力联系较为密切,潜水经火山通道、"天窗"和下渗直接或间接补给承压水,补给条件好,地下水恢复能力较强,可作为长期水源开采。水源地布井方式开采的地下水主要袭夺南北流向的承压水(与承压水总体流向一致),东西向影响较小,水源地开采会增加潜水的补给量,可恢复性较好。

表 3－4－12　江东新区第二、第三＋四承压水涌水量统计表

钻孔编号	含水层类型	换算10m降深涌水量(m³/d)	推算平均涌水量	钻孔编号	含水层类型	换算10m降深涌水量(m³/d)	换算平均涌水量
JDSK01	第二承压含水层	1 286.70	2 950.27	JDSK15	第三＋四承压含水层	948.15	1 925.56
JDSK02		1 665.70		JDSK17		871.02	
JDSK03		1 805.06		JDSK04		1 285.11	
JDSK06		7 209.17		JDSK05		1 665.70	
JDSK09		4 877.49		JDSK07		1 098.19	
JDSK10		4 757.33		JDSK08		913.01	
JDSK11		9 394.75		JDSK13		1 490.80	
JDSK52		2 716.01		JDSK14		250.26	
JDSK27		646.54		JDSK16		4 017.87	
JDSK28		774.14		JDSK18		9 343.49	
JDSK29		706.08		M144		415.86	
JDSK30		321.31		M145		807.28	
JDSK31		4 209.85		备注：钻孔涌水量统一采用换算降深10m涌水量，为保证换算涌水量的可靠程度，采用含水岩组厚度、含水岩组顶板埋深、实际抽水试验最大降深等条件对统一换算降深值进行限定，若统一换算降深超过限定值，则以限定条件的对应最小降深值作为换算降深			
JDSK32		2 983.29					
JDSK50		3 867.46					
JDSK51		6 818.50					
JDSK53		2 149.77					
JDSK12		5 290.87					
M144		1 108.64					
M127		798.06					
M129		871.53					
M124		647.74					

第四章 土地资源质量与特色农业产业发展

第一节 土壤类型与土地利用现状

一、成土母质

江东新区地表主要出露第四系,包括下更新统秀英组(Qp^1x),出露于东寨港东部,为潟湖相沉积层,岩性为黏土、砂、砂砾、砾石等。中更新统北海组(Qp^2b),主要分布于灵山镇东北部一带的冲洪积平原地区,东寨港东南部有少量出露。岩性主要为褐红色含砾黏土质砂、粉细砂、含玻璃陨石砾砂等。全新统琼山组(Qh^2q),分布于灵山镇西北一带,为滨海堆积的中粗砂、粉细砂、粉质黏土、淤泥质粉质黏土等。全新统海相沉积(Qh^3y),沿琼州海峡—东寨港一带分布,为滨海堆积的粉细砂、含砾中粗砂、黏土、淤泥质黏土、淤泥质砂等。全新统未分组(Qh),主要沿南渡江东岸分布,为冲洪积成因的细砂、中粗砂和含砂粉质黏土等。区内火山岩为第四系中更新统多文组(Qp^2d),主要分布于灵山镇—桂林洋—塔市一带南部地区,岩性主要为橄榄玄武岩、辉石玄武岩等。

成土母质类型划分应综合考虑地质时代、成土母岩类型、构造等因素。依据刘洪等(2020)关于成土母质单元的划分原则,结合工作区实际,将江东新区成土母质划分为6个单元,分别为早更新世潟湖相沉积物、中更新世冲洪积物、中更新世基性火山岩类风化物、中全新世滨海堆积物、晚全新世滨海堆积物、全新世冲洪积物(图4-1-1)。

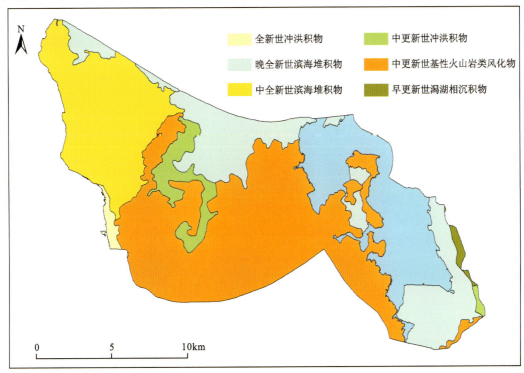

图4-1-1 江东新区成土母质分布图

二、土壤类型

据海南省第二次土壤普查结果,海南岛陆域土壤类型多样,主要包括砖红壤、赤红壤、燥红壤、黄壤、新积土、滨海沙土、石灰土、火山灰土、紫色土、石质土、冲积土、滨海盐土、水稻土 13 类(刘东来,1985;傅杨荣,2014)。

江东新区土壤类型有砖红壤、水稻土、冲积土和滨海沙土等(图 4-1-2),其中砖红壤和水稻土为主要类型。砖红壤主要出露于灵山镇—桂林洋—塔市一线以南区域,该区主要为基性火山岩类风化物出露区;水稻土主要出露于灵山镇—桂林洋—塔市一线以北区域和东寨港东部区域,江东新区南部台地区有零星出露,为南渡江河口三角洲洪积物与滨海沉积物出露区。冲积土主要沿南渡江东岸展布,滨海沙土主要出露于桂林洋—塔市以北濒海区域。

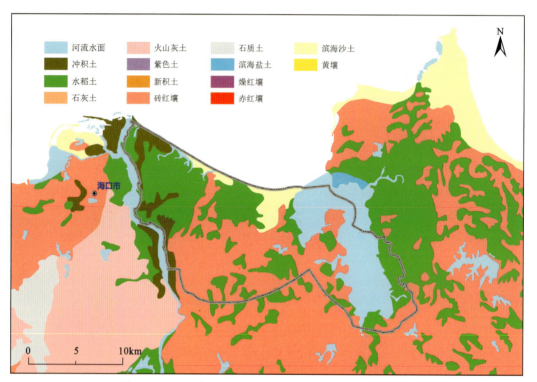

图 4-1-2　江东新区土壤类型分布简图(据傅杨荣,2014)

三、土地利用现状

江东新区土地利用类型多样,包括林地、园地、草地、耕地、湿地、建设用地及其他用地(图 4-1-3)。据第二次全国土地调查成果,各种土地利用类型面积分别为 43.81 km²、18.28 km²、5.54 km²、77.38 km²、74.80 km²、83.06 km²、9.09 km²。

林地主要分布于东寨港西侧与南侧,以种植红树林为主。园地分布于美兰机场东侧—桂林洋大学城南侧—演丰镇西侧夹持的区域,以种植经济果木为主。耕地广泛分布于江东新区,集中于灵山镇—桂林洋以西区域。建设用地主要分布于灵山镇、桂林洋经济开发区、演丰镇等人口密集区域。

第二节　区域地球化学特征

江东新区总体开发程度不高,大面积范围处于基性火山岩出露区,耕地、园地等农用地面积较大。大致以东寨港大道和海文高速为界,江东新区分为西部的产城融合区和东部的生态功能区。生态功能区面积约 106 km²,包含 33 km² 的国际重要湿地——东寨港国家级自然保护区,国土空间开发利用以生态保护功能为主;产城融合区面积约 192 km²,包含临空产业园片区、桂林洋国家热带农业公园片区、桂林洋高校

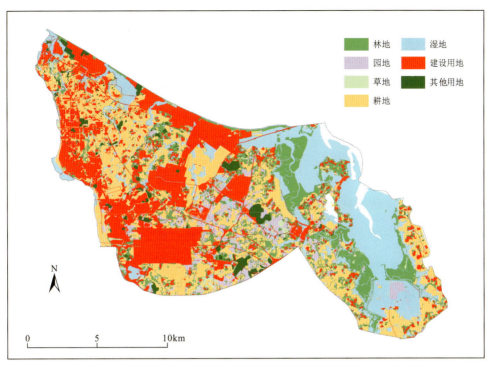

图 4-1-3　江东新区土地利用类型分布图

片区及沿江生活片区等，以开发利用功能为主。为了支撑江东新区国土空间详细规划，2019年江东产城融合区部署了土壤、大气干湿沉降、灌溉水、农作物等地球化学调查工作（图 4-2-1），本书结合相关规范，系统查明了江东产城融合区内土壤养分、环境质量、土地质量状况及其生态效应，并开展综合评价，为江东新区国土空间开发利用提供了翔实的基础资料。

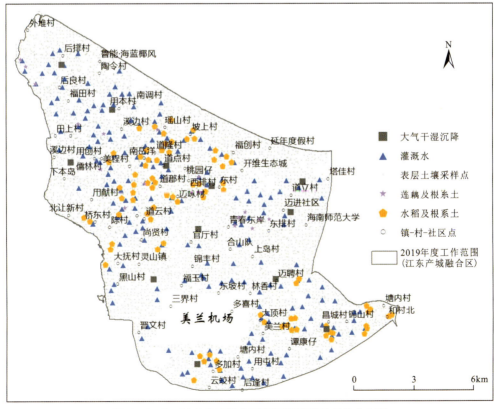

图 4-2-1　江东产城融合区不同类型样品点位分布图

一、土壤元素地球化学特征

（一）表土元素地球化学统计特征

通过统计表土元素地球化学参数，并与区域地球化学背景对比，可了解区域表土元素相对富集或亏损的特征。利用SPSS软件分别统计了江东新区产城融合区表土中As、B、Cd、Cl、Co、Cr、Cu、F、Ge、Hg、I、Mn、Mo、N、Ni、P、Pb、S、Se、Sr、V、Zn、SiO_2、Al_2O_3、TFe_2O_3、MgO、CaO、Na_2O、K_2O、有机质（SOM）、pH等原始数据，以及3倍标准差迭代剔除后数据的算术平均值、中位数、最小值、最大值、标准差、变异系数等参数（表4-2-1）。

迭代剔除前后，各元素统计参数（如算术平均值、标准差、变异系数等）均发生了比较显著的变化，表明区内元素空间分布不均匀。与海南岛表土中元素含量平均值相比，大多元素的k值大于1，表明区内大多元素相对富集，特别是Ni、Cr、Cu、Co、Fe、V等元素的k值均大于3，相对海南岛显著富集，反映了江东产城融合区基性火山岩地质背景特征。

（二）表土元素地球化学组合特征

利用SPSS软件对江东产城融合区表土32项元素/指标地球化学组分进行R型聚类分析，结果如图4-2-2所示。

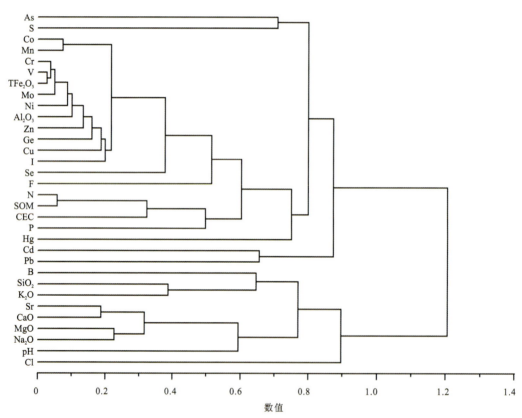

图4-2-2 江东产城融合区表土元素/指标地球化学R型聚类分析图谱

在距离约为0.9水平下，区内表土元素地球化学指标可分为两大簇群，一类包括As、S、Co、Mn、Cr、V、TFe_2O_3、Mo、Ni、Al_2O_3、Zn、Ge、Cu、I、Se、F、N、SOM、P、Hg、Cd、Pb等，主要为亲硫、亲生物元素及营养元素组合，与区内基性火山岩类地质背景密切相关；另一类包括B、SiO_2、K_2O、Sr、CaO、MgO、Na_2O、pH、Cl等，主要为碱金属、碱土金属元素组合，与区内松散岩类地质背景及滨海环境关系密切。

在距离约为0.75水平下，区内表土元素地球化学指标可分为7个簇群。第一簇群为As、S，第二类簇群为Co、Mn、Cr、V、TFe_2O_3、Mo、Ni、Al_2O_3、Zn、Ge、Cu、I、Se、F、N、SOM、P，第三簇群为单元素Hg，第四

第四章　土地资源质量与特色农业产业发展

表4-2-1　江东新区产城融合区表土元素/指标地球化学统计参数

元素/指标	单位	原始数据						3倍标准差迭代剔除后数据						海南岛表土平均值	k值
		算术平均值	中位数	最小值	最大值	标准差	变异系数	算术平均值	中位数	最小值	最大值	标准差	变异系数		
As	mg/kg	2.11	1.99	0.02	26.80	1.26	59.59%	2.004	1.97	0.02	4.75	0.918	45.80%	1.90	1.05
B	mg/kg	25.38	21.80	0.72	641.00	18.19	71.69%	23.93	21.50	0.72	59.40	11.84	49.50%	24.20	0.99
Cd	mg/kg	0.087	0.070	0.010	5.820	0.120	134.93%	0.074	0.070	0.010	0.180	0.036	48.60%	0.064	1.16
Cl	mg/kg	81.03	61.20	26.50	3 814.00	122.20	150.80%	63.20	59.10	26.50	120.00	19.01	30.10%	82.40	0.77
Co	mg/kg	21.37	13.50	0.40	219.00	20.87	97.68%	19.89	12.95	0.40	72.70	17.71	89.00%	4.80	4.14
Cr	mg/kg	170.40	126.00	3.27	1 046.00	142.67	83.73%	168.50	125.00	3.27	567.00	139.20	82.60%	22.70	7.42
Cu	mg/kg	43.62	33.75	1.58	964.00	37.93	86.96%	43.04	33.60	1.58	140.00	32.91	76.50%	7.70	5.59
F	mg/kg	214.28	209.00	46.10	681.00	76.44	35.67%	211.90	209.00	46.10	427.00	72.20	34.10%	263.30	0.80
Ge	mg/kg	1.36	1.31	0.71	3.02	0.32	23.84%	1.356	1.31	0.71	2.30	0.318	23.50%	1.30	1.04
Hg	mg/kg	0.051	0.040	0	1.480	0.053	104.51%	0.044	0.040	0	0.110	0.023	52.30%	0.036	1.24
I	mg/kg	9.68	4.76	0.10	44.00	10.05	103.83%	9.639	4.73	0.10	39.40	9.99	103.60%	3.00	3.21
Mn	mg/kg	624.19	420.00	19.40	5 792.00	539.47	86.43%	599.50	411.50	19.40	2 046.00	484.90	80.90%	317.40	1.89
Mo	mg/kg	1.42	1.14	0.09	4.74	0.98	68.70%	1.423	1.14	0.09	4.16	0.977	68.70%	0.80	1.78
N	mg/kg	872.61	744.00	21.00	8 714.00	651.72	74.69%	813.90	723.00	21.00	2 373.00	520.30	63.90%	868.10	0.94
Ni	mg/kg	71.14	51.10	0.18	351.00	61.50	86.45%	70.53	50.90	0.18	252.00	60.54	85.80%	6.40	11.02
P	mg/kg	575.07	503.00	32.40	13 570.00	518.76	90.21%	517.60	492.00	32.40	1 392.00	291.60	56.30%	386.30	1.34
Pb	mg/kg	18.55	17.90	3.29	322.00	8.75	47.17%	17.66	17.7	3.29	33.50	5.29	30.00%	24.40	0.72
S	mg/kg	333.58	276.00	15.70	6 081.00	327.72	98.24%	297.70	270.00	15.70	800.00	167.90	56.40%	170.50	1.75
Se	mg/kg	0.22	0.18	0.01	1.23	0.15	65.99%	0.21	0.18	0.01	0.58	0.124	59.00%	0.30	0.70
Sr	mg/kg	51.30	35.30	2.96	718.00	48.19	93.93%	46.56	33.60	2.96	152.00	35.34	75.90%	60.60	0.77
V	mg/kg	148.01	113.00	4.20	526.00	111.88	75.59%	147.80	113.00	4.20	481.00	111.50	75.40%	44.30	3.34
Zn	mg/kg	95.93	84.25	6.19	539.00	62.17	64.80%	94.50	83.55	6.19	271.00	59.30	62.80%	47.10	2.01

· 115 ·

续表 4-2-1

元素/指标	单位	原始数据						3倍标准差迭代剔除后数据						海南岛表土平均值	k值
		算术平均值	中位数	最小值	最大值	标准差	变异系数	算术平均值	中位数	最小值	最大值	标准差	变异系数		
SiO_2	%	59.09	62.40	17.00	98.40	22.51	38.09%	59.09	62.40	17.00	98.40	22.50	38.10%	69.00	0.86
Al_2O_3	%	14.40	13.15	0.30	27.90	7.56	52.49%	14.40	13.15	0.30	27.90	7.56	52.50%	12.90	1.12
TFe_2O_3	%	9.80	6.69	0.28	32.60	8.14	83.06%	9.795	6.69	0.28	32.60	8.135	83.10%	2.70	3.63
MgO	%	0.42	0.25	0.03	9.20	0.61	146.12%	0.27	0.23	0.03	0.68	0.137	50.70%	0.30	0.90
CaO	%	0.69	0.32	0.01	27.80	1.22	176.74%	0.319	0.25	0.01	1.09	0.257	80.60%	0.20	1.60
Na_2O	%	0.28	0.17	0.02	2.92	0.29	102.80%	0.24	0.16	0.02	0.82	0.195	81.30%	0.30	0.80
K_2O	%	0.89	0.47	0.03	5.03	0.84	94.87%	0.888	0.47	0.03	2.95	0.841	94.70%	2.40	0.37
有机质	%	1.69	1.42	0	22.40	1.35	79.75%	1.555	1.38	0	4.60	1.015	65.30%	1.00	1.56
pH		6.71	6.68	3.00	9.94	1.26	18.84%	6.711	6.68	3.00	9.94	1.264	18.80%	5.20	—

注：1. k值为3倍标准差迭代剔除后数据算术平均值与海南岛表土平均值比值。
2. 海南岛表土平均值引自何玉生等（2021）。

簇群为 Cd、Pb，第五簇群为 B、SiO$_2$、K$_2$O，第六簇群为 Sr、CaO、MgO、Na$_2$O、pH，第七簇群为单元素 Cl。总体上，产城融合区表土元素地球化学特征与区域地质背景及环境对应良好。

（三）表土元素地球化学空间分布特征

依据聚类分析结果，江东新区产城融合区可划分为 2 个大的元素簇群和 7 个次级元素簇群，各簇群内元素/指标的地球化学分布特征总体一致，局部存在差异，单元素簇形成独特的分布特征。

1. 第一簇群（As、S）

依据元素地球化学图（图 4-2-3），As 与 S 在空间上的分布具有大趋势相似、局部差异的特征。As、S 的高值区在不同的地质背景区都有分布，在西北部多呈串珠状，串珠状高值区往东南方向展布形成两条串珠条带；在东南部，两元素高值区呈面状展布，有较好的空间一致性。差异之处在于，江东产城融合区西北部地区 As 元素含量整体较高，而 S 元素属于低值区。

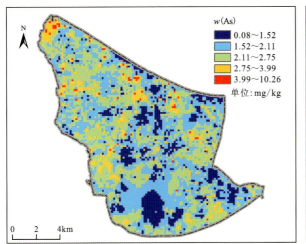
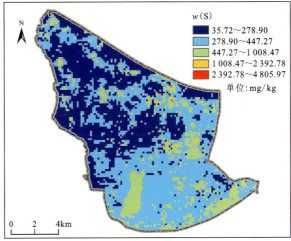

图 4-2-3　江东产城融合区表土 As、S 地球化学图

2. 第二簇群（Co、Mn、Cr、V、TFe$_2$O$_3$、Mo、Ni、Al$_2$O$_3$、Zn、Ge、Cu、I、Se、F、N、SOM、P）

依据元素地球化学图（图 4-2-4～图 4-2-12），第二簇群元素空间分布特征非常一致，元素含量分布沿黑山村—灵山镇—锦丰村—上岛村—东排村—道立村—塔佳村一线，总体呈东南高西北低的趋势。在低值区内，西北角后排村—陶令村一线、中部五宝村—小南岳村—道隆村周缘、开维生态城等地均有小面积高值区。

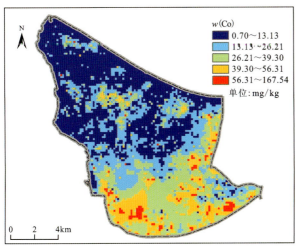
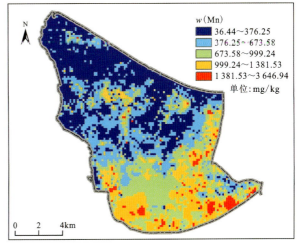

图 4-2-4　江东产城融合区表土 Co、Mn 地球化学图

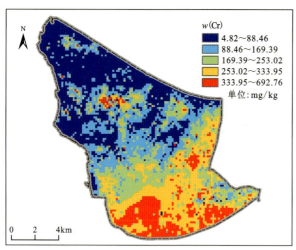
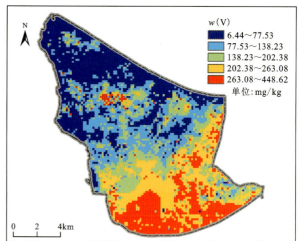

图 4-2-5　江东产城融合区表土 Cr、V 地球化学图

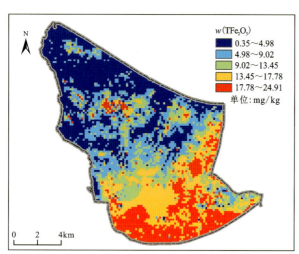
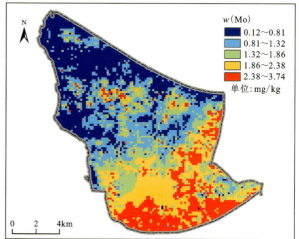

图 4-2-6　江东产城融合区表土 TFe_2O_3、Mo 地球化学图

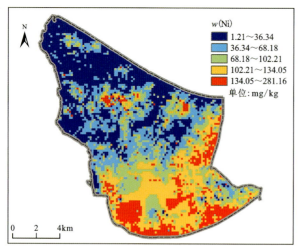
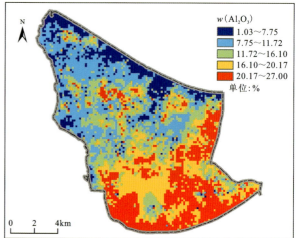

图 4-2-7　江东产城融合区表土 Ni、Al_2O_3 地球化学图

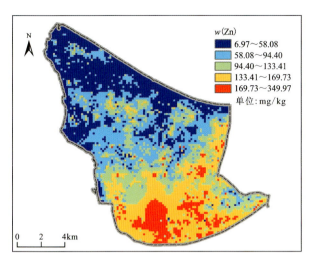
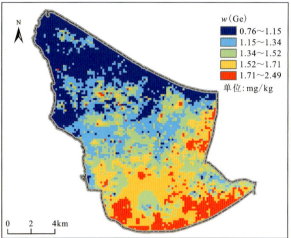

图 4-2-8　江东产城融合区表土 Zn、Ge 地球化学图

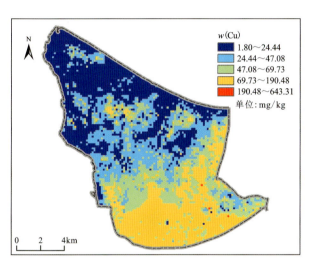
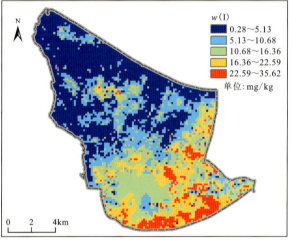

图 4-2-9　江东产城融合区表土 Cu、I 地球化学图

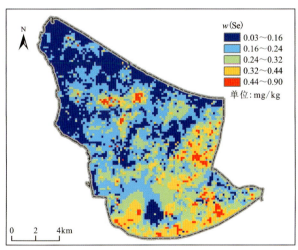
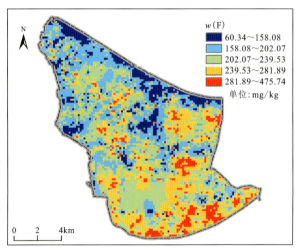

图 4-2-10　江东产城融合区表土 Se、F 地球化学图

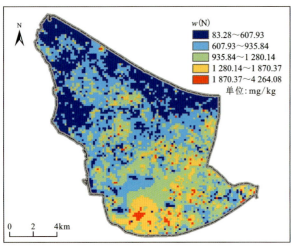 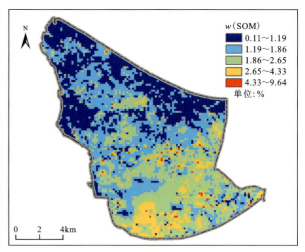

图 4-2-11　江东产城融合区表土 N、SOM 地球化学图

3. 第三簇群（Hg）

依据元素地球化学图（图 4-2-13），Hg 元素总体呈东南高、西北低的趋势。高值区多呈串珠状，自西北向东南展布；低值区主要呈条带状分布于产城融合区北侧琼州海峡海岸带和西侧南渡江滨江带。

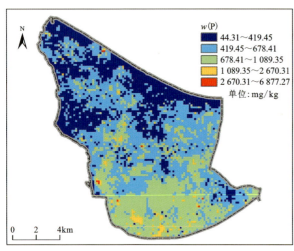 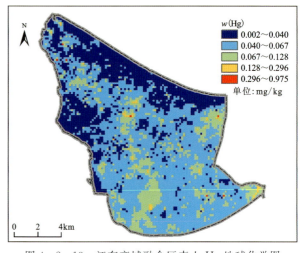

图 4-2-12　江东产城融合区表土 P 地球化学图　　图 4-2-13　江东产城融合区表土 Hg 地球化学图

4. 第四簇群（Cd、Pb）

依据元素地球化学图（图 4-2-14），Cd、Pb 含量分布总体呈西部、南部高、北部低的趋势。Cd 元素的高值区多呈串珠状，主要分布于吴宝周边、文雅村—桥东村、道云村—灵山镇、合山队周边、东排村周边及美兰机场南侧美兰村农场等地，Pb 元素的高值区与 Cd 元素相似，但面积相对大。二者的低值区主要呈条带状分布于产城融合区北侧琼州海峡海岸带，Cd 元素在美兰机场—桂林洋间区域、东南角谭康仔村—锦山村一带有大面积低值区，而 Pb 元素在这些区域的低值区面积较小。

5. 第五簇群（B、SiO_2、K_2O）

依据元素地球化学图（图 4-2-15），B、SiO_2、K_2O 含量空间分布与第二簇群元素组相反，元素含量分布沿黑山村—灵山镇—锦丰村—上岛村—东排村—道立村—塔佳村一线，总体呈东南低西北高的趋势。三者差异之处在于，B 元素高值区主要分布于南渡江滨江带、琼州海峡海岸带、张吴村—道云村、桂林洋热带农业公园等区域。而在高低值分界线西北侧，SiO_2 高值区大面积展布，仅在西北角后排村—陶令村一线、中部五宝村—小南岳村—道隆村周缘、开维生态城等地有小面积低值区。K_2O 的高值区主要分布于灵山镇—灵桂砖厂—桥头村—琼岛村—瑶山村一线西侧、桂林洋热带农业公园等区域。

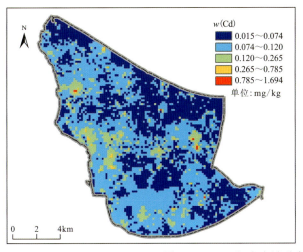
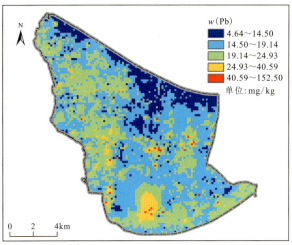

图 4-2-14　江东产城融合区表土 Cd、Pb 地球化学图

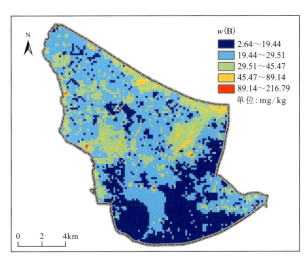
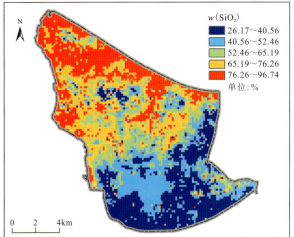

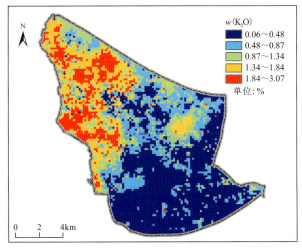

图 4-2-15　江东产城融合区表土 B、SiO_2、K_2O 地球化学图

6. 第六簇群（Sr、CaO、MgO、Na_2O、pH）

依据元素地球化学图（图 4-2-16），MgO 含量空间分布无明显区域分异特征，高值区多呈串珠状散布于整个产城融合区。Sr、CaO、Na_2O 和 pH 的空间分布与第五簇群元素组相似，总体呈东南低西北高的特征。Sr、Na_2O 的高值区与 K_2O 类似，主要分布于灵山镇—灵桂砖厂—桥头村—琼岛村—瑶山村一线西侧、桂林洋热带农业公园等区域。CaO 高值区主要分布于南渡江滨江带、琼州海峡海岸带，多呈串珠状。pH 高值区也主要分布于南渡江滨江带、琼州海峡海岸带，呈大面积分布，在灵山镇、桂林洋也有大面积分布。

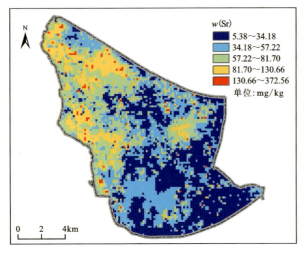
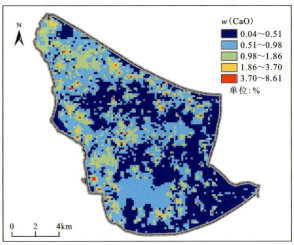
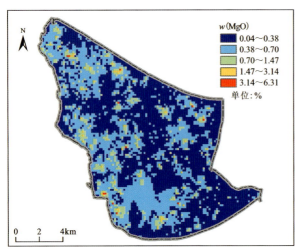
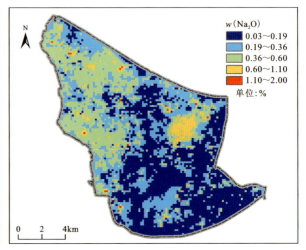
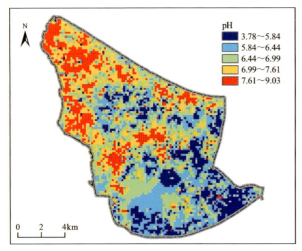

图 4-2-16 江东产城融合区表土 Sr、CaO、MgO、Na_2O、pH 地球化学图

7. 第七簇群（Cl）

依据元素地球化学图（图 4-2-17），Cl 含量空间分布具有明显的区域分异特征，整体呈北高南低的趋势。Cl 高值区主要分布于琼州海峡海岸带与南渡江滨江带北段区域，呈串珠状分布。此外，在美兰机场东侧大顶村及工区东侧群祥村东南有小面积高值区。

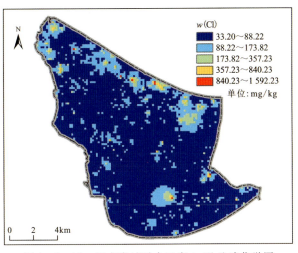

图 4-2-17　江东产城融合区表土 Cl 地球化学图

二、大气干湿沉降元素地球化学特征

2019 年 7 月—2020 年 1 月,在江东新区产城融合区分别放置 15 个大气干湿沉降桶进行样品收集,布设密度为 0.078 点/km²,接收时间为 6 个月。截至 2020 年 1 月,丢失沉降箱 3 个,由此导致缺失或无效监测点 3 个,可利用监测点为 12 个,实际密度为 0.062 5 点/km²。

(一)大气干湿沉降物元素年沉降通量地球化学统计特征

按照《土地质量地球化学评价规范》(DZ/T 0295—2016),计算获得调查区大气干湿沉降物中 8 项重金属指标的年沉降通量密度,统计结果见表 4-2-2。调查区各指标通量密度变异系数为 58.75%～100.64%,具有中等程度变化,反映出产城融合区局部空气扬尘多、环境质量差异较大。

(二)大气干湿沉降物元素年沉降通量空间分布特征

由于调查区大气干湿沉降监测点密度低,插值后面数据可能造成元素通量空间特征分布失真,故将大气干湿沉降监测点投影于底图,用不同颜色的点代表元素通量的差异(图 4-2-18～图 4-2-25)。

江东产城融合区不同区域元素沉降通量差异较大。As、Hg、Zn 划为第一组,其沉降通量空间分布特征相似,总体呈西北高、东南中等、中部低的特点。Cd、Pb 划为第二组,总体呈西北、东南高、中部低的特征。Cr、Cu、Ni 划为第三组,总体呈东南高、西北低的特征。海南岛地处热带地区,常年温度高,无需通过燃烧化石燃料取暖,也无大规模工业和矿业开发活动,仅有较大规模的汽车尾气排放。综合表土元素地球化学图,江东产城融合区大气干湿沉降元素特别是 Cr、Cu、Ni 等元素通量的空间分布与表土分布较一致,可能受地质背景和人类活动的影响。

表 4-2-2　江东新区产城融合区大气干湿沉降通量统计参数　　　单位:mg/(m²·a)

元素	算术平均值	中位数	最小值	最大值	算术标准差	变异系数
As	0.11	0.10	0.02	0.26	0.06	58.75%
Hg	0.004 9	0.004 7	0.000 4	0.012 3	0.003 6	73.02%
Cr	0.59	0.41	0.08	1.44	0.49	83.35%
Ni	0.39	0.20	0.08	1.03	0.35	88.35%
Cu	1.21	0.95	0.42	2.61	0.78	64.39%
Zn	18.05	11.93	3.48	57.13	18.17	100.64%
Cd	0.026	0.024	0.004	0.049	0.018	69.68%
Pb	0.47	0.41	0.05	1.10	0.36	77.13%

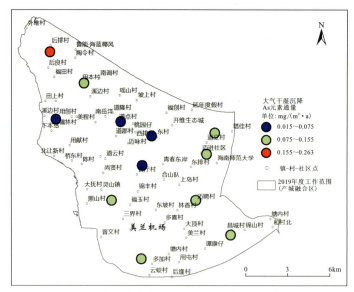

图 4-2-18 江东产城融合区大气干湿沉降 As 元素地球化学图

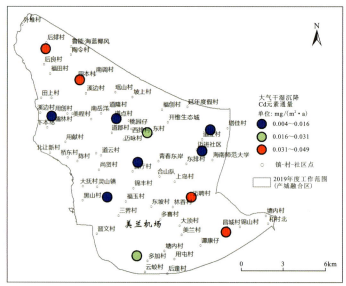

图 4-2-19 江东产城融合区大气干湿沉降 Cd 元素地球化学图

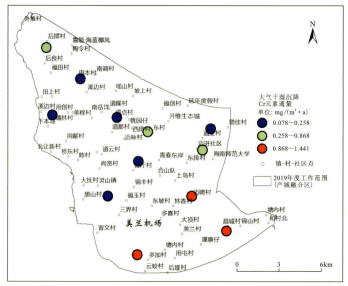

图 4-2-20 江东产城融合区大气干湿沉降 Cr 元素地球化学图

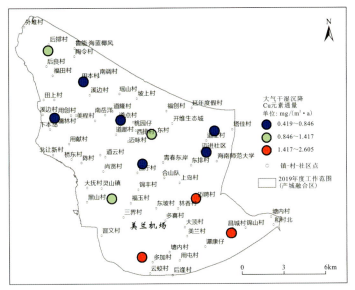

图 4-2-21　江东产城融合区大气干湿沉降 Cu 元素地球化学图

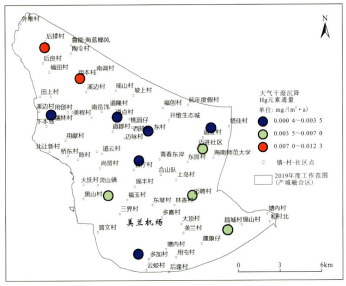

图 4-2-22　江东产城融合区大气干湿沉降 Hg 元素地球化学图

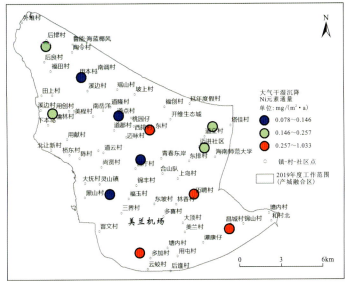

图 4-2-23　江东产城融合区大气干湿沉降 Ni 元素地球化学图

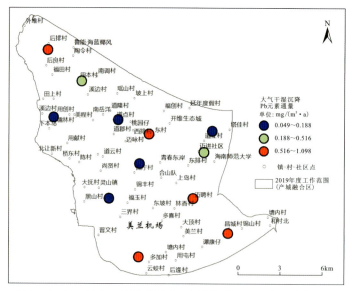

图 4-2-24　江东产城融合区大气干湿沉降 Pb 元素地球化学图

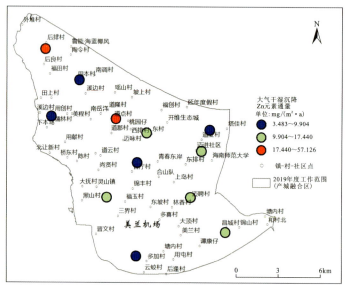

图 4-2-25　江东产城融合区大气干湿沉降 Zn 元素地球化学图

三、灌溉水元素地球化学特征

江东新区农用地土地利用类型主要为耕地和园地,区内天然和人工沟渠、坑塘水库较多,耕地主要利用地表水灌溉,花卉、苗圃基地常用地下水灌溉。本次调查采集的灌溉水以河流水、沟渠水、坑塘库水为主,极少量为地下水,共采集 200 件样品,样点密度为 1.04 点$/km^2$,测试指标包含 As、Hg、Se、B、Cu、Zn、Cd、Pb、F^-、Cl^-、Cr^{6+}、TP、COD_{Mn}、pH 共 14 项。其中,Cr^{6+} 全部未检出,As、Hg、Se、B、Cu、Zn、Cd、Pb、F^-、TP 等有不等数量样品未检出。为了统计和图面表达方便,将未检出样品中各元素的含量用检出限代替。

(一)灌溉水地球化学统计特征

江东新区产城融合区灌溉水地球化学统计参数见表 4-2-3。Hg、Se、Cd、Cr^{6+} 等指标变异系数均小于 50%,表明灌溉水中这 4 种指标分布相对均匀,其他指标变异系数均超过 50%,大部分变异系数超过 100%,反映这些指标的空间分布差异性显著。除了受到局域地质背景差异的影响外,各种人类活动(施肥、农药、污染)应是造成灌溉水元素含量空间变异性的主要因素。

表 4-2-3　江东新区产城融合区灌溉水地球化学统计参数

指标	单位	算术平均值	中位数	最小值	最大值	算术标准差	变异系数
As	μg/L	1.11	0.72	0.08	13.38	1.52	136.97%
Hg	μg/L	0.017	0.015	0.015	0.044	0.005	29.10%
Se	μg/L	0.21	0.20	0.08	0.50	0.09	45.02%
B	μg/L	22.39	6.29	0.50	556.90	52.30	233.56%
Cu	μg/L	2.59	1.53	0.00	115.00	8.21	316.87%
Zn	μg/L	6.95	2.07	0.10	136.88	14.75	212.29%
Cd	μg/L	0.03	0.03	0.03	0.13	0.01	30.74%
Pb	μg/L	0.13	0.05	0.03	3.61	0.41	314.17%
F^-	mg/L	0.17	0.13	0.03	1.44	0.18	103.22%
Cl^-	mg/L	51.79	17.73	3.00	2 462.00	187.95	362.91%
Cr^{6+}	mg/L	0.004	0.004	0.004	0.004	0	0
TP	mg/L	0.29	0.17	0.01	4.45	0.50	170.11%
COD_{Mn}	mg/L	5.04	4.03	0.79	18.03	3.17	62.88%
pH		7.64	7.61	4.79	8.39	0.39	

(二)灌溉水地球化学空间分布特征

江东新区产城融合区灌溉水元素含量的空间分布特征各异。As 元素含量整体呈西北高东南低的特征,高值点零星散布于大龙村、官田村、抱岙上村、上陈村等地。B 元素的高值点主要沿琼州海峡海岸带区域分布,其他区域均为低值区。Cd 元素整体以低值为主,高值点零星分布于濒海的沙豆村、桂林洋热带农业公园、锦堂村和美兰村等地。与 B 元素相似,Cl^- 的高值点主要沿琼州海峡海岸带区域分布,南部均属低值区。COD_{Mn} 整体呈西北高东南低的特征,高值点主要分布于灵山镇—桂林洋—迈进社区一线西北区域。Cu 元素的高值点主要沿琼州海峡海岸带区域分布,集中分布于西北角沙足村—东平村一带。F^- 整体呈西北高东南低的特征,高值点除了在桂林洋热带农业公园区较集中,其他呈零星散布,如东平村、大龙村、官田村、白宅村等。Hg 元素整体呈低值分布,高值点零星分布于沙足村、抱岙上村、道伦村、白宅村等。Pb 元素含量整体较低,高值点零星分布于沙足村和桂林洋热带农业公园。灌溉水 pH 主体大于 7,呈碱性,极少量点小于 7,主要分布于北部后良村、沙豆村、官田村和南部后逢村。Se 元素整体呈中南部高、南部中等、西北低的特征。Zn 的高值点主要沿琼州海峡海岸带区域分布,南部均属低值区。

第三节　区域地球化学等级划分

根据《土地质量地球化学评价规范》(DZ/T 0295—2016),土地质量地球化学评价工作包含土壤养分、土壤环境污染风险与管控、大气干湿沉降和灌溉水等单指标和综合评价。本次工作对产城融合区表层土壤 As、B、Cd、Co、Cr、Cu、F、Ge、Hg、I、Mn、Mo、N、Ni、P、Pb、S、Se、Zn、TFe_2O_3、MgO、CaO、K_2O、SOM、pH 共 25 项指标及大气干湿沉降和灌溉水进行了单项与综合评价。由于篇幅限制,本节主要阐述与土壤养分(N、P、K、SOM)、土壤环境污染风险与管控(As、Cd、Cr、Cu、Ni、Hg、Pb、Zn、pH)、大气干湿沉降环境地球化学(Cd、Hg)和灌溉水环境地球化学(As、Cd、Cl^-、Cr^{6+}、Hg、Pb、pH)综合评价相关的指标评价结果。根据不同类型样品采样点的密度,土壤质量地球化学以"二调"图斑为单元进行评价,土壤环境污染风险与管控分别按农用地和建设用地进行评价,大气干湿沉降以 4km×4km 网格为单元进行评价,灌溉水以 1km×1km 网格为单元进行评价,土地质量结果由 3 项评价内容综合叠加所得。

一、土壤元素地球化学等级

(一)土壤养分元素地球化学等级

1. 土壤养分元素地球化学等级划分标准

依据《天然富硒土地划定与标识(试行)》(DD 2019-10)、《土地质量地球化学评价规范》(DZ/T 0295—2016)和《全国第二次土壤普查养分分级标准》,确定有机质(SOM)、N、P、K、Fe、Mn、B、Mo、Se、F、I等17项指标分级评价标准、含义及对应的颜色和RGB,作为本次土壤养分元素地球化学评价的标准依据,分级标准见表4-3-1、表4-3-2。

2. 土壤养分元素地球化学单指标评价

根据上述标准依据,评价了产城融合区农用地有机质(SOM)、N、P、K、Fe、Mn、B、Mo、Se、F、I等17项养分指标,因综合评价需要,本节主要阐述N、P、K及有机质(SOM)等指标评价成果。

农用地土壤养分元素指标的评价结果(表4-3-3)显示,调查区土壤中N、P、K、有机质(SOM)的含量整体处于较缺乏—缺乏水平,元素在不同区域变化较大,其含量水平状况对农作物生长需求方面存在显著差异。

(1)N元素:产城融合区农用地表层土壤中N元素的含量为21.00~8 714.00mg/kg,平均值为872.61mg/kg,稍高于海南岛表土N元素平均值(868.10mg/kg)。按照评价标准,土壤N元素以中等及以下为主(表4-3-3,图4-3-1),面积共计7 542.65hm²,占调查区农用地总面积的88.03%,缺乏级主要分布在调查区的西北部,中等—较缺乏级主要分布于东南部;丰富和较丰富面积共计1 025.98hm²,占调查区农用地总面积的11.97%,主要分布在东南部,尤以美兰机场南部多加村—谭康仔村一带集中。

(2)P元素:产城融合区农用地表层土壤中P元素的含量为32.40~13 570.00mg/kg,平均值为575.07mg/kg,高于海南岛表土P元素平均值(386.30mg/kg)。与N元素类似,土壤P元素以中等及以下为主(表4-3-3,图4-3-2),面积共计6 885.77hm²,占调查区农用地总面积的80.35%,缺乏级主要分布在调查区的西北部及东南角锦山村,中等—较缺乏级主要分布于东南部;丰富和较丰富面积共计1 682.86hm²,占调查区农用地总面积的19.65%,主要分布在东南部,尤以美兰机场南部多加村周边集中。

(3)K元素:产城融合区农用地表层土壤中K元素(以K_2O计)的含量为0.03%~5.03%,平均值为0.89%,远低于海南岛表土K元素平均值(2.40%)。土壤K元素以缺乏级为主(表4-3-3,图4-3-3),面积共计6 025.16hm²,占调查区农用地总面积的70.32%,主要分布在调查区的中—南部,中等—较缺乏级面积共计2 299.15hm²,占调查区农用地总面积的26.83%,主要分布于西北部;丰富和较丰富级面积共计244.32hm²,占调查区农用地总面积的2.85%,主要分布在西北部,丰富级零星分布。

(4)有机质(SOM):产城融合区农用地表层土壤中有机质的含量为0~22.4%,平均值为1.35%,稍高于海南岛表土有机质平均值(1.0%)。土壤有机质绝大多数属于缺乏级(表4-3-3,图4-3-4),面积共计8 562.61hm²,占调查区农用地总面积的99.93%,其他为较缺乏级,面积为6.02hm²,占调查区农用地总面积的0.07%。

3. 土壤养分元素地球化学综合评价

依据《土地质量地球化学评价规范》(DZ/T 0295—2016),在土壤N、P、K单指标养分地球化学等级划分基础上,按照下式计算土壤养分地球化学综合得分$f_{养综}$。

$$f_{养综} = \sum_{i=1}^{m} k_i f_i \qquad (4-3-1)$$

式中:$f_{养综}$为土壤N、P、K评价总得分,$1 \leq f_{养综} \leq 5$;k_i为N、P、K权重系数,分别为0.4、0.4和0.2;f_i分别为土壤N、P、K的单元素等级得分。五等、四等、三等、二等、一等所对应的f_i得分分别为1、2、3、4、5分。土壤养分地球化学综合评价等级划分见表4-3-4。

表 4-3-1 土壤养分元素地球化学等级划分标准及对应颜色和 RGB 值

指标	单位	一级（丰富）	二级（较丰富）	三级（中等）	四级（较缺乏）	五级（缺乏）	上限值（过剩）
TN	g/kg	>2	1.5～2	1～1.5	0.75～1	≤0.75	
TP	g/kg	>1	0.8～1	0.6～0.8	0.4～0.6	≤0.4	
TK	g/kg	>25	20～25	15～20	10～15	≤10	
SOM	g/kg	>40	30～40	20～30	10～20	≤10	
CaO	%	>5.54	2.68～5.54	1.16～2.68	0.42～1.16	≤0.42	
MgO	%	>2.15	1.70～2.15	1.20～1.70	0.70～1.20	≤0.7	
Fe_2O_3	%	>5.30	4.60～5.3	4.15～4.6	3.4～4.15	≤3.4	
Ge	mg/kg	>1.5	1.4～1.5	1.3～1.4	1.2～1.3	≤1.2	
B	mg/kg	>65	55～65	45～55	30～45	≤30	≥3000
Mo	mg/kg	>0.85	0.65～0.85	0.55～0.65	0.45～0.55	≤0.45	≥4
Mn	mg/kg	>700	600～700	500～600	375～500	≤375	≥1500
S	mg/kg	>343	270～343	219～270	172～219	≤172	≥2000
Cu	mg/kg	>29	24～29	21～24	16～21	≤16	≥50
Zn	mg/kg	>84	71～84	62～71	50～62	≤50	≥200
颜色							
R:G:B		0:176:80	146:208:80	255:255:0	255:192:0	255:0:0	128:0:0

表 4-3-2 土壤硒、碘、氟等级划分标准及对应颜色和 RGB 值

等级		四级	三级	二级	一级	
含义		缺乏	边缘	适量	丰富	
Se	标准值/mg·kg^{-1}	≤0.125	0.125～0.175	0.175～0.4(pH≤7.5) 0.175～0.3(pH>7.5)	≥0.40(pH≤7.5) ≥0.30(pH>7.5)	
	颜色					
	R:G:B	234:241:221	214:227:188	194:214:155	122:146:60	
等级		五级	四级	三级	二级	一级
含义		缺乏	边缘	适量	丰富	过剩
I	标准值/mg·kg^{-1}	≤1	1～1.5	1.5～5	5～100	>100
	颜色					
	R:G:B	198:217:241	141:179:226	84:141:212	23:54:93	15:36:62
F	标准值/mg·kg^{-1}	≤400	400～500	500～550	550～700	>700
	颜色					
	R:G:B	253:233:217	251:212:180	250:191:143	227:108:10	152:72:6

表 4-3-3 土壤 N、P、K 及有机质(SOM)含量分级及面积统计

指标	评价等级	一等	二等	三等	四等	五等
	含义	丰富	较丰富	中等	较缺乏	缺乏
N	面积/hm²	292.00	733.98	2 666.83	1 937.13	2 938.69
	占比/%	3.41	8.56	31.12	22.61	34.30
P	面积/hm²	669.70	1 013.16	2 438.11	2 482.76	1 964.90
	占比/%	7.82	11.83	28.45	28.97	22.93
K	面积/hm²	1.42	242.90	918.84	1 380.31	6 025.16
	占比/%	0.02	2.83	10.72	16.11	70.32
SOM	面积/hm²				6.02	8 562.61
	占比/%				0.07	99.93

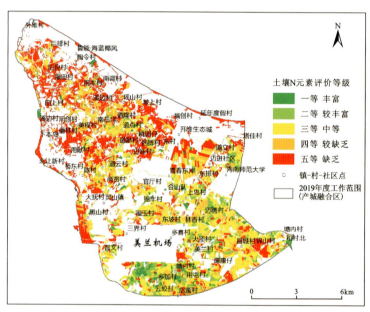

图 4-3-1 江东产城融合区农用地 N 元素地球化学评价图

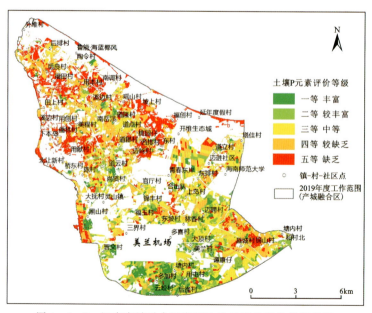

图 4-3-2 江东产城融合区农用地 P 元素地球化学评价图

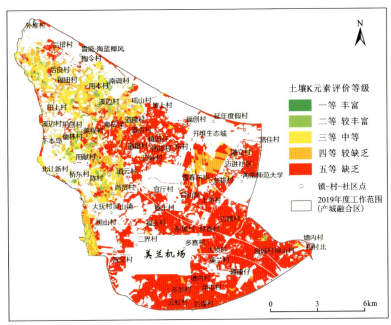

图 4-3-3　江东产城融合区农用地 K 元素地球化学评价图

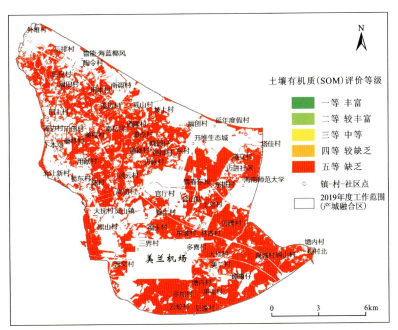

图 4-3-4　江东产城融合区农用地 SOM 元素地球化学评价图

表 4-3-4　土壤 $f_{养综}$ 地球化学等级划分表

综合评价等级	一等	二等	三等	四等	五等
$f_{养综}$	≥4.5	3.5~4.5	2.5~3.5	1.5~2.5	<1.5

根据土壤养分元素地球化学综合评价原则,获得产城融合区农用地养分综合等级(表 4-3-5,图 4-3-5)。调查区内总体以三等至五等养分综合等级为主,五等养分综合等级土壤主要分布于西北部和东南角锦山村周边,面积为 2 084.09hm²,占比 24.33%。四等、三等养分综合等级土壤遍布全区,总面积 6 033.53hm²,占比 70.41%。二等养分综合等级土壤主体分布于美兰机场南部多加村—三角村一带,面积为 441.06hm²,占比 5.15%。一等养分综合等级土壤零星分布于西北角濒海的沙豆村,面积为 9.35hm²,占比 0.11%。

表 4-3-5　产城融合区农用地土壤养分地球化学综合等级划分表

综合评价等级	一等	二等	三等	四等	五等
面积/hm²	9.35	441.06	2 846.73	3 186.80	2 084.69
占比/%	0.11	5.15	33.22	37.19	24.33
颜色					
R:G:B	0:176:80	146:208:80	255:255:0	255:192:0	255:0:0

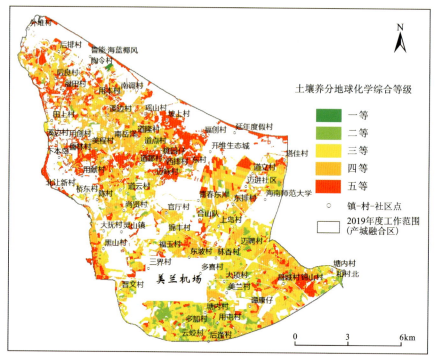

图 4-3-5　江东产城融合区农用地养分元素地球化学综合评价图

(二)土壤环境污染与风险管控地球化学等级

1. 土壤环境污染与风险管控元素地球化学等级划分标准

不同的土地利用类型影响土壤中元素的含量水平。依据《土壤环境质量　农用地土壤污染风险管控标准(试行)》(GB 15618—2018)和《土壤环境质量　建设用地土壤污染风险管控标准(试行)》(GB 36600—2018),本次工作将产城融合区的土地分为农用地(含未利用地)和建设用地两类,分别进行土壤环境污染与风险管控评价。农用地(含未利用地)和建设用地不同污染风险指标的筛选值、管制值、土壤酸碱度分级标准及土壤环境污染与风险管控分级评价标准、对应的颜色和RGB值见表4-3-6~表4-3-10。

表 4-3-6　农用地土壤污染风险筛选值　　　　　　　　　　　单位:mg/kg

序号	污染物项目①②		风险筛选值			
			pH≤5.5	5.5<pH≤6.5	6.5<pH≤7.5	pH>7.5
1	Cd	水田	0.3	0.4	0.6	0.8
		其他	0.3	0.3	0.3	0.6
2	Hg	水田	0.5	0.5	0.6	1.0
		其他	1.3	1.8	2.4	3.4

续表4-3-6

序号	污染物项目[①][②]		风险筛选值			
			pH≤5.5	5.5<pH≤6.5	6.5<pH≤7.5	pH>7.5
3	As	水田	30	30	25	20
		其他	40	40	30	25
4	Pb	水田	80	100	140	240
		其他	70	90	120	170
5	Cr	水田	250	250	300	350
		其他	150	150	200	250
6	Cu	果园	150	150	200	200
		其他	50	50	100	100
7	Ni		60	70	100	190
8	Zn		200	200	250	300

注：①重金属和类金属砷均按原始总量计。
②对于水旱轮作地，采用其中较严格的风险筛选值。

表4-3-7 农用地土壤污染风险管制值　　　　　　　　　　　　　　　　　　单位：mg/kg

污染物项目	风险筛选值			
	pH≤5.5	5.5<pH≤6.5	6.5<pH≤7.5	pH>7.5
Cd	1.5	2.0	3.0	4.0
Hg	2.0	2.5	4.0	6.0
As	200	150	120	100
Pb	400	500	700	1000
Cr	800	850	1000	1300

表4-3-8 建设用地土壤污染风险筛选值和管制值（部分基本项目）　　　　　单位：mg/kg

污染物项目	筛选值		管制值	
	第一类用地	第二类用地	第一类用地	第二类用地
As	20	60	120	140
Cd	20	65	47	172
Cr(六价)	3.0	5.7	30	78
Cu	2000	18 000	8000	36 000
Pb	400	800	800	2500
Hg	8	38	33	82
Ni	150	900	600	2000

注：参照《城市用地分类与规划建设用地标准》(GB 50137—2019)城市建设用地根据保护对象暴露情况不同，可以划分为以下两类。
第一类用地：包括以上标准规定的城市建设用地中的居住用地(R)，公共管理与公共服务用地中的中小学用地(A33)、医疗卫生用地(A5)和社会福利设施用地(A6)，以及公园绿地(G1)中的社区公园或儿童公园用地等。
第二类用地：包括以上标准规定的城市建设用地中的工业用地(M)，物流仓储用地(W)，商业服务业设施用地(B)，道路与交通设施用地(S)，公用设施用地(U)，公共管理与公共服务用地(A)(A33、A5、A6除外)，以及绿地与广场用地(G)(G1中的社区公园或儿童公园用地除外)等。

pH是土壤理化性质的关键组分,影响土壤中元素的赋存状态和生态有效性,也是土壤环境质量评价的重要指标之一。依据《土地质量地球化学评价规范》(DZ/T 0295—2016),对产城融合区土壤pH进行土壤酸碱度环境地球化学等级划分(表4-3-9)。

表4-3-9 土壤酸碱度分级标准

pH	<5.0	5.0～6.5	6.5～7.5	7.5～8.5	>8.5
等级	强酸性	酸性	中性	碱性	强碱性
颜色					
R:G:B	192:0:0	227:108:10	255:255:192	0:176:240	0:112:192

按照表4-3-9的划分标准和赋色方案,划分产城融合区农用地和建设用地土壤环境污染与风险管控等级并着色。其中,C_i为土壤中污染物i的实测浓度;S_i为污染物i在《土壤环境质量 农用地土壤污染风险管控标准(试行)》(GB 15618—2018)或《土壤环境质量 建设用地土壤污染风险管控标准(试行)》(GB 36600—2018)中的风险筛选值;G_i为污染物i在《土壤环境质量 农用地土壤污染风险管控标准(试行)》(GB 15618—2018)或《土壤环境质量 建设用地土壤污染风险管控标准(试行)》(GB 36600—2018)中的风险管控值。

表4-3-10 土壤环境污染与风险管控等级划分

评价等级	安全区	风险区	管控区
污染风险	污染风险低	可能存在土壤污染风险	土壤污染风险高
划分方法	$C_i \leqslant S_i$	$S_i < C_i \leqslant G_i$	$C_i > G_i$
颜色			
R:G:B	0:176:80	255:255:0	255:0:0

2. 农用地土壤环境污染与风险管控地球化学单指标评价

依据上述评价标准,对产城融合区农用地土壤pH、As、Cd、Cr、Cu、Hg、Ni、Pb、Zn进行了单项评价。由于产城融合区农用地以旱地为主,故As、Cd、Cr、Cu、Hg、Pb的风险筛选值选择其他类型。

农用地土壤环境污染与风险管控单指标评价结果(表4-3-11、表4-3-12)显示,调查区土壤以酸性为主,重金属单项污染风险总体不高,仅有个别元素有较小面积污染风险高区域。单元素污染风险状况及其区域分布特征如下。

(1)pH:根据土壤pH分级评价标准,产城融合区农用地土壤以酸性—强酸性为主(表4-3-11),面积为4 818.91hm²,占比56.24%,主要分布于调查区中南部。中性土壤次之,面积2 584.21hm²,占比30.16%,遍布全区。碱性—强碱性土壤面积为1 165.52hm²,占比13.60%,主要分布于调查区西北角。

(2)As和Hg元素:产城融合区表层土壤中As和Hg元素的含量分别为0.02～26.80mg/kg、0～1.480mg/kg,平均值分别为2.11mg/kg、0.051mg/kg,稍高于海南岛表土平均值(1.90mg/kg、0.036mg/kg)。按照评价标准,调查区农用地土壤As、Hg元素特征相似,评价等级均为安全区,农用地As、Hg元素污染风险低(表4-3-12)。

(3)Cd、Pb和Zn元素:产城融合区表层土壤中Cd、Pb、Zn元素的含量分别为0.010～5.820mg/kg、3.29～322.00mg/kg、6.19～539.00mg/kg,平均值分别为0.087mg/kg、18.55mg/kg、95.93mg/kg,Cd平均值稍高于海南岛表土平均值(0.064mg/kg),Pb平均值稍低于海南岛表土平均值(24.40mg/kg),Zn平均值显著高于海南岛表土平均值(47.10mg/kg)。按照评价标准,调查区农用地土壤Cd、Pb和Zn元素特征相似,绝大多数区域评价等级为安全区,污染风险低(表4-3-12),面积分别为8 519.23hm²、8 566.68hm²、8 395.89hm²,对应的占比分别为99.42%、99.98%和97.98%,极少量评价等级为风险区,可能存在土壤污染风险。

表 4-3-11 农用地土壤酸碱度分级及面积统计

pH	<5.0	5.0~6.5	6.5~7.5	7.5~8.5	>8.5
等级	强酸性	酸性	中性	碱性	强碱性
面积/hm²	399.19	4 419.72	2 584.21	1 033.58	131.93
占比/%	4.66	51.58	30.16	12.06	1.54

表 4-3-12 农用地土壤重金属元素含量分级及面积统计

指标	评价等级	安全区	风险区	管控区
	含义	污染风险低	可能存在土壤污染风险	土壤污染风险高
As	面积/hm²	8 568.63		
	占比/%	100.00		
Cd	面积/hm²	8 519.23	49.40	
	占比/%	99.42	0.58	
Cr	面积/hm²	4 215.36	4 351.96	1.30
	占比/%	49.20	50.79	0.01
Cu	面积/hm²	5 432.27	3 136.36	
	占比/%	63.40	36.60	
Hg	面积/hm²	8 568.63		
	占比/%	100.00		
Ni	面积/hm²	4 682.24	3 886.39	
	占比/%	54.64	45.36	
Pb	面积/hm²	8 566.68	1.96	
	占比/%	99.98	0.02	
Zn	面积/hm²	8 395.893	172.738 1	
	占比/%	97.98	2.02	

(4)Cr、Cu 和 Ni 元素：产城融合区表层土壤中 Cr、Cu、Ni 元素的含量分别为 3.27~1 046.00mg/kg、1.58~964.00mg/kg、0.18~351.00mg/kg，平均值分别为 170.40mg/kg、43.62mg/kg、71.14mg/kg，显著高于海南岛表土平均值(22.70mg/kg、7.70mg/kg、6.40mg/kg)。按照评价标准，调查区农用地土壤 Cr、Cu 和 Ni 元素特征相似，Cr、Ni 安全区与风险区等级面积比接近 1∶1。Cr 元素安全区与风险区等级面积分别为 4 215.36hm²、4 351.96hm²，占比分别为 49.20%、50.79%，另有 1.30hm²(0.02%)管控区等级；Ni 元素安全区与风险区等级面积与占比分别为 4 682.24hm²、3 886.39hm²，54.64%、45.36%。Cu 元素有安全区和风险区两个评价等级，面积分别为 5 432.27hm²(占比 63.40%)、3 136.36hm²(占比 36.60%)。受地质背景控制，3 种元素不同评价等级区域空间分布特征较一致，安全区等级主要分布于西北部地区，风险区等级主要分布于南部基性火山岩区及中北部儒觉洋村—道伦村一带。Cr 元素管制区等级零星分布于美兰机场南部用屯村(图 4-3-6)。

3. 农用地土壤环境污染与风险管控地球化学综合评价

依据《土地质量地球化学评价规范》(DZ/T 0295—2016)，农用地土壤污染与风险管控地球化学综合评价以单指标地球化学评价为基础，每个评价单元的综合等级等同于单指标评价最差等级。如某评价单元 As、Cd、Cr、Cu、Hg、Ni、Pb、Zn 指标划评价等级分别为安全区、安全区、管控区、风险区、安全区、风险区、风险区、风险区，则该评价单元的综合等级为管控区。

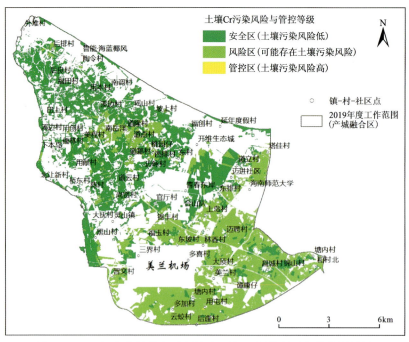

图 4-3-6　江东产城融合区农用地土壤 Cr 污染风险与管控评价图

据此原则,在产城融合区农用地土壤 8 种重金属指标单项评价基础上,通过 GIS 筛选、赋值,获得调查区农用地土壤环境污染与风险管控地球化学综合等级面积及其空间分布(表 4-3-13,图 4-3-7)。

表 4-3-13　产城融合区农用地土壤环境污染与风险管控地球化学综合等级面积统计

指标	评价等级	安全区	风险区	管控区
	含义	土壤污染风险低	可能存在土壤污染风险	土壤污染风险高
综合评价	面积/hm²	4 118.92	4 448.41	1.30
	占比/%	48.070	51.915	0.015

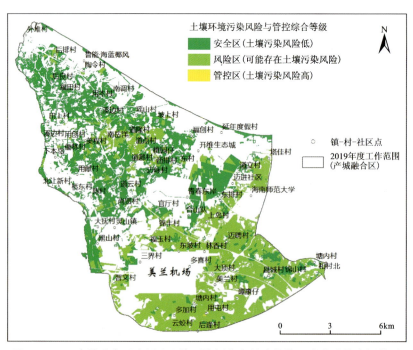

图 4-3-7　产城融合区农用地土壤环境污染与风险管控地球化学综合评价图

受单项指标最差等级影响,产城融合区农用地土壤环境污染与风险管控地球化学综合等级与Cr、Cu、Ni等元素特征比较一致。产城融合区主体为安全区和风险区等级,二者面积分别为4 118.92hm²(占比48.070%)、4 448.41hm²(占比51.915%),少量的管控区等级受Cr元素影响,面积为1.30hm²。安全区等级主要分布于西北部地区,风险区等级主要分布于南部基性火山岩区及中北部儒党洋村—道伦村一带。管制区等级零星分布于美兰机场南部用屯村(图4-3-7)。

4. 建设用地土壤环境污染与风险管控地球化学单指标评价

依据上述评价标准,对产城融合区建设用地土壤pH、As、Cd、Cu、Hg、Ni、Pb进行了单项评价。由于产城融合区建设用地以居民用地等为主,故选择建设用地第一用地类型的风险筛选值、管制值作为评价分级标准。

建设用地土壤环境污染与风险管控单指标评价结果(表4-3-14、表4-3-15)显示,调查区土壤以中性为主,重金属单项污染风险总体低,仅Ni元素有少量面积土壤可能存在污染风险。单元素污染风险状况及其区域分布特征如下。

表4-3-14 建设用地土壤酸碱度分级及面积统计

pH	<5.0	5.0~6.5	6.5~7.5	7.5~8.5	>8.5
等级	强酸性	酸性	中性	碱性	强碱性
面积/hm²	127.17	1 461.48	3 640.72	1 777.62	231.16
占比/%	1.76	20.19	50.30	24.56	3.19

表4-3-15 建设用地土壤重金属元素含量分级及面积统计

指标	评价等级	安全区	风险区	管控区
	含义	污染风险低	可能存在土壤污染风险	土壤污染风险高
As	面积/hm²	7 238.15		
	占比/%	100.00		
Cd	面积/hm²	7 238.15		
	占比/%	100.00		
Cu	面积/hm²	7 238.15		
	占比/%	100.00		
Hg	面积/hm²	7 238.15		
	占比/%	100.00		
Ni	面积/hm²	6 737.17	500.98	
	占比/%	93.08	6.92	
Pb	面积/hm²	7 238.15		
	占比/%	100.00		

(1)pH:根据土壤pH分级评价标准,产城融合区建设用地土壤以中性为主(表4-3-14),面积为3 640.71hm²,占比50.30%,主要分布于调查区中北部区域。碱性—强碱性土壤次之,面积2 008.78hm²,占比27.75%,主要分布于西北部区域。酸性—强酸性土壤面积为1 588.66hm²,占比21.95%,主要分布于调查区东南部。

(2)As、Cd、Cu、Hg、Pb:按照评价标准,调查区建设用地土壤As、Cd、Cu、Hg、Pb元素评价等级均为安全区,元素污染风险低(表4-3-15)。

（3）Ni：产城融合区表层土壤中 Ni 元素的含量为 0.18～351.00mg/kg，平均值为 71.14mg/kg，显著高于海南岛表土平均值（6.40mg/kg）。按照评价标准，调查区建设用地土壤 Ni 元素有安全区、风险区两个等级，面积分别为 6 737.17hm²、500.98hm²，占比分别为 93.08%、6.92%（表 4－3－15）。受地质背景控制，Ni 元素安全区等级主要分布于西北部区域，风险区等级主要分布于美兰机场周边基性火山岩区，在中北部儒党洋村—道伦村一带零星分布（图 4－3－8）。

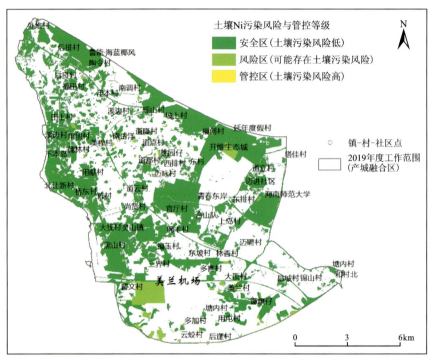

图 4－3－8　江东产城融合区建设用地土壤 Ni 污染风险与管控评价图

5. 建设用地土壤环境污染与风险管控地球化学综合评价

与农用地土壤环境污染与风险管控地球化学综合评价相似，依据《土地质量地球化学评价规范》（DZ/T 0295—2016），建设用地土壤污染与风险管控地球化学综合评价以单指标地球化学评价为基础，每个评价单元的综合等级等同于单指标评价最差等级。如某评价单元 As、Cd、Cu、Hg、Ni、Pb 指标划评价等级分别为安全区、安全区、管控区、风险区、安全区、风险区、风险区，则该评价单元的综合等级为管控区。

据此原则，在产城融合区建设用地土壤 6 种重金属指标单项评价的基础上，通过 GIS 筛选、赋值，获得调查区建设用地土壤环境污染与风险管控地球化学综合等级面积及其空间分布（表 4－3－16，图 4－3－9）。

表 4－3－16　产城融合区建设用地土壤环境污染与风险管控地球化学综合等级面积统计

指标	评价等级	安全区	风险区	管控区
	含义	土壤污染风险低	可能存在土壤污染风险	土壤污染风险高
综合评价	面积/hm²	6 737.17	500.98	
	占比/%	93.08	6.92	

受单项指标最差等级影响，产城融合区建设用地土壤环境污染与风险管控地球化学综合等级与 Ni 元素特征一致。产城融合区主体为安全区等级，少量为风险区等级，二者面积分别为 6 737.17hm²（占比 93.08%）、500.98hm²（占比 6.92%）。安全区等级主要分布于西北部地区，风险区等级主要分布于美兰机场周边基性火山岩区，在中北部儒党洋村—道伦村一带零星分布（图 4－3－9）。

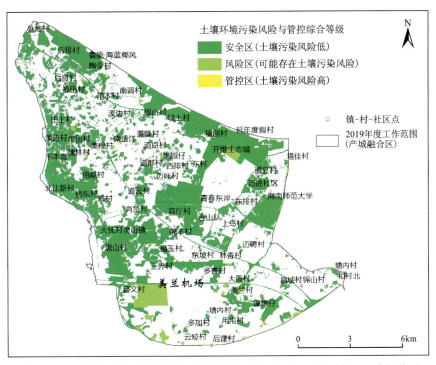

图 4-3-9 产城融合区建设用地土壤环境污染与风险管控地球化学综合评价图

(三)农用地土壤质量地球化学综合等级

依据《土地质量地球化学评价规范》(DZ/T 0295—2016),土壤质量地球化学综合等级由评价单元的土壤养分地球化学综合等级与土壤环境污染与风险管控综合等级叠加产生。土壤质量地球化学综合等级判别矩阵、表达图示与含义见表4-3-17。

表 4-3-17 土壤质量地球化学综合等级判别矩阵、表达图示与含义

土壤质量地球化学综合等级	土壤环境污染与风险管控综合等级			含义
	安全区	风险区	管控区	
土壤养分地球化学综合等级 — 丰富	一等优质	三等中等	五等劣等	一等为优质:土壤环境为安全区,土壤养分丰富至较丰富;
土壤养分地球化学综合等级 — 较丰富	一等优质	三等中等	五等劣等	二等为良好:土壤环境为安全区,土壤养分中等;
土壤养分地球化学综合等级 — 中等	二等良好	三等中等	五等劣等	三等为中等:土壤环境为安全区,土壤养分较缺乏或土壤环境为风险区,土壤养分丰富至较缺乏;
土壤养分地球化学综合等级 — 较缺乏	三等中等	三等中等	五等劣等	四等为差等:土壤环境为安全区或风险区,土壤养分缺乏或土壤盐渍化等级为强度;
土壤养分地球化学综合等级 — 缺乏	四等差等	四等差等	五等劣等	五等为劣等:土壤环境为管控区,土壤养分丰富至缺乏或土壤盐渍化等级为盐土

在上述土壤养分、土壤环境污染与风险管控综合评价的基础上,依据表4-3-17判别矩阵,获得产城融合区土壤质量地球化学综合等级及其面积、比例(表4-3-18)。

表 4-3-18 产城融合区农用地土壤质量地球化学综合等级面积统计

土壤质量地球化学综合评价	评价等级	一等	二等	三等	四等	五等
	含义	优质	良好	中等	差等	劣等
	面积/hm²	96.70	675.01	5 710.93	2 084.69	1.30
	占比/%	1.13	7.88	66.65	24.33	0.01

产城融合区农用地土壤质量地球化学综合等级以中等为主,面积为 5 710.93hm²,占比为 66.65%,全区都有分布,主体位于东南部区域、西北部儒党洋村—道伦村一带;差等级别次之,面积为 2 084.69hm²,占比为 24.33%,主体分布于张吴村—桥头村—下云颜村—丰兴社区—高山队—海滨一线以西北区域,东北角坡上村周边、东南角锦山村周边有较大连片区域。优质和良好级面积共计 771.70hm²,占比 9.01%,零星分布于全区,有两块集中连片区域,一片位于灵山镇北部的美玉大村周边,一片位于桂林洋热带农业公园。劣等级别面积小,仅为 1.30hm²,分布于美兰机场南部用屯村(图 4-3-10)。

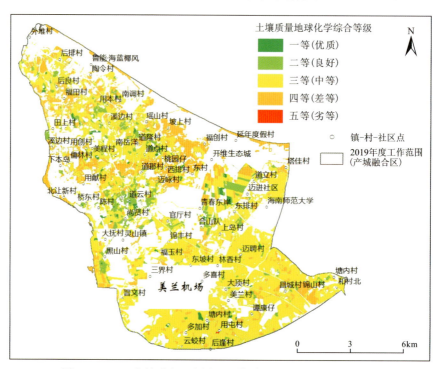

图 4-3-10 产城融合区农用地土壤质量地球化学综合评价图

二、大气干湿沉降元素地球化学等级

(一)大气干湿沉降元素地球化学等级划分标准

《土地质量地球化学评价规范》(DZ/T 0295—2016)中已说明,全国 21 个省(自治区、直辖市)的 1450 件大气干湿沉降物中,除 Cd、Hg 外,Cr、As、Pb、Cu、Ni、Zn 等在短时期内的沉降对土壤环境质量下降影响不大,因而确定大气干湿沉降通量环境地球化学等级划分指标为 Cd、Hg,其分级标准见表 4-3-19。

据表 4-3-19,当大气干湿沉降物评价指标年沉降通量含量小于或等于 3mg/(m²·a)时为一等,数字代码为 1,表示大气干湿沉降物沉降对土壤环境质量影响不大;当大气干湿沉降物评价指标年沉降通量大于 3mg/(m²·a)时为二等,数字代码为 2,表示大气干湿沉降物沉降对土壤环境质量影响较大;数字代码为 0 时,表示该评价图斑未采集大气干湿沉降物样品。

表 4-3-19 大气干湿沉降通量环境地球化学等级分级标准　　　　单位:mg/(m²·a)

评价指标等级	年沉降通量	
	一等,数字代码为 1	二等,数字代码为 2
Cd	≤3	>3
Hg	≤0.5	>0.5

(二)大气干湿沉降单指标地球化学等级

根据大气干湿沉降点实际采样密度,确定评价单元为 4km×4km 网格。将网格内采样点(单点直接附属性,多点求平均值后附属性)属性赋值给网格,无采样点网格点属性为 0。

前文述及,产城融合区大气干湿沉降物中 Cd、Hg 的年沉降通量分别为 $0.004\sim0.049$ mg/(m²·a)、$0.0004\sim0.0123$ mg/(m²·a),均显著小于对应元素一等标准所规定的阈值。因此,除未采集样品网格外,产城融合区大气干湿沉降单指标地球化学等级均为一级。

(三)大气干湿沉降地球化学综合等级

大气干湿沉降环境地球化学综合等级的划分方法与土壤质量地球化学综合评价方法类似。在大气干湿沉降单指标环境地球化学等级划分的基础上,每个评价单元的大气干湿沉降环境地球化学综合等级等同于单指标划分出的环境地球化学等级最差的等别。如 Hg、Cd 划分出的大气干湿沉降环境地球化学等级分别为一等、二等,该评价单元的大气沉降环境地球化学综合等级为二等。

据此原则,除未采集样品网格外,产城融合区大气干湿沉降地球化学综合等级均为一级。

三、灌溉水元素地球化学等级

(一)灌溉水元素地球化学等级划分标准

产城融合区土地利用以旱地为主,依据《农田灌溉水质标准》(GB 5084—2021),结合本次工作实际测试分析指标,确定灌溉水环境地球化学指标,不同指标分级标准见表 4-3-20。

表 4-3-20 灌溉水环境(旱作)地球化学等级分级标准值

指标	pH	氯化物	Hg	Cd	As	Cr⁶⁺	Pb
限值	5.5~8.5	350	0.001	0.01	0.1	0.1	0.2

注:pH 无量纲,其他均以 mg/L 计。

灌溉水中评价指标含量不大于某一指标限值为一等,数字代码为 1,表示灌溉水环境质量符合标准;灌溉水中评价指标含量大于某一指标限值为二等,数字代码为 2,表示灌溉水环境质量不符合标准;数字代码为 0 时,表示该评价图斑未采集灌溉水样品。

(二)灌溉水单指标地球化学等级

产城融合区灌溉水中 As、Hg、Cd、Pb 的含量分别为 $0.08\sim13.38$ μg/L、$0.015\sim0.044$ μg/L、$0.03\sim0.13$ μg/L、$0.05\sim3.61$ μg/L,Cl⁻ 含量为 $3.00\sim2462.00$ mg/L,Cr⁶⁺ 未检出,pH 为 $4.79\sim8.39$。经过网格单元内多样品平均,仅有 Cl⁻ 在西北角个别网格超过限量标准,达到二级,其他网格单元灌溉水的指标均属于一级。

(三)灌溉水地球化学综合等级

在灌溉水单指标环境地球化学等级划分的基础上,每个评价单元的灌溉水环境地球化学等级等同于单指标划分出的环境地球化学等级最差的等别。与土壤综合等级划分一样,按照"最大限制"或"一票否决"原则进行灌溉水综合等级划分,如总As、Cr^{6+}、Cd、总Hg和Pb划分出的灌溉水环境地球化学等级分别为一等、一等、一等、一等和一等,该评价单元的灌溉水环境地球化学综合等级为二等。

据此原则,除未采集样品网格外,产城融合区灌溉水地球化学综合等级绝大多数为一级,仅在西北角个别网格达到二级(图4-3-11)。

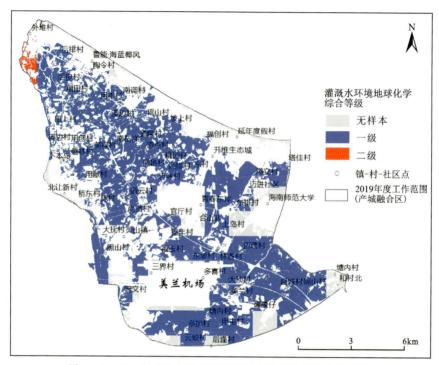

图4-3-11 产城融合区农用地灌溉水地球化学综合评价图

四、农用地土地质量地球化学等级

在土壤质量地球化学综合等级基础上,叠加大气环境地球化学综合等级、灌溉水环境地球化学综合等级,形成土地质量地球化学等级,它是土壤养分状况、土壤环境质量与大气质量、灌溉水质量的综合体现。

《土地质量地球化学评价规范》(DZ/T 0295—2016)对土地质量地球化学等级表达方式已做出明确规定,但考虑工作区实际情况,在大气干湿沉降和灌溉水评价时,部分网格单元无样品点,属性为0。3个图层叠加后产生了多种土壤质量、大气干湿沉降和灌溉水评价组合,超过了规范推荐的样式。故根据实际情况并结合规范,设置如下土地质量地球化学等级表达原则。

(1)土地质量地球化学综合等级属性由3位数的整数组成。

(2)百位数数字包含1、2、3、4、5,代表土壤质量地球化学综合等级,分别对应一级(优质)、二级(良好)、三级(中等)、四级(差等)和五级(劣等)。

(3)十位数数字包含0、1、2,代表大气干湿沉降环境地球化学等级,分别对应无样品、一级(环境影响不大)和二级(环境影响较大)。

(4)个位数数字包含0、1、2,代表灌溉水环境地球化学等级,分别对应无样品、一级(灌溉水水环境质量符合标准)和二级(灌溉水水环境质量超标)。

据此原则,获得产城融合区土地质量地球化学综合等级及其面积、比例(表4-3-21,图4-3-12)。

由图4-3-12可知,由于部分区域缺乏大气干湿沉降和灌溉水样品控制点,这些区域土地质量地球化学综合等级不够全面。按照择优原则,将土地质量地球化学综合等级代号为111、211的地块视为土地质量等级好。产城融合区有两大块土地质量好的区域,分别位于美玉大村和桂林洋热带农业公园,其他地方如道隆村北、加乐村、大炳村、黑山村等也有面积较大、连片、土地质量好的地块。

表 4-3-21 产城融合区农用地土地质量地球化学综合等级面积统计

序号	土地质量地球化学综合等级代号	R;G;B	含义	面积/hm²
1	100		土壤质量地球化学综合等级为一等（优质）；大气干湿沉降、灌溉水均无样本	0.05
2	101		土壤质量地球化学综合等级为一等（优质）；大气干湿沉降无样本，灌溉水符合水质标准	12.00
3	110		土壤质量地球化学综合等级为一等（优质）；大气干湿沉降物中镉或汞的年沉降通量密度较小，灌溉水无样本	3.77
4	111		土壤质量地球化学综合等级为一等（优质）；大气干湿沉降物中镉或汞的年沉降通量密度较小，灌溉水符合水质标准	80.88
5	200		土壤质量地球化学综合等级为二等（良好）；大气干湿沉降、灌溉水均无样本	14.94
6	201		土壤质量地球化学综合等级为二等（良好）；大气干湿沉降无样本，灌溉水符合水质标准	94.47
7	210		土壤质量地球化学综合等级为二等（良好）；大气干湿沉降物中镉或汞的年沉降通量密度较小，灌溉水无样本	29.03
8	211		土壤质量地球化学综合等级为二等（良好）；大气干湿沉降物中镉或汞的年沉降通量密度较小，灌溉水符合水质标准	532.49
9	212		土壤质量地球化学综合等级为二等（良好）；大气干湿沉降物中镉或汞的年沉降通量密度较小，灌溉水水质超标	4.07
10	300		土壤质量地球化学综合等级为三等（中等）；大气干湿沉降、灌溉水均无样本	152.92
11	301		土壤质量地球化学综合等级为三等（中等）；大气干湿沉降无样本，灌溉水符合水质标准	1 039.82
12	302		土壤质量地球化学综合等级为三等（中等）；大气干湿沉降无样本，灌溉水水质超标	6.37
13	310		土壤质量地球化学综合等级为三等（中等）；大气干湿沉降物中镉或汞的年沉降通量密度较小，灌溉水无样本	588.26
14	311		土壤质量地球化学综合等级为三等（中等）；大气干湿沉降物中镉或汞的年沉降通量密度较小，灌溉水符合水质标准	3 888.36
15	312		土壤质量地球化学综合等级为三等（中等）；大气干湿沉降物中镉或汞的年沉降通量密度较小，灌溉水水质超标	35.20

续表 4-3-21

序号	土地质量地球化学综合等级代号	R:G:B	含义	面积/hm²
16	400		土壤质量地球化学综合等级为四等（差等）；大气干湿沉降、灌溉水均无样本	119.57
17	401		土壤质量地球化学综合等级为四等（差等）；大气干湿沉降无样本，灌溉水符合水质标准	571.48
18	402		土壤质量地球化学综合等级为四等（差等）；大气干湿沉降无样本，灌溉水水质超标	3.94
19	410		土壤质量地球化学综合等级为四等（差等）；大气干湿沉降物中镉或汞的年沉降通量密度较小，灌溉水无样本	147.44
20	411		土壤质量地球化学综合等级为四等（差等）；大气干湿沉降物中镉或汞的年沉降通量密度较小，灌溉水符合水质标准	1 222.54
21	412		土壤质量地球化学综合等级为四等（差等）；大气干湿沉降物中镉或汞的年沉降通量密度较小，灌溉水水质超标	19.73
22	511		土壤质量地球化学综合等级为五等（劣等）；大气干湿沉降物中镉或汞的年沉降通量密度较小，灌溉水符合水质标准	1.30

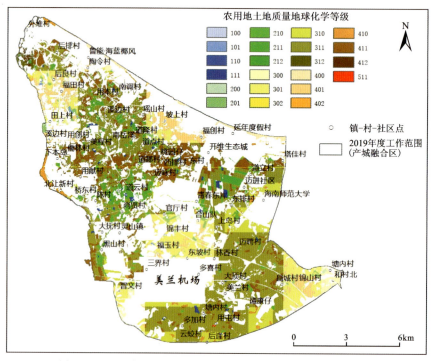

图 4-3-12 产城融合区农用地土地质量地球化学综合评价图

第四节 典型土壤-农产品系统元素迁移转化与生态健康风险评价

一、土壤-农产品元素迁移转化研究

土壤中的元素会在植物中产生不同的生态效应,如 Se 元素在水稻籽实富集形成富硒水稻,提升水稻的经济价值;但 Cd 元素易被水稻吸收形成富镉水稻,富镉水稻通过食物链进入人体,其中的 Cd 对机体健康产生不利影响。不同元素的生态效应受多种因素控制,植物从土壤中吸收元素的量与土壤中元素的总量有一定的关系,但土壤元素的总含量并不是植物吸收的一个可靠指标,元素在土壤-植物系统中的迁移转化主要受土壤的理化性质(pH、Eh、黏粒、有机质等)、土壤中重金属形态和植物特性等因素的影响。根据本次调查获得的莲藕、水稻与根系土数据,探讨不同地质背景下莲藕-根系土、水稻籽实-根系土之间元素(重点关注养分元素和重金属元素)的迁移转化特征及生态效应。

(一)元素在不同地质背景根系土-农产品系统的分配特征

已有的研究表明,不同地质背景植物中元素的含量与土壤中元素的含量有密切的关系。江东新区产城融合区出露多个不同时代的地质建造,从地球化学角度看,这些地质建造可以分为两大类:富 Cr、Co、Ni、Cu 等元素的基性火山岩类和富 SiO_2、K_2O、CaO、Sr 等元素的松散岩类。本次工作在基性火山岩区采集 33 件水稻籽实-根系土,在松散岩区采集 49 件水稻籽实-根系土、17 件莲藕-根系土样品,通过统计部分有益元素(F、Ge、Se)、重金属元素(As、Cd、Co、Cr、Cu、Hg、Ni、Pb、Zn)在农产品-根系土之间的含量特征,探索研究不同地质背景土壤-农产品元素的迁移转化特征或规律。

1. 农产品根系土元素地球化学特征

分别统计了不同地质背景区元素在农产品、根系土中的算术平均值、中位数、最大值、最小值、算术标准差,相关统计见表 4-4-1~表 4-4-6。

表 4-4-1 基性火山岩区水稻籽实-根系土元素统计量

分类	指标	算术平均值	中位数	算术标准差	最小值	最大值
根系土	As	0.55	0.40	0.42	0.05	1.30
	Cd	0.09	0.09	0.03	0.03	0.15
	Co	16.81	16.60	7.06	5.10	33.70
	Cr	43.27	36.30	18.53	15.20	85.90
	Cu	263.00	252.00	51.36	199.00	390.00
	F	1.15	1.16	0.20	0.91	1.73
	Ge	0.08	0.07	0.05	0.03	0.29
	Hg	1.47	1.16	0.73	0.55	2.94
	Ni	880.58	903.00	448.32	285.00	1 731.00
	Pb	385.42	292.00	207.30	197.00	950.00
	Se	22.65	21.60	5.36	12.60	38.80
	V	108.75	91.10	49.38	43.30	214.00
	Zn	59.72	58.77	10.90	43.93	77.04
	SOM	2.74	2.76	1.28	1.09	5.99
	pH	5.80	5.69	0.58	4.99	7.20
	CEC	8.35	6.80	5.46	3.30	30.00

续表 4-4-1

分类	指标	算术平均值	中位数	算术标准差	最小值	最大值
水稻籽实	Se	0.14	0.13	0.05	0.04	0.21
	As	0.11	0.11	0.03	0.07	0.21
	V	0.05	0.05	0.00	0.05	0.05
	Cr	0.32	0.28	0.16	0.16	1.01
	Co	0.07	0.07	0.03	0.02	0.14
	Ni	0.61	0.73	0.30	0.10	1.30
	Cu	3.59	4.12	1.11	1.00	5.00
	Zn	22.92	23.50	1.85	18.70	25.90
	Pb	0.05	0.05	0.02	0.05	0.18
	F	0.33	0.33	0.14	0.10	0.60
	Hg	0.88	0.57	0.54	0.50	2.11
	Cd	239.85	323.00	170.82	5.00	481.00
	Ge	17.12	17.90	3.84	6.81	22.20
富集系数	Se	6.20×10^{-3}	5.70×10^{-3}	2.30×10^{-3}	1.60×10^{-3}	1.12×10^{-2}
	As	0.43	0.25	0.50	0.06	2.61
	V	5.49×10^{-4}	5.49×10^{-4}	2.19×10^{-4}	2.34×10^{-4}	1.15×10^{-3}
	Cr	8.95×10^{-3}	7.66×10^{-3}	5.90×10^{-3}	2.80×10^{-3}	2.66×10^{-2}
	Co	5.12×10^{-3}	4.87×10^{-3}	3.05×10^{-3}	1.25×10^{-3}	1.35×10^{-2}
	Ni	7.95×10^{-4}	6.07×10^{-4}	5.21×10^{-4}	2.00×10^{-4}	2.30×10^{-3}
	Cu	1.39×10^{-2}	1.40×10^{-2}	4.64×10^{-3}	4.00×10^{-3}	2.10×10^{-2}
	Zn	0.40	0.39	0.08	0.28	0.54
	Pb	1.73×10^{-4}	1.75×10^{-4}	7.58×10^{-5}	5.30×10^{-5}	3.42×10^{-4}
	F	0.29	0.28	0.13	0.08	0.57
	Hg	0.74×10^{-3}	0.53×10^{-3}	0.56×10^{-3}	0.18×10^{-3}	2.92×10^{-3}
	Cd	2789.34×10^{-3}	2936.36×10^{-3}	2094.37×10^{-3}	68.49×10^{-3}	6627.45×10^{-3}
	Ge	295.22×10^{-3}	300.00×10^{-3}	161.76×10^{-3}	61.91×10^{-3}	711.54×10^{-3}

注：①水稻根系土指标量纲：As～Zn 为 mg/kg；SOM 为％，CEC(阳离子交换量)为 cmol/kg；②水稻指标量纲：Se～F 为 mg/kg，Hg～Ge 为 μg/kg；③水稻中元素富集系数为水稻中元素含量与对应根系土元素之比，无量纲。

表 4-4-2　松散岩区水稻籽实-根系土元素统计量

分类	指标	算术平均值	中位数	算术标准差	最小值	最大值
根系土	As	1.72	1.43	1.54	0.01	7.19
	Cd	0.08	0.08	0.03	0.04	0.15
	Co	10.14	8.15	7.13	1.60	33.20
	Cr	27.70	17.60	22.18	6.00	85.00
	Cu	295.98	272.00	78.34	198.00	452.00
	F	1.15	1.15	0.12	0.91	1.37

续表 4-4-2

分类	指标	算术平均值	中位数	算术标准差	最小值	最大值
根系土	Ge	0.05	0.05	0.02	0.02	0.13
	Hg	1.23	1.07	0.58	0.44	2.89
	Ni	554.88	488.00	236.74	153.00	1 008.00
	Pb	317.41	310.00	91.76	194.00	627.00
	Se	48.83	31.40	30.30	15.90	103.00
	V	80.26	63.70	53.69	21.20	229.00
	Zn	70.16	71.66	9.37	46.25	86.61
	SOM	2.21	2.13	0.65	1.03	4.10
	pH	5.92	5.72	0.63	5.07	7.84
	CEC	7.25	6.50	4.83	3.30	36.90
水稻籽实	Se	0.08	0.08	0.03	0.06	0.21
	As	0.12	0.11	0.06	0.04	0.26
	V	0.05	0.05	0.00	0.05	0.05
	Cr	0.37	0.30	0.21	0.15	1.05
	Co	0.04	0.04	0.02	0.01	0.13
	Ni	0.62	0.68	0.34	0.13	1.18
	Cu	3.36	3.79	1.02	1.00	4.80
	Zn	24.05	23.70	2.86	18.00	32.60
	Pb	0.05	0.05	0.01	0.05	0.08
	F	0.35	0.32	0.24	0.10	1.30
	Hg	1.43	1.30	0.76	0.50	3.12
	Cd	116.08	82.90	99.18	6.00	433.00
	Ge	12.50	12.60	3.35	7.50	22.10
富集系数	Se	2.47×10^{-3}	2.50×10^{-3}	1.47×10^{-3}	7.00×10^{-4}	6.20×10^{-3}
	As	0.81	0.07	1.83	0.02	8.40
	V	9.07×10^{-4}	7.85×10^{-4}	5.61×10^{-4}	2.18×10^{-4}	2.36×10^{-3}
	Cr	2.70×10^{-2}	1.87×10^{-2}	2.96×10^{-2}	2.10×10^{-3}	1.30×10^{-1}
	Co	6.69×10^{-3}	4.31×10^{-3}	5.40×10^{-3}	3.30×10^{-4}	2.63×10^{-2}
	Ni	1.58×10^{-3}	1.15×10^{-3}	1.59×10^{-3}	1.70×10^{-4}	7.58×10^{-3}
	Cu	1.21×10^{-2}	1.10×10^{-2}	5.01×10^{-3}	3.00×10^{-3}	2.10×10^{-2}
	Zn	0.35	0.34	0.08	0.24	0.61
	Pb	1.76×10^{-4}	1.71×10^{-4}	4.90×10^{-5}	8.00×10^{-5}	2.73×10^{-4}
	F	0.31	0.26	0.26	0.08	1.47
	Hg	1.51×10^{-3}	0.97×10^{-3}	1.21×10^{-3}	0.17×10^{-3}	6.00×10^{-3}
	Cd	$1\,586.20 \times 10^{-3}$	$1\,098.78 \times 10^{-3}$	$1\,463.53 \times 10^{-3}$	62.09×10^{-3}	$6\,000.00 \times 10^{-3}$
	Ge	269.28×10^{-3}	234.29×10^{-3}	139.75×10^{-3}	71.38×10^{-3}	751.72×10^{-3}

注：①水稻根系土指标量纲：As～Zn 为 mg/kg，SOM 为%，CEC（阳离子交换量）为 cmol/kg；②水稻指标量纲：Se～F 为 mg/kg；Hg～Ge 为 μg/kg；③水稻中元素富集系数为水稻中元素含量与对应根系土元素之比，无量纲。

表 4－4－3 松散岩区莲藕-根系土元素统计量

分类	元素	算术平均值	中位数	算术标准差	最小值	最大值
根系土	As	1.51	1.03	1.03	0.84	3.76
	Cd	0.06	0.06	0.02	0.04	0.10
	Co	7.39	7.21	0.44	6.75	8.19
	Cr	69.06	71.60	11.47	40.60	79.70
	Cu	14.74	14.40	0.81	13.70	16.20
	F	332.94	300.00	67.43	282.00	499.00
	Ge	1.20	1.20	0.03	1.14	1.24
	Hg	0.06	0.06	0.00	0.05	0.07
	Ni	17.88	17.80	1.46	13.90	19.80
	Pb	22.90	21.20	3.98	20.10	31.90
	Se	0.08	0.06	0.05	0.05	0.18
	V	79.84	81.70	6.06	61.20	87.20
	Zn	45.63	43.00	6.48	40.00	63.00
	SOM	1.39	1.39	0.12	1.07	1.63
	pH	5.51	5.12	0.91	4.82	7.83
	CEC	6.31	5.90	1.01	5.30	8.20
莲藕	Se	0.007	0.007	0.001	0.006	0.011
	As	0.009	0.007	0.004	0.005	0.020
	V	0.007	0.007	0.002	0.005	0.012
	Cr	0.029	0.023	0.017	0.005	0.060
	Co	0.024	0.025	0.006	0.012	0.033
	Ni	0.073	0.074	0.013	0.054	0.102
	Cu	1.32	1.37	0.30	0.71	1.81
	Zn	2.79	2.73	0.36	1.93	3.37
	Pb	0.02	0.02	0.01	0.01	0.04
	F	0.11	0.10	0.03	0.10	0.20
	Hg	1.09	0.88	0.40	0.60	1.80
	Cd	6.60	5.07	4.50	2.63	17.20
富集系数	Se	0.11	0.12	0.03	0	0.10
	As	6.47×10^{-3}	6.32×10^{-3}	1.95×10^{-3}	2.66×10^{-3}	1.04×10^{-2}
	V	9.04×10^{-5}	9.17×10^{-5}	2.17×10^{-5}	6.23×10^{-5}	1.47×10^{-4}
	Cr	4.18×10^{-4}	3.02×10^{-4}	2.39×10^{-4}	1.03×10^{-4}	8.38×10^{-4}
	Co	3.25×10^{-3}	3.39×10^{-3}	7.72×10^{-4}	1.50×10^{-3}	4.38×10^{-3}
	Ni	4.12×10^{-3}	3.79×10^{-3}	1.01×10^{-3}	2.98×10^{-3}	6.76×10^{-3}
	Cu	9.03×10^{-2}	8.56×10^{-2}	2.27×10^{-2}	4.38×10^{-2}	1.27×10^{-1}
	Zn	6.21×10^{-2}	6.42×10^{-2}	1.02×10^{-2}	3.09×10^{-2}	7.38×10^{-2}

续表4-4-3

分类	指标	算术平均值	中位数	算术标准差	最小值	最大值
富集系数	Pb	$9.04×10^{-4}$	$9.30×10^{-4}$	$5.54×10^{-4}$	$1.88×10^{-4}$	$2.05×10^{-3}$
	F	$3.35×10^{-4}$	$3.38×10^{-4}$	$4.38×10^{-5}$	$2.38×10^{-4}$	$4.61×10^{-4}$
	Hg	$17.86×10^{-3}$	$14.75×10^{-3}$	$6.81^{-3}×10^{-3}$	$9.69×10^{-3}$	$31.55×10^{-3}$
	Cd	$100.69×10^{-3}$	$88.695×10^{-3}$	$50.97×10^{-3}$	$34.94×10^{-3}$	$223.2^{-3}9×10^{-3}$

注：①莲藕根系土指标量纲：As～Zn 为 mg/kg，SOM 为%，CEC（阳离子交换量）为 cmol/kg；②莲藕指标量纲：Se～F 为 mg/kg，Hg～Cd 为 μg/g；③莲藕中元素富集系数为莲藕中元素含量与对应根系土元素之比，无量纲。

由根系土元素含量参数统计可见（图4-4-1），水稻根系土中大多元素算术平均值高于莲藕根系土，如 Cd、Co、Cu、Hg、Ni、Pb、Se、Zn 等水稻根系土中 Cr、F、Ge 等元素则表现出低于莲藕根系土，特别是 F，呈现量纲级的差异。此外，基性火山岩区水稻根系土中大多元素算术平均值均高于松散岩区，如 Cd、Co、Cr、Ge、Hg、Ni、Pb 等，基性火山岩区水稻根系土中 As、Cu、Se、Zn 则表现出低于松散岩区水稻根系土。这些特征不仅反映了根系土所处地质背景的差异，也可能由土地利用或人类活动强度不同所致。

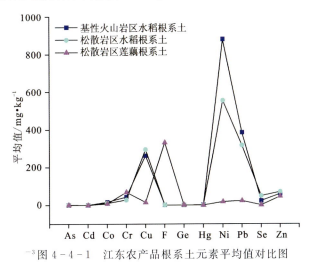

图4-4-1 江东农产品根系土元素平均值对比图

2. 农产品元素地球化学特征

由农产品元素含量参数统计可见（图4-4-2），除 Hg 元素外，水稻籽实中有益元素和重金属元素算术平均值均明显高于莲藕，两类农产品中大多元素含量呈数量级差异。基性火山岩区水稻籽实与松散岩区水稻籽实样品中元素的含量总体相差不大，仅有少量元素有差异，如基性火山岩区水稻籽实中 Se、Co、Cd、Se 的含量高于松散岩区，但 As、Cr、Hg 的含量小于松散岩区。这些特征反映了环境和物种差异对元素分配的影响。

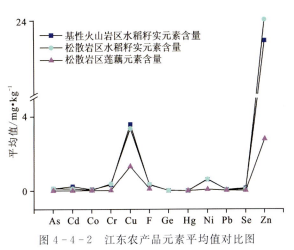

图4-4-2 江东农产品元素平均值对比图

3. 农产品中元素的富集系数

富集系数是某种物质或元素在生物体的浓度与生物生长环境(水、土壤、空气)中该物质或元素的浓度之比,可衡量元素从土壤向农产品中迁移能力的大小。

由农产品元素富集系数参数统计可见(图4-4-3),元素在不同农产品中的富集系数存在明显的差异。除了Se元素外,不同元素在水稻籽实中的富集系数整体高于莲藕。在水稻籽实中,不同元素富集系数整体呈Pb<Ni<Co<Se<Cr<Cu<Ge≈F<Zn<As<Hg<Cd的特征。在莲藕中,不同元素富集系数整体呈F<Cr<Pb<Hg<Co<Ni<As<Zn<Cu<Cd<Se的特征,反映了不同元素有差异地向农产品迁移的能力。

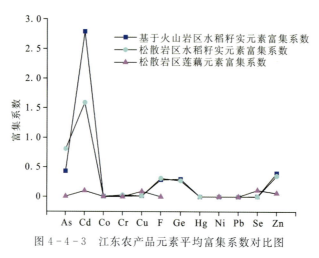

图4-4-3 江东农产品元素平均富集系数对比图

(二)元素的生态效应

元素被农产品吸收会产生生态效应,这种生态效应是正向或负向主要取决于元素对人体有益或有害。一般地,评价元素生态效应的优劣主要依据元素是否利于人体健康及农产品中的元素含量水平。除此之外,元素在不同农产品中的富集系数也可作为评价元素生态效应的指标。对于有益元素,它在农产品中的富集系数越大,含量水平越高,所起到的正向生态效应越高,越能提高农产品的价值;反之,负向生态效应高,会降低农产品的价值。本节依托不同地质背景农产品中有益元素、重金属元素含量及对应富集系数,构建两指标协变图解,以初步评估不同元素的生态效应。

1. 元素在莲藕中的生态效应

总体上,调查区有益元素和重金属元素在莲藕中的富集系数与农产品中对应元素的含量水平呈现三种生态效应(图4-4-4、图4-4-5)。第一种表现为富集系数小、元素含量低且二者变化范围非常小,二者协同变化特征不显著,样品点集中分布于协变图解左下角,如As、Cr、Co、Zn、F、Cd、Ge等,表明这些元素在莲藕中的生态效应不显著。第二种表现为富集系数变化较大,但元素含量低、变化范围小,如Se和Ni,两种元素在莲藕中的生态效应也不显著。第三种表现为随着富集系数增大,元素含量及变化范围随之发生比较显著的变化,如Cu、Pb、Hg,这种特征表明随着环境的变化,3种元素可能会在莲藕中产生显著的正向或负向生态效应。因此,莲藕中Cu、Pb、Hg元素值得关注。

2. 元素在水稻籽实中的生态效应

与莲藕不同,调查区有益元素和重金属元素在水稻籽实中的富集系数和含量特征差异显著,二者变化范围更大,多数元素更易于在水稻籽实中赋存(图4-4-4、图4-4-5)。

元素在水稻籽实中的富集系数与农产品中对应元素的含量水平也呈现3种生态效应。第一种表现为富集系数小、元素含量低且二者变化范围非常小,二者协同变化特征不显著,样品点集中分布于协变图解左下角,如Pb元素,表明Pb元素在莲藕中的生态效应不显著。第二种表现为富集系数变化小,但元素含量变化范围大,如Se、Cu、Hg,反映元素可能在水稻籽实中产生较显著的生态效应,主要取决于元素的含量水平。第三种表现为随着富集系数增大,元素的含量水平发生协同变化,如As、Cr、Co、Ni、Zn、F、Cd和

Ge。具有这种特征的元素,在有利富集的环境下(不利富集的环境),水稻籽实中元素的含量会增加(或减少),可能会产生(不产生)较显著的生态效应。因此,水稻籽实中这些元素的生态效应值得重点关注。

此外,基性火山岩区水稻籽实 Se、Co、Cd、Ge 等元素含量水平均高于松散岩区,反映地质背景的差异对水稻籽实中部分元素含量水平有比较显著的影响。

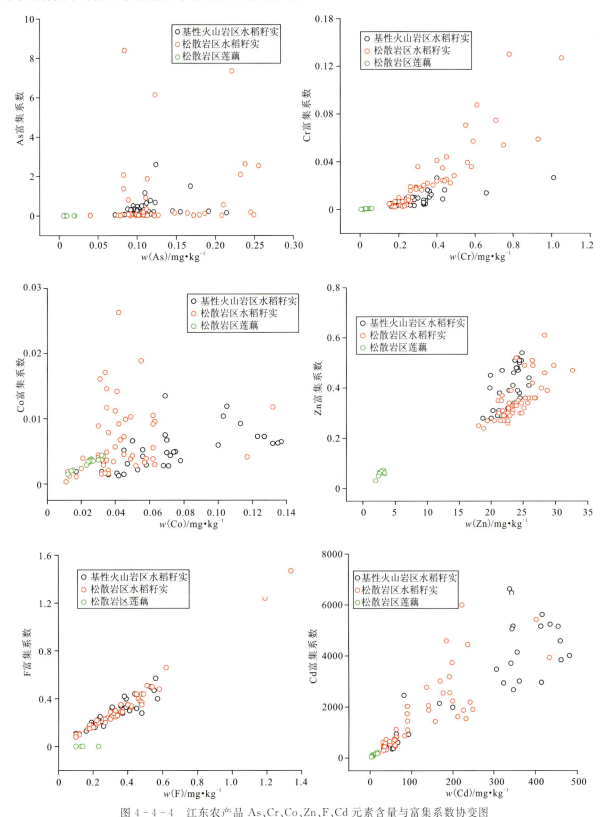

图 4-4-4　江东农产品 As、Cr、Co、Zn、F、Cd 元素含量与富集系数协变图

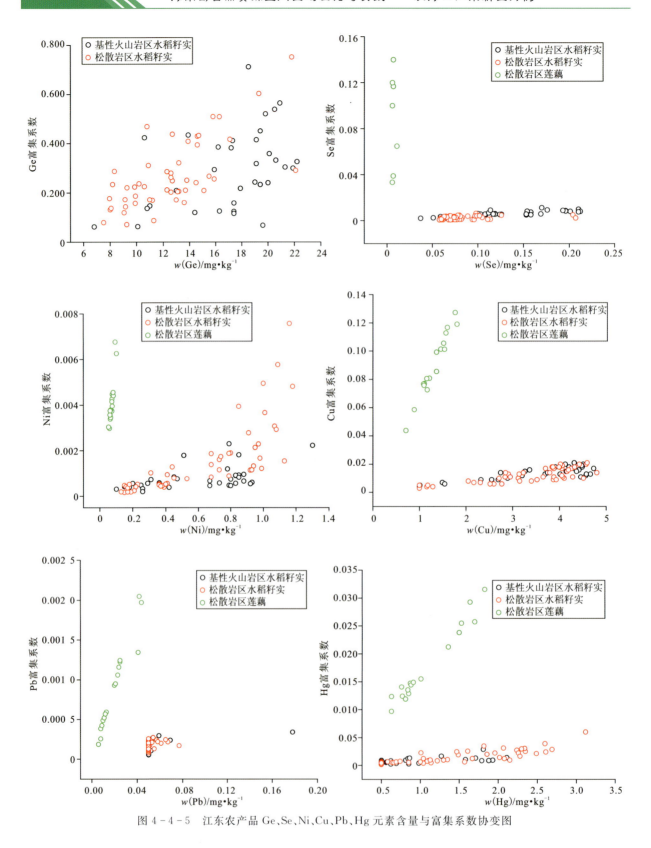

图 4-4-5 江东农产品 Ge、Se、Ni、Cu、Pb、Hg 元素含量与富集系数协变图

二、农产品安全性与特色农产品评价

部分农作物在食用与应用中,能够对生态环境、人类健康、生物多样性产生良性影响和作用,可称之为安全农作物或农产品;反之,可称之为非安全农作物或农产品。所谓无公害食品,指的是无污染、无毒害、安全优质的食品,在国外称无污染食品或有机食品、生态食品、自然食品,我国又称绿色食品。无公害食品(绿色食品)分为 AA 级和 A 级两种,其主要区别是在生产过程中,AA 级不使用任何农药、化肥和人工合

成激素;A级则允许限量使用限定农药、化肥和合成激素(杜俊,2010)。

特色农产品是指在传统农业发展过程中,受地理环境、市场变化、技术等因素影响,形成的具有资源条件独特性、区域特征显著性、产品品质特殊性和消费市场特定性的农产品。相对于一般农产品来说,特色农产品无论是在形态上,还是在品质上,都有很大的优势,它具有明显的地域特色、优良品质和特殊功效。特色农产品既是能利用当地独有的自然条件来种植其他地区无法大范围种植的农产品,又是可以通过当地的资源、环境、技术、政策等优势来重点大范围种植具有比较优势的农产品,进而扩大其种植规模,使这种农产品优于其他地区的农产品(王蕾,2015)。

(一)评价标准

前人的研究显示,琼北平原基性火山岩区富硒、富锗土壤面积大,连片分布,适宜发展大规模特色农业,但该区同时存在一个不容忽视的风险,即土壤中重金属元素含量水平较高。为了支撑产城融合区国土空间规划,利用本次调查采集的水稻、莲藕两类农产品,测试分析其中的Se、Ge及重金属元素,依据相关国家标准、行业标准或参考文献,初步评价了产城融合区水稻、莲藕的食用安全性和富硒、富锗水平。

本次工作应用的标准以最新的标准为参考,包括《食品安全国家标准 食品中污染物限量》(GB 2762—2017),无公害大米标准参照《无公害食品 大米》(NY 5115—2008),其标准限值与食品中污染物限量标准基本一致,甚至标准要求宽松。无公害莲藕目前尚无专门标准,主要参考《食品安全国家标准 食品中污染物限量》(GB 2762—2017)中薯类、块根、块茎类蔬菜、新鲜蔬菜等标准。绿色食品大米标准参照《绿色食品 稻米》(NY/T 419—2014)。绿色食品莲藕目前也没有专门标准,《绿色食品 根菜类蔬菜》(NY/T 745—2020)中元素评价指标仅含Pb、Cd,且其限值高于食品中污染物限量,故莲藕的安全性评价只参考卫生限量。根据各类标准确定的元素含量限值见表4-4-4。

表4-4-4 水稻和蔬菜元素指标含量相关标准限值   单位:mg/kg

元素	绿色食品		食品中污染物限量	
	稻谷	块根或新鲜蔬菜	稻谷	块根或新鲜蔬菜
砷(As)	0.15	—	0.5	0.5
镉(Cd)	0.2	—	0.2	0.1
汞(Hg)	0.01	—	0.02	0.01
铅(Pb)	0.2	—	0.2	0.2
铬(Cr)	—	—	1.0	0.5
氟(F)	1.0	—	—	—

农产品中水稻各类指标的评价以绿色食品和食品中污染物限量进行划分,大于食品中污染物限量时为超标食品,低于食品中污染物限量且大于绿色食品标准时为安全无公害食品,低于绿色食品标准限值时为绿色食品。莲藕按照卫生限值划分为超标食品和不超标食品(安全无公害蔬菜)。综合评价则全面考查每件农作物样品As、Cd、Hg、Pb、Cr元素含量,元素含量全部低于绿色食品卫生标准的样品称为绿色食品,元素中只要有一项超过食品卫生标准的样品称为超标食品(一票否决原则)。

水稻的富硒评价标准参照《富硒稻谷》(GB/T 22499—2008),莲藕的富硒评价标准参考江西省地方标准《富硒食品硒含量分类标准》(DB36/T 566—2017)中蔬菜(包含薯类)及制品的元素限量范围。富锗农产品目前全国尚无统一标准,本次富锗水稻、莲藕评价参考袁宏等(2019)提供的普通大米、蔬菜中锗元素含量范围。农产品中硒含量水平达到对应富硒标准即为富硒农产品,锗元素超过普通大米、蔬菜中锗元素含量范围即可初步定为富锗农产品。根据各类标准确定的硒、锗元素含量限值见表4-4-5。

表 4-4-5　富硒、富锗水稻和蔬菜元素指标含量相关标准限值　　　　　　　　　　单位：mg/kg

元素	富硒农产品		元素	农产品锗元素正常含量范围	
	稻谷	蔬菜（含薯类）		稻谷	蔬菜（含薯类）
硒（Se）	0.04～0.30	0.01～0.10	锗（Ge）	0.001 3～0.003 8（正常）	0.001～0.120（正常）

（二）农产品安全性评价

1. 水稻安全性评价

本次在调查区共采集水稻籽实样品 82 件，水稻籽实中 As、Cd、Hg、Pb、Cr、F 的评价结果见表 4-4-6。统计结果表明，除 Cd 元素外，调查区绝大部分水稻籽实样品中重金属含量在卫生食品标准限值以内。有 16 件样品 As 元素含量介于污染物限量标准与绿色食品标准之间，为安全无公害级别，占比 19.51%，剩余 66 件样品属于绿色食品级别，占比达 80.49%。有 27 件样品 Cd 元素含量超过食品中污染物限量标准，占比达 32.93%，剩余 55 件样品为安全无公害—绿色食品级别，占比 67.07%。此外，Cd 元素超标样品中，采集于松散岩区和基性火山岩区的样品分别为 9 件、10 件，且基性火山岩区水稻籽实中 Cd 元素含量明显高于松散岩区，反映了地质背景对水稻中元素含量水平的影响。Hg 元素无样品超标，均为绿色食品级别。Pb 元素也无样品超标，均为安全无公害—绿色食品级别。Cr 元素有 2 件样品超标，其他为安全无公害—绿色食品级别。F 元素有 80 件为绿色食品级别，2 件为非绿色食品级别。依据综合评价原则，综合评价为超标级别的水稻籽实样品有 29 件，安全无公害—绿色级别水稻籽实样品 52 件，非绿色水稻样品 1 件，占比分别为 35.37%、63.41% 和 1.22%。

表 4-4-6　水稻安全性评价结果统计表　　　　　　　　　　单位：件

元素	超食品中污染物限量标准	介于两标准	低于绿色食品标准
	超标样品数	安全无公害样品数	绿色样品数
砷（As）	0	16	66
镉（Cd）	27	55	
汞（Hg）	0	0	82
铅（Pb）	0	82	
铬（Cr）	2	80	
氟（F）	2		80

2. 莲藕安全性评价

本次在调查区共采集莲藕（块茎）样品 18 件，莲藕中 As、Cd、Hg、Pb、Cr 的评价结果见表 4-4-7。统计结果表明，调查区全部莲藕样品中重金属含量均在卫生食品标准限值以内，且显著小于卫生食品标准限值。莲藕中各重金属元素单项评价均为未超标，因此其重金属元素综合评价也为未超标。

表 4-4-7　莲藕安全性评价结果统计表　　　　　　　　　　单位：件

元素	超食品中污染物限量标准	低于食品中污染物限量标准
	超标样品数	未超标样品数
砷（As）	0	18
镉（Cd）	0	18
汞（Hg）	0	18
铅（Pb）	0	18
铬（Cr）	0	18

(三)特色农产品评价

1. 富硒、富锗水稻评价

依据富硒水稻评价标准和水稻中 Ge 的正常含量水平范围,调查区水稻籽实样品中 81 件为富硒水稻,1 件为不富硒水稻,但接近富硒水稻的最低标准值。82 件水稻籽实中的 Ge 元素含量均超过了普通大米中锗元素的含量水平,初步可以确定调查区水稻总体为富硒、富锗水稻。结合水稻安全性评价结果,调查区 51 件水稻籽实样品(62.20%)既符合安全无公害—绿色农产品标准,又达到富硒水稻标准。52 件水稻籽实样品(63.41%)既符合安全无公害—绿色农产品标准,又初步达到富锗水稻水平。51 件水稻籽实样品(62.20%)既符合安全无公害—绿色农产品标准,又达到富硒水稻标准,也初步达到富锗水稻水平。

从地质背景角度分析,51 件既符合安全无公害—绿色农产品标准,又达到富硒水稻标准的样品中,有 13 件样品位于基性火山岩区(占基性火山岩区水稻样品的 39.39%),38 件样品位于松散岩区(占松散岩区水稻样品的 77.55%)。52 件既符合安全无公害—绿色农产品标准,又初步达到富锗水稻水平的样品中,有 13 件样品位于基性火山岩区(占基性火山岩区水稻样品的 39.39%),39 件样品位于松散岩区(占松散岩区水稻样品的 79.59%)。51 件既符合安全无公害—绿色农产品标准,又达到富硒水稻标准,也初步达到富锗水稻水平的样品中,有 13 件样品位于基性火山岩区(占基性火山岩区水稻样品的 39.39%),38 件样品位于松散岩区(占松散岩区水稻样品的 77.55%)。此外,基性火山岩区水稻籽实中 Se、Ge 的含量水平明显高于松散岩区样品,不同地质背景区水稻籽实中 Se、Ge 含量水平及富硒、富锗样品比例差异,反映了地质背景对水稻籽实中 Se、Ge 含量水平的控制作用,也反映了其他因素(如 pH、有机碳、黏土等)对水稻吸收 Se、Ge 元素的影响。

2. 富硒莲藕评价

依据蔬菜(含薯类)富硒农产品评价标准,调查区莲藕(块茎)样品中 1 件样品为富硒莲藕,其他均不属于富硒莲藕。由于未测莲藕样品中的 Ge 元素含量,故而不能进行富锗莲藕评价。调查区大部分莲藕样品符合安全无公害—绿色农产品标准但不富硒,仅有 1 件莲藕样品既符合安全无公害—绿色农产品标准,又初步达到富硒水平。

第五节 特色土地资源评价

随着乡村振兴战略的不断推进,特色土地资源开发与利用正受到各级地方政府与民众的重视。由于 Se、Ge、I 等元素具有保健价值,富硒、富锗、富碘土地资源的开发与利用尤其受到青睐。

研究表明,长期坚持适量补硒是增强体质、防治疾病、延缓衰老的有效途径。然而,地球表面硒含量较少,全球范围有 5000 万到 1 亿人口直接遭受着缺硒的影响(Winkel et al.,2012)。中国是严重缺硒国家,全国近 20% 的人口受到由硒不足带来的健康影响(Yang et al.,2007)。天然富硒农产品与土壤硒的含量有关,人的健康长寿与日常食用的富硒食品有关。随着人们健康意识和收入水平的提高,硒产品的消费群体越来越大,富硒农产品作为安全有效的健康有机保健补品被广大消费者关注。

Ge 元素是人体必需的微量元素,能够缓解疲劳、防治贫血,对维持人体新陈代谢系统的平衡和稳定,有很好的作用和功效。与 Se 元素类似,土壤中 Ge 元素含量也是影响农产品中锗含量的因素之一,富锗土地资源也同富硒土地资源一样,具有极大的绿色生态可利用价值。

I 元素是人体及哺乳动物必需的营养元素,人体缺碘会导致碘缺乏病,最常见的表现为地方性甲状腺肿。然而,人体适应 I 元素的范围较窄,如果摄入量过大,也会导致甲状腺功能紊乱,甚至出现高碘性甲状腺肿。I 元素主要存在于海水中,岩石和沉积物中 I 元素含量非常低,而陆地上的 I 元素则主要通过大气传输进入生物圈和土壤圈。海南岛四周环海,降雨丰富,利于 I 元素富集,富碘土地资源值得关注。

一、富硒、锗、碘土地资源评价

依据《土地质量地球化学评价规范》(DZ/T 0295—2016)、《天然富硒土地划定与标识(试行)》(DD

2019－10)和《全国第二次土壤普查养分分级标准》,分别划定了海口江东新区产城融合区富硒、富锗和富碘农用地。

1. 富硒土地资源评价

在江东产城融合区划定各类富硒农用地(含未利用地)872.71hm^2,占农用地总面积(8 568.63hm^2)的10.18%。其中,园地、旱地和水田面积分别为256.36hm^2、196.43hm^{2}和130.40hm^2。富硒园地主要分布于产城融合区北部道伦仔村及多浦村—陈村—塔市一线以南区域,富硒旱地也主要分布于多浦村—陈村—塔市一线以南区域,富硒水田主要分布于北部儒党洋村、陈村及南部谭康仔村、下塘村、毛雷坡、龙进村、后云村等。

2. 富锗土地资源评价

在江东产城融合区划定各类富锗农用地(含未利用地)3 077.42hm^2,占农用地总面积(8 568.63hm^2)的35.91%。其中,园地、旱地、水浇地和水田面积分别为723.90hm^2、610.11hm^2、0.06hm^{2}和754.26hm^2。富锗园地和富锗旱地主要分布于多浦村—陈村—塔市一线以南区域,富锗水田主要分布于道畔村、外洋村、白宅村—本利村、儒党洋村—道点村、桂林洋热带农业农场、塔市及美兰机场东侧大顶村、谭康仔村—锦山村、南侧多加村—三角村—龙进村等。富锗水浇地仅有1个地块,分布于白宅村附近。

3. 富碘土地资源评价

在江东产城融合区划定各类富碘农用地(含未利用地)5 468.56hm^2,占农用地总面积(8 568.63hm^2)的63.82%。其中,园地、旱地、水浇地和水田面积分别为1 023.96hm^2、922.69hm^2、1.38hm^{2}和1 851.20hm^2。富碘园地和富碘旱地主要分布于多浦村—陈村—塔市一线以南区域,尤以美兰机场东北部陈村—昌城村最为密集。富碘水田主要分布于儒党洋村—美玉大村—夏宅村一线区域、桂林洋热带农业农场,以及美兰机场南侧多加村、用屯村等。富碘水浇地仅有4个地块,零星分布于中北部地区,面积都很小。

二、特色土地资源环境质量

特色土地资源的开发与利用除了考虑土壤中特色有益元素的丰度外,还要兼顾土壤环境质量,重金属等有毒有害物质不得超标。

依据本章"第三节 区域地球化学等级划分"中农用地土壤环境污染风险与管控综合评价结果,富硒园地、旱地和水田中(共计583.19hm^2),土壤环境质量以风险区级别为主,其中安全区级别土壤面积为22.04hm^2,零星分布于产城融合区;风险区级别土壤面积为559.85hm^2,主要分布于儒党洋村、林乌村周边及多浦村—陈村—塔市一线以南区域;管控区级别土壤面积为1.30hm^2,位于美兰机场南部用屯村。

富锗园地、旱地、水浇地和水田中(共计2 088.32hm^2),土壤环境质量以风险区级别为主,其中安全区级别土壤面积为63.15hm^2,主要分布于灵山镇北侧北侃仔村周边及美兰机场西北乐只村—多浦村—三界村一带,其他地方零星分布;风险区级别土壤面积为2 023.87hm^2,主体分布于儒党洋村、林乌村周边及多浦村—陈村—塔市一线以南区域;管控区级别土壤面积为1.30hm^2,位于美兰机场南部用屯村。

富碘园地、旱地、水浇地和水田中(共计3 799.23hm^2),土壤环境质量以风险区级别为主,其中安全区级别土壤面积为823.76hm^2,主要分布于多浦村—陈村—塔市一线以西北区域,集中分布于咏塘村—用传村—大林村一带;风险区级别土壤面积为2 974.17hm^2,主体分布于儒党洋村—林乌村一线及多浦村—陈村—塔市一线以南区域;管控区级别土壤面积为1.30hm^2,位于美兰机场南部用屯村。

土地质量地球化学综合评价结果表明,江东新区产城融合区拥有较丰富的特色土地资源,由于土壤存在重金属污染风险,在进行规模特色土地资源开发时,有必要进行农产品生态效应研究,使农产品免受重金属影响,又能产生正向生态效应,起到提质增效的作用。

第五章　红树林湿地地质演化与生态健康诊断

第一节　红树林湿地动态变迁及沉积演化

一、红树林分布发育现状及演化动态特征

(一)数据来源及预处理

本次红树林湿地现状及动态解译工作选用1999年、2009年和2019年3期的Landsat系列卫星遥感影像,每隔10年有一景,可充分反映工作区30年来红树林湿地的变化情况。其中,1999年采用轨道号为123/46的一景Landsat7 ETM+遥感影像,2009年采用123/46的一景Landsat TM遥感影像,2019年采用轨道号为123/46的一景Landsat8 OLI遥感影像,每一景的影像均为清晰、无云的遥感数据。

(二)动态遥感解译

为区分红树林与其他土地利用类型,并进一步讨论影响红树林分布的因素,本次界定了7类土地利用类型:红树林、水体、养殖、建筑用地、裸地、耕地和林地,然后基于建立好归一化植被指数(NDVI)和浸没红树林指数(IMFI),利用决策树分类的方法解译工作区不同时期的土地利用类型,工作流程如图5-1-1所示。

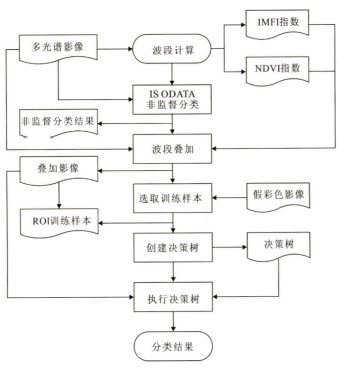

图5-1-1　土地利用类型解译流程

利用特征指数(如 NDVI、IMFI 指数)建立、非监督分类、解译标志建立、决策树分类系列遥感解译技术手段,不断调整训练样本的圈定范围及数量,并结合目视解译修改的方法,最终得到 3 个时期的土地利用分类解译结果(图 5-1-2～图 5-1-4)。

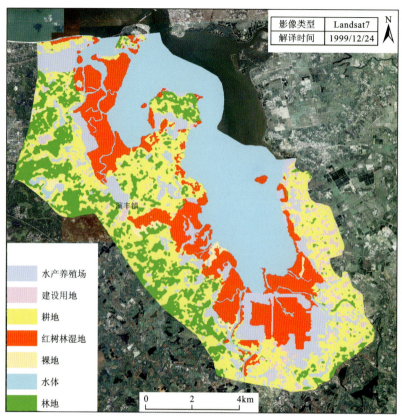

图 5-1-2　1999 年工作区土地利用类型解译图

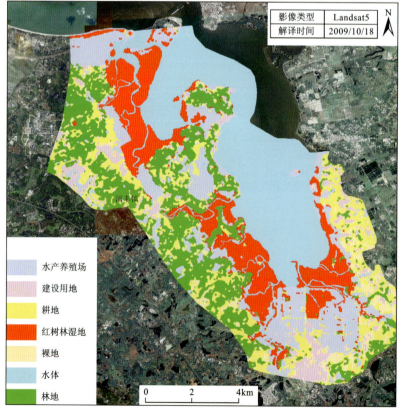

图 5-1-3　2009 年工作区土地利用类型解译图

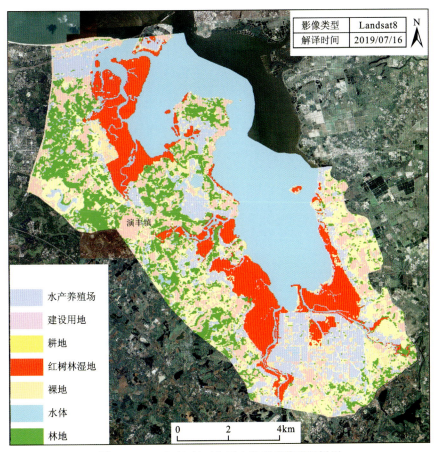

图 5-1-4 2019 年工作区土地利用类型解译图

根据 3 个时期的工作区土地利用类型解译结果建立不同时期之间的土地利用类型转移矩阵(表 5-1-1、表 5-1-2),该矩阵可以定量化分析工作区各种土地利用类型之间转换方向及数量,其数学表达式为:

$$\boldsymbol{P}_{ij} = \begin{bmatrix} P_{11} & P_{12} & \cdots & P_{1n} \\ P_{21} & P_{22} & \cdots & P_{2n} \\ \vdots & \vdots & & \vdots \\ P_{n1} & P_{n2} & \cdots & P_{nn} \end{bmatrix} \tag{5-1-1}$$

式中:$\boldsymbol{P}_{ij}$ 为土地利用类型由 i 转换为 j 的转移面积。

由土地利用转移矩阵结果可以看出,工作区 1999 年、2009 年和 2019 年工作区红树林面积分别为 20.3km²、18.8km² 和 16.9km²,总体呈减少趋势。

1999—2009 年中有 13.3% 的红树林变成了养殖区,7.9% 的红树林变成了林地,4% 的红树林变成了建筑用地、耕地、水体及裸地,说明工作区内养殖业的扩张是造成红树林退化的一个重要原因。此外,2009 年中有 2.6km² 的红树林是由 1999 年的养殖区和耕地转化得到,说明有部分区域养殖和种植的模式发生了变化。从 1999 年和 2009 年的土地利用解译成果图中可以看到这一模式的变化主要体现在工作区的中部和南部,即演丰河与三江河附近。

2009—2019 年中有 5.9% 的红树林变成了水体,5.9% 的红树林变成了耕地,5.3% 的红树林变成了养殖区,1% 的红树林变成了建筑用地、裸地和林地,说明人类活动(养殖与耕地)仍是造成红树林退化的主要原因。但是 2019 年养殖面积(15.5km²)比 2009 年(19.7km²)小,反映工作区有保护红树林的举措(退塘还林)。从 2009 年与 2019 年的解译成果图看,红树林面积的变化主要体现在工作区中部及东南角,即演丰河与三江—上园一带。

表 5-1-1　1999—2009 年土地利用类型转移矩阵　　　　　　　　　　　　　　　　　　单位：km²

类别		2009 年土地利用类型面积							总计
		养殖	建筑用地	耕地	红树林	裸地	水体	林地	
1999 年	养殖	10.2	0.9	1.4	1.1	0.6	0.3	0.3	14.8
	建筑用地	0.5	1.1	1.3	0.0	0.6	0.0	0.2	3.7
	耕地	4.8	3.2	10.6	1.5	2.3	0.1	9.7	32.2
	红树林	2.7	0.3	0.5	14.5	0.1	0.8	1.6	20.3
	裸地	0.1	0.1	0.3	0.4	0.0	0.0	0.4	1.4
	水体	0.9	0.0	0.1	0.8	0.0	31.5	0.1	33.4
	林地	0.5	0.5	2.2	0.4	0.8	0.0	10.8	15.3
总计		19.7	6.3	16.6	18.8	4.3	32.7	23.0	121.2

表 5-1-2　2009—2019 年土地利用类型转移矩阵　　　　　　　　　　　　　　　　　　单位：km²

类别		2019 年土地利用类型面积							总计
		养殖	建筑用地	耕地	红树林	裸地	水体	林地	
2009 年	养殖	11.3	1.2	2.2	0.8	2.1	1.3	0.8	19.7
	建筑用地	0.5	2.8	2.2	0.0	0.3	0.0	0.4	6.3
	耕地	1.4	4.5	7.2	0.1	0.4	0.1	2.8	16.6
	红树林	1.0	0.4	1.1	14.6	0.1	1.1	0.5	18.8
	裸地	0.4	1.0	1.9	0.0	0.2	0.0	0.7	4.3
	水体	0.3	0.0	0.1	0.9	0.3	31.0	0.0	32.7
	林地	0.6	5.0	5.4	0.5	0.3	0.1	11.2	23.0
总计		15.5	14.9	20.1	16.9	3.8	33.7	16.3	121.2

（三）发育现状解译

1. 植被指数选取

国外许多研究表明 NDVI 与 LAI（叶面积指数）、绿色生物量、植被覆盖度、光合作用等植被参数有关（Fan et al.，2009）。NDVI 提高了土壤背景的鉴别能力，大大消除了地形和群落结构的阴影影响，削弱了大气的干扰，因而扩展了对植被盖度监测的灵敏度，本次研究选择 NDVI 指数作为反演红树林生长发育情况的最佳因子。

2. 植被覆盖度建立

植被指数的一个重要应用就是可以反演植被生物物理参数。它与植被生物物理参数（如植被覆盖度）之间存在相关关系，可以作为获得植被覆盖度的"中间变量"，或者得到两者之间的转换系数（郭铌，2003）。就植被指数与植被覆盖度之间的关系而言，已有人做过深入的研究。参考前人的研究（裴志远和杨邦杰，2000），本次工作中在 NDVI 与植被覆盖度之间建立以下关系来反演植被生长状态：

$$f = (\text{NDVI} - \text{NDVI}_{\min})/(\text{NDVI}_{\max} - \text{NDVI}_{\min}) \tag{5-1-2}$$

式中：f 为植被覆盖度；NDVI 为归一化植被指数；$\text{NDVI}_{\min}$、$\text{NDVI}_{\max}$ 分别为工作区 NDVI 最小值和最大值。

计算得到的 2019 年工作区红树林植被覆盖度结果如图 5-1-5 所示。可以发现，离铺前港越近或者越靠近海水，水动力作用越强烈，红树林的总体植被覆盖度越低，即红树林生长状况越差；而在靠近内陆和远离河水或海水的地方，水动力作用相对较小，这些区域的红树林生长情况也相对较好。

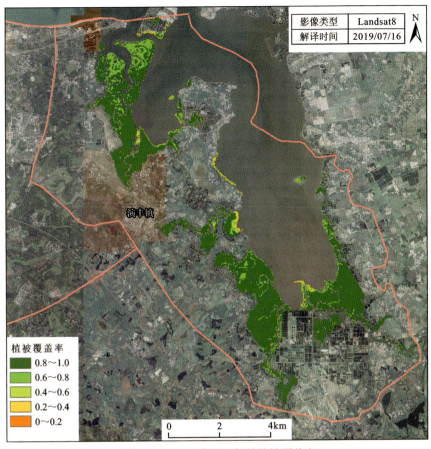

图 5-1-5 工作区红树林植被覆盖度

二、红树林湿地沉积环境演化特征

全新世以来的红树林分布受气候和海平面共同控制,除了海平面变化导致的红树林动态变化外,全新世中后期已经开始出现人类对红树林资源低水平利用的证据(刘小伟等,2006)。20世纪中叶后,人类活动对红树林的作用加剧,主要表现在红树林面积的大规模减少和红树林生态功能的急剧退化。

东寨港是 1605 年琼州大地震时期由最初的东寨河由于地震陷落而形成的,研究表明,假设海平面在过去千年尺度上没有大的变化,可以确定内湾即东寨港地震沉陷的幅度在 2.0m 左右(徐起浩,1986)。沿海多第四纪松散层,琼北地区则为大片玄武岩,其风化的细粒冲积物是红树林最适宜的滨海盐土,港内潮间带的咸淡水交互环境使得红树林可广泛发育。然而,红树林最早发育于东寨港的时间尚不可知,东寨港红树林自出现以来的演化过程也缺乏研究,遥感影像虽可进行较高分辨率的解译,但不能对第四纪地质历史时期的红树林演化过程进行研究。

本节旨在反演东寨港红树林湿地沉积演化过程,探索红树林内的出现、兴替及消亡过程,以古论今,揭示限制红树林分布与发育的生态地质要素,为海南红树林生态保护与修复提供地学决策建议。

不同深度的钻孔沉积物记录了不同时间尺度上的区域沉积环境特征,对应时期的植被分布特征及气候水文条件等。本研究以东寨港红树林湿地不同层位的钻孔沉积物为研究对象,选取东寨港西岸石路村附近红树林湿地林内(B)和林缘(分别靠近潮沟 A 和水产养殖 C)的浅部钻孔沉积物(2m)以及深部钻孔沉积物(20m,DZHSL)(图 5-1-6),对不同深度的沉积物进行 ^{210}Pb、^{137}Cs 和放射性 ^{14}C 等多重年代学分析,提取沉积物中的植被、气候和环境信号,以元素地球化学、有机碳及其同位素和花粉为主,结合沉积物的粒度等理化特征,来表征不同时间尺度下红树林生态系统的动态演化过程。

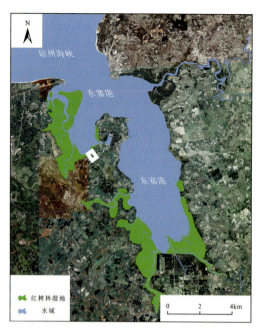
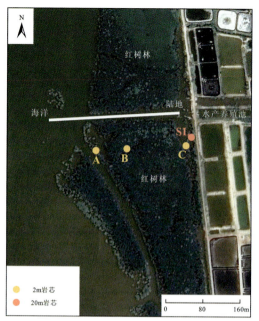

图 5-1-6 东寨港红树林湿地沉积演化的钻孔沉积物采样位置图

（一）红树林湿地钻孔沉积物的沉积地球化学特征

1. 浅部沉积物中 ^{210}Pb 反映的沉积特征及年代学分析

研究区浅部钻孔沉积柱状样中总 ^{210}Pb 活度为 29.81～89.39Bq/kg，^{226}Ra 的活度为 16.80～50.01Bq/kg，$^{210}Pb_{ex}$ 活度为 0.84～56.07Bq/kg。A、B 和 C 沉积柱的 ^{210}Pb、^{226}Ra、$^{210}Pb_{ex}$ 和 ^{137}Cs 活度剖面分别如图 5-1-7、图 5-1-8 和图 5-1-9（左）所示，总 ^{210}Pb、^{226}Ra 和 $^{210}Pb_{ex}$ 活度随深度向下而降低，^{137}Cs 活度大多低于检出限，相较于 $^{210}Pb_{ex}$ 误差更大，因此年代计算以 $^{210}Pb_{ex}$ 为准。基于 CRS 模式获得每层样品的年龄如图 5-1-7、图 5-1-8 和图 5-1-9（右），计算得到 3 根 2m 沉积柱底部年龄有略微差异。

A、B 和 C 沉积柱的底部年龄分别为 1864a、1840a 和 1811a，自陆地向红树林内到红树林外缘沉积柱底部计算年龄增大。红树林内缘沉积速率缓慢，而靠近潮沟处沉积速率增大，红树林内的沉积速率介于林缘，这说明潮流在很大程度上影响了红树林湿地的沉积速率，水动力是红树林湿地不同位置沉积差异的主要因素。当涨潮时，潮流对红树林向海区域的影响最大，由于潮流翻起泥沙带来了基质，因此沉积最快，而红树林内因为红树林根系复杂，拦截了潮流向陆地流动，因此红树林向陆边缘所受影响最小；在退潮时，潮水再次冲刷向海林缘，^{210}Pb 的沉积也会再次受到扰动，因此表层 ^{210}Pb、^{226}Ra、$^{210}Pb_{ex}$ 活度并不呈指数衰减。

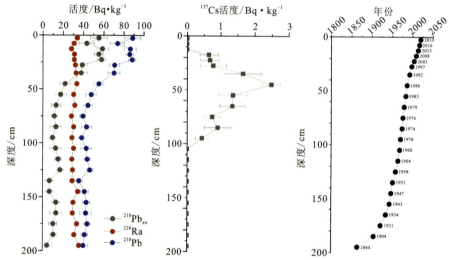

图 5-1-7 沉积柱 A 的 ^{210}Pb、^{226}Ra、$^{210}Pb_{ex}$ 和 ^{137}Cs 的活度剖面及年代层位

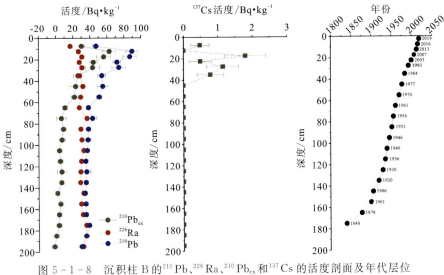

图 5-1-8 沉积柱 B 的 ^{210}Pb、^{226}Ra、^{210}Pb$_{ex}$ 和 ^{137}Cs 的活度剖面及年代层位

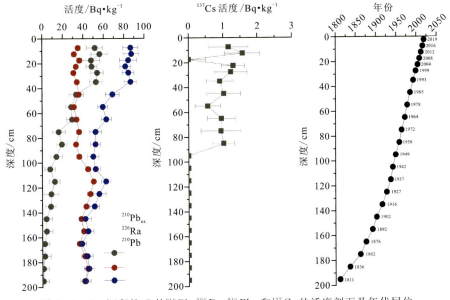

图 5-1-9 沉积柱 C 的 ^{210}Pb、^{226}Ra、^{210}Pb$_{ex}$ 和 ^{137}Cs 的活度剖面及年代层位

2. 浅部钻孔沉积物的粒度分布特征及水动力变化

A、B 和 C 柱状沉积物主要由细粒沉积物（Φ＜63μm）组成，淤泥和黏土占主导地位（56.57%～94.19%），但在不同位置的粒度分布仍有略微差异（图 5-1-10）。在近海端的沉积物中含砂量较高，最高达 43.43%，说明此处水动力作用强，潮流携带大量的颗粒物在此处沉积，在红树生长后细粒沉积物含量增加。红树林内沉积物黏土、粉砂和砂粒含量保持恒定，而靠岸潮流难以到达的地方沉积物黏土含量最高，黏土含量平均高达 68.11%。

粒度参数是以一定的数值定量地表示碎屑物质的粒度特征，单个粒度参数及其组合特征可作为判别沉积水动力条件及沉积环境的参考依据（操应长等，2010）。平均粒径和中值代表粒度分布的集中趋势，即碎屑物质的粒度一般趋向于围绕着一个平均的数值分布，在实际意义上它反映了搬运介质的平均动能。柱状沉积物 A、B 和 C 的平均粒径分别为 5.18～6.67φ、5.57～6.50φ 和 5.43～6.69φ，中值粒径分别为 4.43～6.72φ、5.06～6.52φ 和 4.91～6.70φ。从平均粒径和中值粒径来看，红树林内沉积物的粒径变化相对最小，而林缘则变化较大。沉积物的分选程度与沉积环境的水动力条件有密切关系，柱状沉积物 A、B 和 C 的分选系数分别为 1.91～2.24、1.93～2.19 和 1.81～2.06，分选系数整体较差，表明近 200 年来研究区水动力作用强烈，受到潮汐和波浪的强烈冲刷作用。分析频率曲线的偏度对于了解沉积物的成因有一定的意义，柱状沉积物 A、B 和 C 的偏度值分别为 0.01～0.49、0.05～0.43 和 0.05～0.44，红树林湿地毗邻

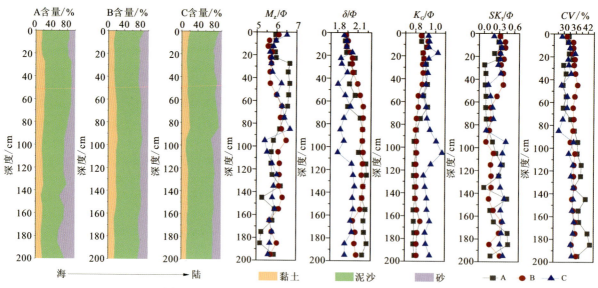

图 5-1-10 浅部沉积物中的粒度及其参数分布特征

潮沟,海滩沉积物由于潮汐、波浪高能量作用的结果多数为近对称,偏度值近于零。

水动力的大小可以通过沉积物粒度参数的变化指示(梁文栋等,2015)。用变异系数 $CV(100×\sigma/Mz)$ 来指示潮流的水动力能量,变异系数 CV 越高,代表潮流能量越高,反之越低(王万祝,2018)。柱状沉积物 A、B 和 C 的 CV 分别为 26.69~43.19、31.58~36.95 和 27.64~35.66。红树林由于根系发达,潮流能量相对稳定,变异系数差别小;而在红树林内近海缘潮流能量波动较大,变异系数差别大,红树林的沉积特征更加复杂。

3. 浅部钻孔沉积物的地球化学元素分布特征

沉积物中的元素地球化学特征与沉积物的来源、粒度组成及环境条件等关系密切(王军广,2011)。通过对 A、B 和 C 柱状沉积物样品元素地球化学实验分析的结果进行整理,绘制成元素含量垂向分布图。由含量变化曲线(图 5-1-11)可知,Al 与 Si 含量呈显著负相关,自下而上 SiO_2 含量减小,而 Al_2O_3 含量增大。常量元素以 SiO_2 为主,Al_2O_3 次之。Al 是沉积物中仅次于 Si 的造岩元素,主要以铝硅酸盐的形式赋存于细粒的黏土粒级组分中。它们在成岩作用期间相对稳定,Al_2O_3 含量从 19 世纪初逐渐增大,指示了陆源碎屑输入增多,为红树林的定植提供了物源。Na 和 K 含量总体呈相反趋势,自下而上 Na_2O 含量逐渐增大,K_2O 含量逐渐减小。不同沉积柱中 CaO 含量和 MgO 含量波动较大,总体上 CaO 含量自下而上含量降低,1m 处最低,而后又开始增加。CaO 含量变化与生物作用有关,其含量波动可能与变化的生物组成有关。

MgO 和 TFe_2O_3 含量变化显著相关,总体上 C 含量最低,B 次之,A 波动较大,这与 A 位于红树林边缘同时靠近海有关,潮流和波浪的冲刷使得该处氧化还原条件也在不断变化,而 Fe 在研究区湿热的条件下更容易在沉积物中积聚。在红树林沉积物中,Fe 可能以多种形式存在,氧化还原条件会诱导 Fe 和 Mn 以氧化物的形式沉淀,作为其他金属的吸附或共沉淀场所。Ti 属惰性元素,在表生作用中比较稳定,风化后难以形成可溶性化合物,基本上以碎屑矿物的形式被搬运,主要在黏土和重矿物如钛铁矿和金红石中,不大受化学风化强度的影响,其含量的变化反映的是陆地来源物质加入的程度,该值越高表明陆地来源物质越丰富。在红树林不同位置的沉积物中,TiO_2 含量变化很大,不同层位沉积的 TiO_2 含量也不同。

表生环境下的地球化学元素在不同的沉积环境中常常会发生不同程度的淋溶、迁移和积聚,因此地层沉积物中地球化学元素含量及其比值的变化,可以指示沉积环境的变化(戴纪翠和倪晋仁,2009)。元素比值法可以克服或降低沉积环境以外因素对元素分布的影响,因此常作为环境标志的元素比值应该具备以下条件:相同环境各个样品间分异系数较小;同环境沉积物间差值比较明显、分界清楚。据此原则,选择 Sr/Ba、CIA 和 Rb/Sr 作为主要因子进行分析(图 5-1-12)。

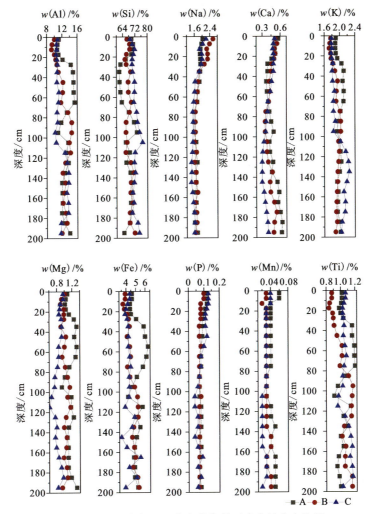

图 5-1-11　浅部沉积物中的常量元素含量分布特征

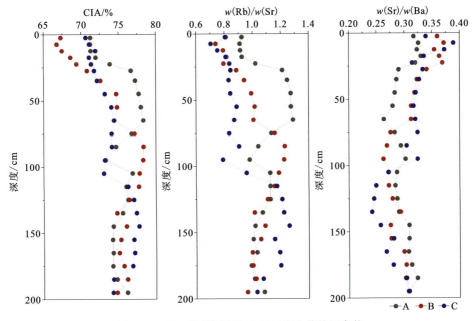

图 5-1-12　浅部沉积物中的元素比值特征参数

研究区 A、B 和 C 沉积物中 CIA 值表明,200 多年来研究区气候温暖湿润,风化作用中等。CIA 值在 0~25cm 显著减小,说明该时期风化作用程度减弱。B 中 CIA 值最小,这是由于红树林的根系发达,植被的覆盖使得沉积物质遭受较弱的风化。当深度在 1m 以下时,$w(Rb)/w(Sr)$ 比值均大于 1;深度在 1m 以上时,Rb/Sr 比值在 0.8~1.2 之间波动,指示了 19 世纪中后期海陆交互作用下潮流带走了 Sr,而 Rb 留在原地,使得不同位置的 $w(Rb)/w(Sr)$ 比值差异化。$w(Sr)/w(Ba)$ 比值自下而上整体呈现出略微增大的趋势,但其值均小于 0.4,表明该区域气候温热湿润。

柱状沉积物中稀土元素的含量和分布记录了不同时期稀土元素叠加的历史变迁,因此东寨港红树林湿地柱状沉积物稀土元素含量变化可反映出东寨港周边养殖业以及自然生态环境的时间变化(王鸿平等,2018)。将沉积物的稀土元素数据进行球粒陨石和北美页岩组合样(NASC)归一化后绘制稀土元素配分曲线,不同位置的曲线均具有相同的配分模式,说明 2m 沉积物源一致,均由当地母岩风化而来(图 5-1-13)。

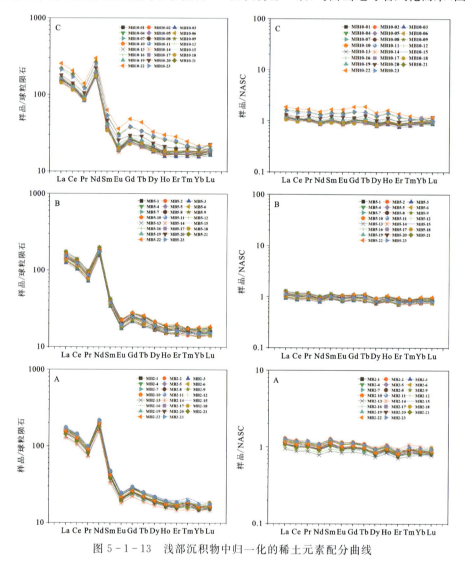

图 5-1-13 浅部沉积物中归一化的稀土元素配分曲线

4. 深部钻孔沉积物的沉积年代学

本次研究选择沉积物来测定地层年龄。按照地层深度分别对钻孔 DZHSL 中的 11 件沉积物样品进行放射性碳测年,沉积物样品的 AMS 加速器测试及校正结果显示,随深度增加,沉积物年龄增大。从测试结果和年龄-深度模型来看,钻孔 DZHSL 在 8m 位置的沉积物年龄约为 10 270cal ka BP,此后进入全新世。因为 20m 处的沉积物测试样品在采集与测试过程中可能受到污染,其测试结果与预期不符。但根据全部测试结果可以推测,钻孔 DZHSL 的底部沉积物沉积于晚更新世,因此该钻孔的地球化学特性可以反映该地区自晚更新世以来的沉积特征和环境变化。

5. 深部钻孔沉积物的地球化学元素分布特征

通过对深部钻孔 DZHSL 的 80 件沉积物样品进行元素地球化学,将分析结果进行整理,绘制成元素含量垂向分布图。根据岩芯常量元素含量变化曲线(图 5-1-14),可将该时期以来的沉积过程分为 3 个阶段:16～20m、8～16m 和 0～8m,将钻孔根据岩性特征自下而上划分,16～20m 主要为砂和砂砾石,8～16m 为粉砂,0～8m 以黏土为主。

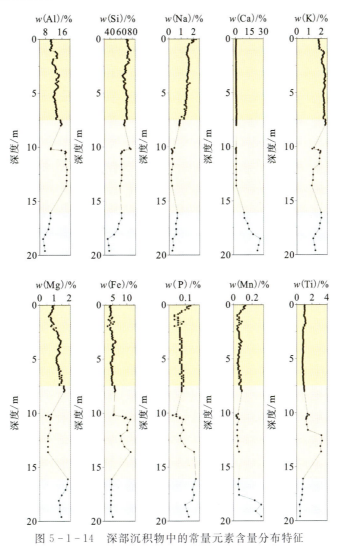

图 5-1-14 深部沉积物中的常量元素含量分布特征

第一阶段(16～20m,晚更新世):Al_2O_3、SiO_2 和 Na_2O 含量在该阶段均逐渐增大,含量变化范围分别为 7.51%～10.31%(平均含量 8.55%)、35.3%～60.27%(平均含量 48.28%)和 0.25%～0.66%(平均含量 0.48%)。低含量的 Al_2O_3 说明该阶段缺少陆源碎屑物质的输入,主要为海相沉积。CaO 含量在该阶段先增大后减小,在 18.5m 处增大至 26.3% 后逐渐减小至 8.90%,该阶段平均含量为 17.23%。高 CaO 含量表明该处主要沉积为碳酸盐沉积环境。K_2O 和 MgO 含量在该阶段变化一致,表明该阶段沉积环境比较稳定。

第二阶段(8～16m,晚更新世晚期至早全新世):Al_2O_3 和 SiO_2 含量均显著增加,而 Na_2O 含量减少。Al_2O_3 含量增加,说明该阶段有了陆源碎屑物质的输入。该阶段 TiO_2 含量显著增加至 3.34%,也表明陆地径流输入增加,说明沉积环境发生变化。CaO 含量在该阶段显著降低至 1% 以下,表明此处生物活动减少,不同于第一阶段的碳酸盐沉积。MgO 含量在该阶段含量略微降低至 1% 以下,而 K_2O 含量变化较小。TFe_2O_3 含量在此阶段波动性增大,变化范围为 5.18%～11.36%,其平均含量为 8.84%,指示了沉积环境的氧化还原条件发生改变且常处于波动状态。

第三阶段(0～8m,中全新世):Al_2O_3 含量总体降低,而 SiO_2 含量总体增加。在此阶段 Na_2O 含量显著增加至 1.70%,平均含量为 1.39%。CaO 含量相比第二阶段略微增加,但在该阶段基本没有变化。K_2O 和 MgO 含量先分别增大至约 2.35% 和约 1.45%,其平均含量分别为 2.24% 和 1.34%,后在 3.5m 处开始减小。TFe_2O_3 含量在此阶段相对稳定,含量变化范围为 4.05%～6.10%,平均含量为 4.95%。

研究区深部钻孔沉积物中 CIA 值可将该时期的沉积分为 3 个阶段(图 5-1-15),在 16～20m、8～16m 和 0～8m,其值范围分别为 19.19%～46.85%(平均值为 32.33%)、81.72%～90.54%(平均值为 87.89%)和 72.48%～80.51%(平均值为 75.58%)。根据不同阶段的 CIA 值可以发现,在 16～20m,该阶段应该为海相沉积,风化作用非常弱,而 8～16m 段风化作用显著增强,说明这段时期该地区不再是海洋环境,可能是地壳抬升或者海退使得研究区地层出露,发生了强风化作用;而在 0～8m 段风化作用相对减弱,推测该时期发生了海侵,出露的地层再次被海水淹没,因此风化作用没有第二阶段强烈。

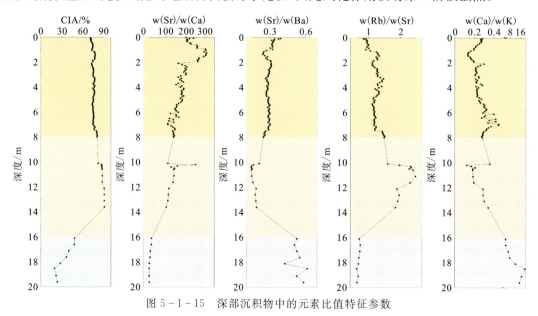

图 5-1-15 深部沉积物中的元素比值特征参数

研究区基岩为玄武岩,该区域第四纪沉积为玄武岩风化沉积。将深部钻孔沉积物的稀土元素数据进行北美页岩组合样(NASC)归一化后绘制稀土元素配分曲线,80 件样品的配分曲线表现出一致性,说明该区域物源一致。

(二)红树林湿地钻孔沉积物中的有机质对环境变化的指示

陆生植物的 $\delta^{13}C$ 平均值约为 -25‰,其值取决于植物光合作用的循环类型。大多红树林植物通过 C_3 代谢途径来进行光合作用,其 $\delta^{13}C$ 值介于 -25.7‰～-32.2‰ 之间,平均值为 -27‰。研究表明,红树植物大多为 C_3 光合作用类型。研究区红树植被主要为秋茄,它是典型的 C_3 植被。红树植物的高矮在孢粉的差异很微弱,但却由显著不同的稳定 $\delta^{13}C$ 和 $\delta^{15}N$ 同位素组成,矮树具有相对较重的 $\delta^{13}C$ 值和相对较轻的 $\delta^{15}N$ 值。

海岸带地区沉积物中同位素信号结合碳氮比可有效区分有机质源(张龙吴,2019)。陆生高等植物富含纤维素且不含氮化合物,因此根据碳氮比可以区分不同类型来源(淡水和海洋藻类、陆地 C_3 和 C_4 植物)的有机质。海洋有机物质的 C 与 N 的含量比值通常在 4～10 之间,而陆生植物的 C 与 N 含量比值一般大于 20。

1. 浅部钻孔沉积物中有机质分布特征及环境指示

柱状沉积物 A、B 和 C 的 $\delta^{13}C$ 和 $\delta^{15}N$ 的含量变化范围数理统计结果表明,红树林湿地林内(B)的沉积物具有相对较轻 $\delta^{13}C$ 值,而红树林林缘(分别靠近潮沟 A 和水产养殖虾塘试验区 C)的 $\delta^{13}C$ 值则相对较重。

浅部柱状沉积物中 TC、TOC 和 TN 的含量及 $w(C)/w(N)$ 自下而上整体呈现出增大趋势,而 $\delta^{13}C$ 和 $\delta^{15}N$ 值自下而上总体减小(图 5-1-16)。有机质含量(TOC 和 TN)和有机质组成(TOC/TN、$\delta^{13}C$、$\delta^{15}N$)的演变历史表明,自 20 世纪中期以来,该区域植被类型发生了改变。TOC 和 TN 在 1950 年开始逐渐增

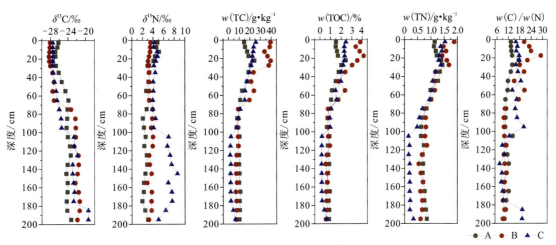

图 5-1-16　浅部沉积物中有机质及同位素的垂向分布

大,指示了有机质的迅速输入,植被的大量发育使得有机质在此地逐渐积累。

将研究区红树林林缘和林内不同层位沉积物的 $\delta^{13}C$ 和 $w(C)/w(N)$ 数据作散点图,正方形、圆形和三角形符号分别代表 A、B 和 C,以空心和实心区分 1m 上下的样品,即空心符号代表 1～2m 的数据点,实心符号代表 0～1m 的数据点。不同 $\delta^{13}C$ 和 $w(C)/w(N)$ 限定的不同有机质来源在图中用色块区分,主要分为细菌来源、海洋藻类、海洋颗粒有机碳、海洋溶解性有机碳、淡水藻类、淡水颗粒有机碳、淡水溶解性有机碳和河口溶解性有机碳,以及陆生 C_3 植被和陆生 C_4 植被。从图 5-1-17 中可以发现,研究区从 1800 年以来的有机质来源发生变化,在 20 世纪中期前沉积物中有机质主要源于海洋,在 1950 年之后逐渐由海源有机质向陆源有机质过渡,主要来源于陆生 C_3 植被。研究区的红树植被主要为秋茄群落,它是典型的 C_3 植被,红树林叶片凋落后,在原地积累使得沉积物中有机质不断在原地沉积,植物的凋落物在沉积过程中会因为微生物降解而减少,但红树林生长于海陆交互带,东寨港为半日潮,潮水的反复淹浸会使得沉积环境处于缺氧状态,从而使得红树林下有机质分解减速,得以不断累积。

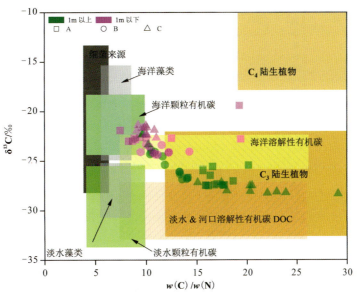

图 5-1-17　浅部沉积物中 $\delta^{13}C$ 和 $w(C)/w(N)$ 指示有机质来源

脂类生物标志物是沉积物有机质中能够溶于醚、苯、氯仿等有机溶剂而不溶于水的化合物,包括正构烷烃、脂肪酸、多环芳烃、烷醇、三萜类化合物、甾醇等,它们具有很强的结构多样性和生物特异性,由于其来源的特异性和相对抗降解性,可以用于识别沉积物中有机质来源(杨庶,2009)。正构烷烃(n-alkanes)、正烷醇(n-alkanols)和正脂肪酸(n-FAs)代表着不同的植物来源,这些脂质可以作为不同植被有机质的指纹,但目前还不能很好地区分红树林和陆生植物的有机质。

沉积柱 A、B 和 C 中 ΣC_{15-35} 的含量范围分别为 0.92~5.17μg/g（平均值为 3.26μg/g）、1.39~12.07μg/g（平均值为 4.04μg/g）和 0.49~4.15μg/g（平均值为 1.90μg/g），显然在红树林内部正烷烃总含量是最高的，红树林茂密区红树林叶片是该处烷烃含量最高的直接贡献，虽然有研究报道红树林沉积物中最主要的埋藏有机质并不是红树林的直接来源。

表 5-1-3、图 5-1-18 显示，在沉积柱 A、B 和 C 中，$w(Pr)/w(Ph)$ 的范围为 0.03~0.43（平均值为 0.22）、0.13~2.13（平均值为 0.43）、0.08~0.84（平均值为 0.44），几乎所有样品的 $w(Pr)/w(Ph)$ 小于 1，表明两个世纪以来研究区沉积环境常处于缺氧条件。但在钻孔 B 的约 27cm（约 2000 年）和 105cm（约 1946 年）处 $w(Pr)/w(Ph)$ 分别为 1.63、2.13，这表示该时期沉积环境相对其他时期富氧。所有样品的 CPI 值都大于 1，说明研究区 2m 处沉积物中的有机质都来源于植物，且正烷烃以奇数碳链为主。在所有的钻孔中，沉积柱 B 的 CPI 值最低，表明研究区两个世纪以来的植物源有机质输入较外侧区域贡献更大。ACL 值在不同位置的变化微小，其值大多介于 28~30 之间，尤其是在 1~2m 沉积层中，表明该区域为植被混合生长区。在红树林内表层 10cm 处 ACL 值为 26.66，表明红树林茂密生长区以 C_3 呼吸的红树为主。从研究区钻孔沉积物中 TAR 和 $\Sigma T/\Sigma M$ 值来看，19 世纪初以来该值总体增大，表明海源有机质在不断增加。Paq 的范围为 0.19~0.50（平均值为 0.28）、0.17~0.72（平均值为 0.25）、0.06~0.35（平均值为 0.21），由此可知研究区 19 世纪以来的埋藏有机质以陆源输入为主。在沉积柱 A、B 和 C 中，H/W 的范围为 0.29~0.45（平均值为 0.37）、0.27~0.49（平均值为 0.40）、0.08~0.65（平均值为 0.41）。在所有沉积物样品中，H/W 大多小于 0.5，表明两个世纪以来，研究区始终以木本植物为主。

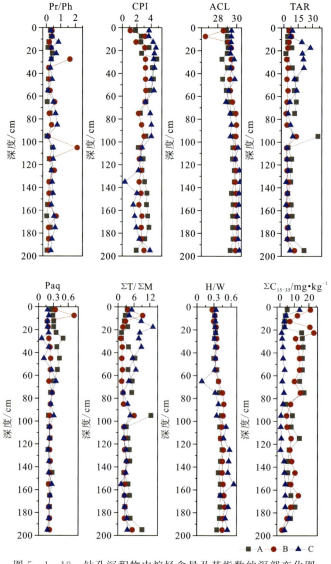

图 5-1-18 钻孔沉积物中烷烃含量及其指数的深部变化图

表 5-1-3 钻孔沉积物中脂类生物标志物烷烃含量描述性统计结果

指标	$w(Pr)/w(Ph)$			CPI			ACL			TAR		
编号	最大值	最小值	平均值	最大值	最小值	平均值	最大值	最小值	平均值	最大值	最小值	平均值
A	0.43	0.03	0.22	4.81	1.83	3.18	29.79	28.46	29.29	36.07	2.28	9.44
B	2.13	0.13	0.43	3.25	1.08	2.68	30.04	26.66	29.54	13.24	2.41	4.80
C	0.84	0.08	0.44	4.66	0.36	3.23	30.36	28.87	29.73	27.86	2.35	9.34

指标	$\Sigma T/\Sigma M$			Paq			H/W			$\Sigma C_{15-35}/\mathrm{mg\cdot kg^{-1}}$		
编号	最大值	最小值	平均值	最大值	最小值	平均值	最大值	最小值	平均值	最大值	最小值	平均值
A	12.47	1.32	4.31	0.50	0.19	0.28	0.45	0.29	0.37	16.79	3.04	9.52
B	9.24	1.10	2.84	0.72	0.17	0.25	0.49	0.27	0.40	23.36	4.63	11.00
C	13.15	1.18	4.70	0.35	0.06	0.21	0.65	0.08	0.41	13.54	0.49	3.05

注：① $w(Pr)/w(Ph)$ 比值(Pristane/Phytane)由 Brooks 等(1969)提出，随后由 Powell 和 McKirdy(1973)进一步完善。
② 碳优势指数(Carbon Preference Index，CPI)估计了奇/偶链数相对丰度，指示了沉积物中正构烷烃的来源，可表征有机物质的新鲜与古老程度(孙蕴婕等，2011)。值大于 1 表示奇数碳链大于偶数碳，沉积物输入的有机物为植物源；值小于 1 表示沉积物中细菌、藻类和降解有机质的输入，即沉积物中降解有机质的输入(Kumar et al.，2019)。
③ 平均碳链长度(Average Chain Length，ACL)是由 Cranwell 等(1987)提出的，用来描述陆地和海洋输入的相对含量，可表征植被的种类变化与降解程度(孙蕴婕等，2011)。陆生植物(C_3)叶片蜡质组分在 C_{27} 时表现出 C_{max}，因此趋近于较低的 ACL，而禾草(C_4)叶片蜡质组分在 C_{31} 时表现出 C_{max}，因此趋近于较高的 ACL(Rommerskirchen et al.，2006)。
④ 陆生/水生植物比(Terrestrial Aquatic Ratio，TAR)是在长链和短链烷烃的比值，由 Bourbonniere 和 Meyers(1996)提出，用来估算陆源和水生 OM 输入到沉积物中的量。该参数值越低，表明表浮游植物/藻类衍生有机质在河口沉积物中更为显著，而高值表明红树林沉积物中高等植物衍生的不成熟 OM 的主导地位(Ranjan et al.，2015)。
⑤ 陆源/海相(Terrigenous/marine，$\Sigma T/\Sigma M$)能较准确地指示沉积有机质来源，即陆源或海源 OM 输入(赵美训等，2011)。
⑥ Paq 是基于中链正构烷烃($C_{23,25}$ n-alkanes)相对于长链正构烷烃($C_{23,25,29,31}$ n-alkanes)的相对丰度，能够指示沉水或浮水植物和挺水植物和陆生植物的相对 OM 贡献(Ficken et al.，2000)。Paq 指数(也称为 Pmar-aq)用于研究新西兰以阿维森纳滨海红树林为主的亚热带河口，当 Paq 较低(0.01~0.25)，表明有机质主要来自陆源输入，中值(0.4~0.6)表明有机质来自红树林等水生植物，高值(>0.6)表明有机质来自水生植物和海洋大型植物(Sikes et al.，2009)。
⑦ 在草本植物/木本植物(Herbaceous/Woody，H/W)比值代表草和木本植物之间的原地分子化石，较高的值(0.5)表明草地生物量的优先贡献(Kumar et al.，2019)。
⑧ 沉积有机质中正构烷烃的长链组分(即烷烃分子的碳骨架上拥有 27~33 个碳原子)来自于高等植物，中链组分(M，21~25 个碳原子)来自于挺水或沉水的宏观藻，而短链组分(15~20 个碳原子)来自于浮游藻类(何毓新，2020)。其中长链正构烷烃($C_{27,29,31,33}$ n-alkanes)是红树林叶片表面表皮蜡质的特征成分，是表征陆源有机碳的经典指标，其指示了高等植物有机质输入，包括红树植物和陆生植物(褚梦凡等，2021)。

$$CPI = \frac{1}{2}\left[\frac{\sum C_{25-33}(\text{odd})}{\sum C_{24-32}(\text{even})} + \frac{\sum C_{25-33}(\text{odd})}{\sum C_{26-34}(\text{even})}\right]$$

$$ACL = \sum(C_i \times i)/\sum C_i \quad (i = 25-33)$$

$$TAR = \frac{\sum C_{27-31}(\text{odd})}{\sum C_{15-19}(\text{even})}$$

$$\sum T/\sum M = \sum C_{25-35}/\sum C_{15-21}$$

$$Paq = \frac{\sum(n-C_{23} + n-C_{25\,\text{alkanes}})}{\sum(n-C_{23} + n-C_{25} + n-C_{29} + n-C_{31\,\text{alkanes}})}$$

由图 5-1-19 可知，向海到近陆红树林沉积物中 ACL 值逐渐增大，不同位置的 CPI 值差异很小，说明近陆的高等植物有机质输入更显著。总烷烃含量在近海红树林沉积物中更高，其中长链烷烃与总烷烃变化一致，说明红树林沉积物中的有机碳积累以陆生高等植物有机碳输入为主。红树林叶片角质层中的三萜醇，包括稳定的蒲公英萜醇(Taraxerol)，携带分子指纹进入碎屑和邻近的沉积物，是进行古红树林重建的有效指标。张道来等(2015)在海口红树林海岸带样品中检出的蒲公英萜醇含量为 15.07 $\mu g/kg$。本次研究没有检测出该目标化合物,但检测出羽扇豆醇等特征化合物,这类生物标志物也存在于红树属、拉关木和白骨壤的叶片中。

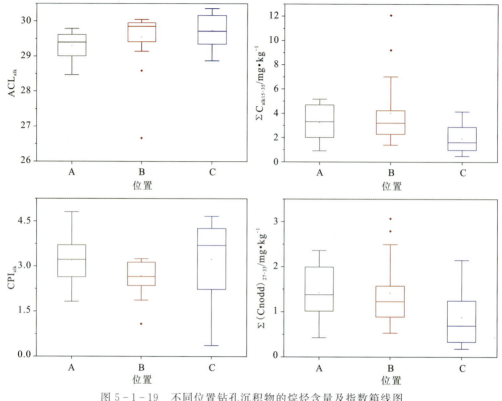

图 5-1-19 不同位置钻孔沉积物的烷烃含量及指数箱线图

脂类标记物中甘油二烷基甘油四醚(Glycerol Dialkyl Glycerol Tetraethers,简称 GDGTs)中 GDGT-0/1/2/3 和 Crenarchaeol 源自古菌,支链 brGDGTs-Ⅰ/Ⅱ/Ⅲ源自细菌,其中 Crenarchaeol 为泉古菌醇。支链和类异戊二烯四醚指数(BIT)对土壤和海洋有机质的贡献尤为敏感,土壤中 BIT 值为 0.89±0.06,而海洋有机质中 BIT 值为 0.11±0.09。据图 5-1-20,向海到近陆红树林沉积物中 BIT 值逐渐增加。近陆红树林沉积物中 BIT 值显著更高,接近于土壤端元的 BIT 值,且近陆红树林沉积物中 BIT 值表现出海洋与土壤有机质的混合特征。

$$BIT = \frac{br-GDGT-Ⅰ + br-GDGT-Ⅱ + br-GDGT-Ⅲ}{br-GDGT-Ⅰ + br-GDGT-Ⅱ + br-GDGT-Ⅲ + crenarchaeol} \quad (5-1-3)$$

综合脂类生物标志化合物含量及其参数分析表明,东寨港两个世纪以来沉积环境常处于缺氧条件,该时期为河口淹水环境。覆盖的植被以陆生植被为主,其中包括大面积的红树林。

2. 深部钻孔沉积物中有机质分布特征及环境指示

深部沉积物 DZHSL 深度为 20m,底部已经到达采样区基岩,浅部钻孔 C 与深钻 DZHSL 采样位置大概相同,且为同一时期采集,因此在下文中一并分析 $δ^{13}C$、TOC 含量和 $w(C)/w(N)$。为了探究钻孔沉积以来的有机质来源,分别测得 $δ^{13}C$、TOC 含量和 $w(C)/w(N)$ 指标,其变化范围分别为 $-26.92‰ \sim -21.80‰$(平均值为 $-24.91‰$)、$0.06 \sim 1.90$ g/kg(平均值为 -0.72 g/kg)、$1.96 \sim 29.1$(平均值为 12.08)。根据 TOC 含量、$δ^{13}C$ 和 $w(C)/w(N)$ 的不同,可将钻孔沉积物自下而上分为 $16 \sim 20$m、$8 \sim 16$m 和 $0 \sim 8$m 共 3 个阶段。在不同阶段,这 3 个指标变化显著,该变化与钻孔岩性变化相一致。TOC 含量和 $w(C)/w(N)$ 在第一阶段($16 \sim 20$m)和第二阶段($8 \sim 16$m)保持相对稳定,在第三阶段($0 \sim 8$m)TOC 含量和 $w(C)/w(N)$ 逐渐增大,在 2m 处再次减小,在 1m 以上再次开始增大,至地表 TOC 含量达到最大,为 2.44g/kg。而 $δ^{13}C$ 在第一阶段从 $-25.05‰$ 逐渐增大至 $-24.12‰$;在第二阶段范围为 $-23.60‰ \sim -21.80‰$,平均值为 $-22.64‰$;在第三阶段先变小后变大,于 2m 处达到最大值 $-19.41‰$,向上又减小到 $-27.46‰$(图 5-1-21)。

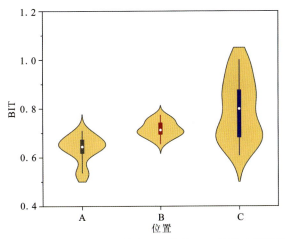

图 5-1-20 不同位置钻孔沉积物的 BIT 指数小提琴图

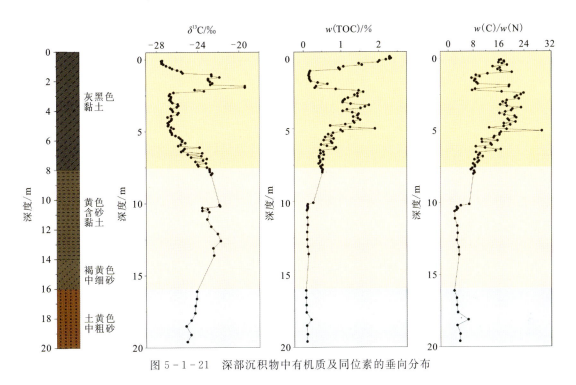

图 5-1-21 深部沉积物中有机质及同位素的垂向分布

已有研究表明,海源有机质 $w(C)/w(N)$ 值通常在 $4\sim10$ 之间,而陆源有机质的 $w(C)/w(N)$ 一般大于 20。本研究中,$8\sim20m$ 段的有机质以海源为主;$0\sim8m$ 段的 $w(C)/w(N)$ 大多为 $8\sim20$,表明该时期有机质为海陆混合来源,此时沉积环境为海陆交互带,这是红树林生长的必要条件之一。红树林的生长发育导致有机质逐渐沉积。

将研究区红树林林缘和林内不同层位沉积物的 $\delta^{13}C$ 和 $w(C)/w(N)$ 数据作散点图(图 5-1-22),用不同颜色区分不同深度,可将所有数据分为 3 个阶段,与前述岩性区分一致。$10\sim20m$ 沉积时为海洋环境,有机质来源以海洋藻类为主。$2\sim8m$ 沉积时为河口环境,为咸淡水交互区,东寨港是红树林生长的天然场地,此时沉积有机质来源为含陆生 C_3 植被输入,部分有机质来源为红树植被输入。

(三)红树林湿地钻孔沉积物中孢粉反映的植被演替过程

1. 浅部钻孔沉积物中孢粉的分布特征及植被演替过程

本次仅选择 C 沉积柱 $1\sim2m$ 的 10 个孢粉样品,样品在实验室里经过盐酸→氢氟酸→盐酸等化学处理,换水清洗到中性后,在离心机上进行离心浮选,最后制成活动玻片在生物显微镜下进行观察、鉴定、统计。

孢粉鉴定结果表明,共计陆生植物花粉 4495 粒,平均每个样品 450 粒,孢粉总浓度为 1308 粒/g,共发

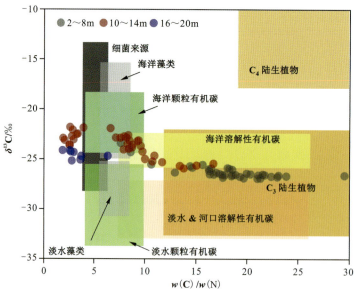

图 5-1-22 深部沉积物中 $\delta^{13}C$ 和 $w(C)/w(N)$ 指示有机质来源

现并鉴定了 133 个科属的植物花粉,其中包括 74 个科属的木本植物花粉。根据镜下孢粉鉴定统计分析结果,按照植物气候类型代表性特征选取孢粉总浓度、孢粉总数、木本植物、草本植物、蕨类孢子、松属、泪杉属(陆均松属)、竹节树属、角果木属、常绿栎属、大戟科、血桐属、海漆属、禾本科、大戟属、水龙骨科、凤尾蕨属、桫椤属、海金沙属、金毛狗属、膜蕨属、鳞盖蕨属、单缝孢等 23 个数量指标,运用孢粉专业作图软件 Tilia 作出孢粉百分含量图(图 5-1-23)。

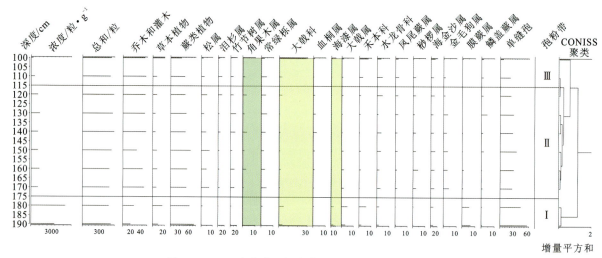

图 5-1-23 东寨港 C 沉积柱 1~2m 孢粉百分含量图

注:不同类别孢粉统计单位为%。

根据 $^{210}Pb_{ex}$ 的定年结果,A、B 和 C 沉积柱 1~2m 大致为 1811—1942 年 130 多年间的连续沉积。从孢粉百分含量图中可以发现,此间连续沉积中红树花粉积累较少,种属单一,表明红树在这段时间内并不广泛发育。其中,虽然有真红树角果木属(Ceriops)发育,以及半红树大戟科(Euphorbiaceae)和海漆属(Excoecaria)(仅见于 2m 底部)发育,但角果木属也不是优势群落。不同时期花粉浓度也不同,角果木属(Ceriops)几乎一直存在,但大戟科(Euphorbiaceae)和海漆属(Excoecaria)仅在部分层位存在。根据孢粉图谱中孢粉的组合变化将该时期分成了 3 个孢粉带,不同孢粉带的优势群落不同。在孢粉 I 带(1811—1862 年)中,优势群落以单缝孢属(Monolete spores)为主;在孢粉 II 带(1862—1927 年)中,在单缝胞属(Monolete spores)的基础上,角果木属(Ceriops)、石松属(Pinus)、竹节树属(Carallia)、常绿栎属(Cyclobalanopsis)、海金沙属(Lygodium)等发育并逐渐占据主导地位;在孢粉 III 带(1927—1942 年)中,单缝胞属(Monolete spores)占比显著下降,未见新群落。

2. 深部钻孔沉积物中孢粉的分布特征及植被演替过程

在东寨港红树林西岸靠近港口处采集深部钻孔沉积物,分析 2～6m 的高分辨率孢粉样品 40 件。样品在实验室里经过盐酸→氢氟酸→盐酸等化学处理,换水清洗到中性后,在离心机上进行离心浮选,最后制成活动玻片在生物显微镜下进行观察、鉴定、统计。孢粉鉴定结果表明,共计陆生植物花粉 17 341 粒,平均每个样品 434 粒,孢粉总浓度为 7485 粒/g,共发现并鉴定了 175 个科属的植物花粉,其中包括 100 个科属的木本植物花粉。

根据镜下孢粉鉴定统计分析结果,按照植物气候类型代表性特征选取孢粉总浓度、孢粉总数、木本植物、草本植物、蕨类孢子、松属、陆均松属、阿丁枫属、红树科、红树属、木榄属、竹节树属、角果木属、秋茄树属、落叶栎属、常绿栎属、栗属/栲属、榆属、大戟科、银柴属、血桐属、野桐属、桑科、卫矛科、猕猴桃属、禾本科、藜科、蒿属、苦苣苔科、马鞭草科、唇形科、莎草科、水龙骨科、水龙骨属、蹄盖蕨科、凤尾蕨科、桫椤属、海金沙属、金毛狗属、鳞盖蕨属、单缝孢属等 41 个数量指标,运用孢粉专业作图软件 Tilia 作出孢粉百分含量图(图 5-1-24)。

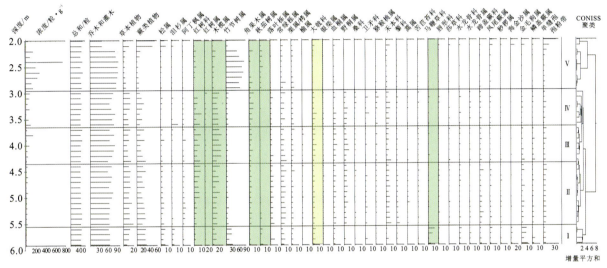

图 5-1-24　东寨港 B 沉积柱 2～6m 孢粉百分含量图

注：不同类别孢粉统计单位为%。

从孢粉百分含量图中可以发现,东寨港 2～6m 连续沉积中均有红树花粉积累,其中红树科(Rhizophoraceae)、红树属(Rhizophora)、木榄属(Bruguiera)、角果木属(Ceriops)、秋茄树属(Kandelia)等已经发育,但不同时期其疏密发生变化。根据花粉数量及其组合特征在岩芯上的垂直变化,结合 CONISS 聚类分析,自下而上将该时期划分成为带Ⅰ、带Ⅱ、带Ⅲ、带Ⅳ和带Ⅴ共 5 个孢粉带,不同孢粉带的优势群落不同。

孢粉带Ⅰ(深度 5.5～6.0m):木本植物花粉丰富,含量约为 60%。其中以竹节树属(Carallia)、木榄属(Bruguiera)和常绿栎属(Cyclobalanopsis)为主,含量分别为 20%～30%、约 15% 和 5%。草本植物花粉含量均较低,在 20% 以下,其中马鞭草科(Verbenaceae)在后期均逐渐增多至 10%。蕨类孢子含量约为 30%,其中金毛狗属(Cibotium)、水龙骨科(Polypodiaceae)和单缝孢属(Monolete spores)占主导,都在 10% 以下。

孢粉带Ⅱ(深度 4.4～5.5m):木本植物花粉极其丰富,含量 55%～80%。红树科(Rhizophoraceae)花粉含量显著增多至 5% 以上,指示了红树林的生长。草本植物花粉以禾本科(Gramineae)和野桐属(Mallothus)为主,含量均为 5%～10%。蕨类孢子含量为 20%～40%,以单缝孢属(Monolete spores)为主导,金毛狗属(Cibotium)部分层位出现,而水龙骨科(Polypodiaceae)几乎没有。

孢粉带Ⅲ(深度 3.6～4.4m):木本植物花粉不断增加至 85%,其中木榄属(Bruguiera)也随之增加至 20%,红树科(Rhizophoraceae)花粉含量与孢粉带Ⅱ一致,常绿栎属(Cyclobalanopsis)相比带Ⅰ、带Ⅱ减少。草本植物花粉含量相较于带Ⅱ，血桐属（Macaranga）含量增加，但仍低于5%。蕨类孢子含量为10%～40%，在不同层位略有差别，仍以单缝孢属（Monolete spores）为主导群落，而金毛狗属（Cibotium）仅在较下层位出现。

孢粉带Ⅳ（深度3.0～3.6m）：木本植物花粉总含量与带Ⅲ保持一致，但木榄属（Bruguiera）在带Ⅳ中含量显著下降至15%，与带Ⅱ水平相当。红树科（Rhizophoraceae）花粉含量略微减少，而角果木属（Ceriops）从带Ⅱ开始逐渐增加至5%。草本植物花粉含量增加，与带Ⅱ含量相近，仍以禾本科（Gramineae）、野桐属（Mallothus）和血桐属（Macaranga）为主，含量均低于10%。蕨类孢子以低含量的金毛狗属（Cibotium）为主，其他群落几乎不见。

孢粉Ⅴ带（深度2.0～3.0m）：木本植物花粉含量在带Ⅴ达到90%以上，其中竹节树属（Carallia）花粉含量为60%～90%。秋茄树属（Kandelia）在带Ⅴ重新出现，且含量自下而上逐渐增加，但总体小于5%；而角果木属（Ceriops）含量较带Ⅳ显著降低。本带中草本植物花粉和蕨类孢子含量非常低，几乎不可见。

根据5个不同分带的群落组合特征及其含量分布，可以发现带Ⅱ（4.4～5.5m）和带Ⅳ（3.0～3.6m）的组合与含量类似，均以木榄属（Bruguiera）和红树科（Rhizophoraceae）为主，带Ⅲ（3.6～4.4m）与带Ⅱ、Ⅳ组合相似，但含量更高。而带Ⅰ（5.5～6.0m））和带Ⅴ（2.0～3.0m）以角果木属（Ceriops）为优势群落，含量高达85%。在2～6m的连续钻孔沉积物中，木本植物花粉一直处于主导地位，且含量自下而上整体增加；而草本植物花粉和蕨类孢子相对含量一直低于30%，且自下而上含量递减。

（四）沉积演化对红树林生长发育的指示意义

海南岛东寨港红树林湿地钻孔沉积物揭示了该地区晚更新世以来的沉积历史和环境演变过程，同时重建了全新世以来区域红树林的演替历史。更新世为海相碳酸盐岩沉积，主要有机质来源为海洋藻类。晚更新世晚期至早全新世，生物活动减少，陆地径流输入增加，有机质来源为海陆混合来源。该时期风化作用显著增强，沉积环境中氧化还原条件波动，发生了海平面下降事件。中全新世以来，风化作用相对减弱，沉积有机质来源为含陆生C_3植被输入，推测此时已经形成了现在的河口环境，红树林自此发育。

中全新世以来红树林花粉的连续积累和有机质的迅速输入指示了以红树林为优势群落的植被大量发育使得有机质在此地逐渐积累。先锋红树植物[木榄属（Bruguiera）]的生长改变了水动力状况，使涨潮时携带的物质沉积，从而改变了土壤水分、盐分状况，为其他红树[红树属（Rhizophora）、角果木属（Ceriops）、秋茄树属（Kandelia）和竹节树属（Carallia）]的生长创造了条件，如此不断发展，加速了滩地的堆积和向海的发展，一个植物群落被另一个代替，使岸滩逐渐演变为陆地，最后被次生的热带雨林或人工栽培林所代替。

第二节 红树林湿地生态地质环境现状调查

东寨港红树林湿地水土环境质量关键生态地质要素包括营养元素、盐度、重金属和有机污染物。识别工作区水土环境质量与红树林分布特征和演化规律之间的相互关系，为工作区红树林湿地系统的生态保护与修复提供地球系统科学解决方案。红树林湿地水土样品采样点分布图如图5-2-1所示。

水样品采集根据水体类型不同选取不同的采样方法，地下水采集使用水泵抽取，地表河水、海水、鱼塘水的采集则使用地表水取样器采集。采样前，先用采样水荡洗采样器和水样容器2～3次，使用便携式水质分析仪检测新鲜水样pH、DO、Eh、EC及水温，使用便携式紫外分光光度计检测水样Fe、Fe^{2+}、NO_2^-、NH_4^+、NO_3^-、S^{2-}等不稳定指标，其他指标如阳离子、阴离子、溶解氧、DOC（可溶性有机质）等指标均按照相应方法采集后带回实验室进行测试。采集水样后，立即将水样容器瓶盖紧、密封，贴好标签，标签设计根据各站具体情况而定，包括采样点位置、采样日期和时间、监测指标、采样人等。

一、红树林湿地水体有机碳空间特征研究

本研究基于实地调查和室内分析测试数据，结合开放存取的Landsat 8多光谱遥感影像数据，建立一

套针对红树林湿地周围水体DOC反演的经验模型,并将模型应用于东寨港水体的DOC浓度估算,评估模型的适用性及准确性,阐明区域DOC的来源和影响机制,评价红树林的健康状况。

图5-2-1 红树林湿地水样、土样采集点分布图

根据东寨港的水文特征及野外采样航次安排,将研究区按照"四河一港"划分为5个区域,表5-2-1中列举了各个区域内包含有色可溶性有机质(chromophoric dissolved organic matter,CDOM)吸收系数(a_{CDOM})、CDOM光谱斜率及其比值、DOC、盐度在内的各种水质参数。

表5-2-1 东寨港水体不同指标统计表

研究区	统计值	$S_{275-295}$ nm^{-1}	$S_{350-400}$ nm^{-1}	S_R	$a_{CDOM}(440)$ m^{-1}	$a_{CDOM}(355)$ m^{-1}	$a_{CDOM}(300)$ m^{-1}	DOC mg/L	盐度 10^{-9}
演丰西河 ($n=10$)	最小值	0.005 8	0.008 7	0.16	0	0.46	4.38	4.93	26.50
	平均值	0.007 5	0.025 6	0.35	1.73	3.54	8.45	5.25	27.09
	最大值	0.009 5	0.041 7	0.67	5.30	8.52	15.43	5.48	28.30
演丰东河 ($n=18$)	最小值	0.015 1	0.010 0	1.01	0.92	2.30	6.22	4.48	12.50
	平均值	0.017 1	0.013 3	1.31	1.48	4.09	8.89	5.41	18.04
	最大值	0.019 9	0.015 3	1.74	2.07	5.76	10.82	8.36	20.40
三江河 ($n=20$)	最小值	0.015 5	0.010 7	0.84	0.23	2.76	7.60	4.29	4.11
	平均值	0.018 0	0.016 4	1.13	1.20	4.31	10.23	5.66	13.87
	最大值	0.020 0	0.022 6	1.54	3.68	8.29	16.58	15.86	18.40
演州河 ($n=21$)	最小值	0.010 7	0.018 9	0.27	0	1.61	8.98	5.00	7.82
	平均值	0.012 6	0.030 0	0.44	0.53	4.66	14.75	5.58	11.79
	最大值	0.014 0	0.049 4	0.64	1.61	7.37	19.35	6.84	16.80
东寨港内 ($n=67$)	最小值	0.013 7	0.003 9	0.90	0.23	0.92	2.30	3.47	22.00
	平均值	0.018 3	0.012 0	1.67	1.32	3.27	6.81	4.97	27.21
	最大值	0.024 6	0.024 8	6.34	3.45	6.68	12.44	7.50	31.30

$S_{275-295}$作为CDOM吸收光谱特性的表征指标之一,其值的大小主要取决于DOM的分子特性,诸如

DOM 分子大小、芳香度和光化学和微生物转化程度,而不受其含量的影响(任倩倩等,2018)。在本研究中,除去演丰西河的 $S_{275-295}$ 表现为低于 $0.01\mathrm{nm}^{-1}$ 的极小值之外,演丰东、三江河、演州河中 S_R(光谱斜率比值)平均值分别为 0.0171、0.018、0.0126,均低于东寨港内水体的 0.0183(图 5-2-2)。光谱斜率 $S_{275-295}$ 值较低时,说明水中 CDOM 具有高分子量、芳香性强,可能是维管束植物产生可溶性有机质的输入。在光照条件下,CDOM 分子发生光解,分子量变小,芳香度降低,$S_{275-295}$ 也随之增大,这与 $S_{275-295}$ 从河流到海洋的变化趋势一致,S_R 作为 $S_{275-295}$ 与 $S_{350-400}$ 的衍生指标,具有类似的变化趋势。

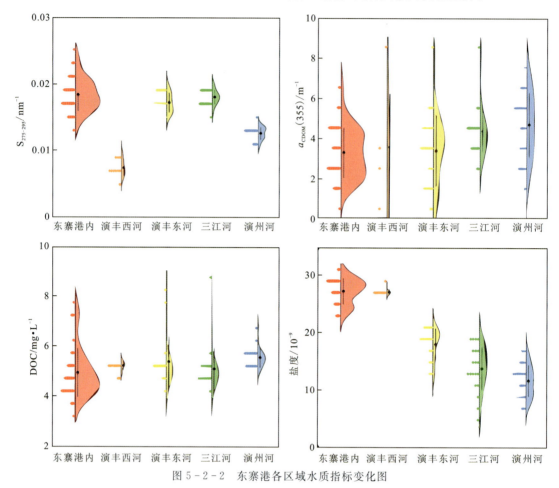

图 5-2-2 东寨港各区域水质指标变化图

其中所有样品的 $a_{CDOM}(355)$ 平均值为 $3.64\mathrm{m}^{-1}$,演州河显示最高的 $a_{CDOM}(355)$ 平均值为 $4.66\mathrm{m}^{-1}$,而东寨港港内水体 $a_{CDOM}(355)$ 平均值为 $3.27\mathrm{m}^{-1}$。东寨港水体的 $a_{CDOM}(355)$ 高于大多数海洋和沿海水域。横向对比港内 4 条河流,靠近港口的演丰西河明显比靠近内陆的演州河的 $a_{CDOM}(355)$ 高,这一趋势与开阔海域到内陆水 $a_{CDOM}(355)$ 总的变化趋势一致,表明水体盐度可能是 CDOM 的控制因素之一。类似的 CDOM 光谱吸收系数 $a_{CDOM}(440)$、$a_{CDOM}(300)$ 统计结果如表 5-2-1 所示,$a_{CDOM}(440)$ 范围 $0\sim5.30\mathrm{m}^{-1}$,平均值为 $1.22\mathrm{m}^{-1}$,$a_{CDOM}(300)$ 范围为 $0.46\sim20.96\mathrm{m}^{-1}$,平均值为 $8.52\mathrm{m}^{-1}$,与 $a_{CDOM}(355)$ 的变化趋势基本一致。

水体中 DOC 的范围为 $3.47\sim15.86\mathrm{mg/L}$,平均值为 $(5.32\pm0.26)\mathrm{mg/L}$,河流中的 DOC 含量均值略高于港内水体,演丰西河、演丰东河、三江河、演州河 4 条河流的 DOC 平均值依次为 $5.25\mathrm{mg/L}$、$5.41\mathrm{mg/L}$、$5.66\mathrm{mg/L}$、$(5.58\pm0.17)\mathrm{mg/L}$,除去几个极大值以外,所有样点 DOC 含量在 $4\sim6\mathrm{mg/L}$ 之间,极大值的存在表明存在个别的点源输入。水体中盐度的频平均值为 22.52×10^{-9},整体范围为 $4.11\times10^{-9}\sim31.3\times10^{-9}$。

1. DOC 空间分布规律及影响因素

将反演模型应用到 2019 年 11 月 5 日拍摄的 landsat8 影像上来估算 DOC 浓度。由图 5-2-3 可知,水体 DOC 含量在 $0\sim28\mathrm{mg/L}$ 之间,DOC 浓度高的地方是河道及周边,而且 DOC 从河口到开阔港内浓度越来越低。一方面,河流上游接收了大量的农村生活废水、养殖废水,下游接收了红树林汇入的天然有机质,使得河水的有机负载大大增加;另一方面,港内水体受潮汐及光照影响,水体中一部分有机质通过各种生物地球化学过程降解,另一部分被迅速运送到港外水域或埋藏在港内沉积物中。由于演丰西河上游的人为活动更为强烈,演丰西河的总体DOC含量明显高于三江河,实地调查发现演丰镇村落较为密集,靠近河流,红树林的村落多渔业养殖及海捕活动,而三江地区的渔业养殖已经基本停止。

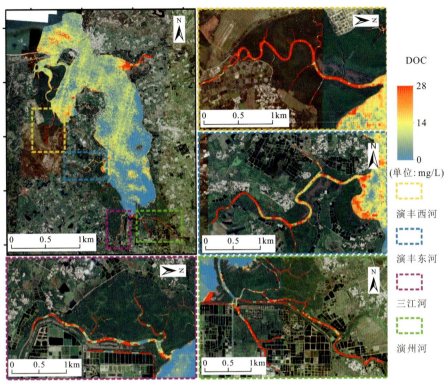

图5-2-3 东寨港水体DOC反演结果

S_R是衡量CDOM分子质量的常用指标,高S_R往往代表低分子量、低芳香性等(陈雪霜等,2016)。东寨港港内水体中S_R明显高于河流水体(图5-2-4),一方面,可能与港内水体CDOM遭受强烈的光降解有关;另一方面,红树林湿地作为沿海地区生产力最高的生态系统,为河流提供了新鲜的CDOM。

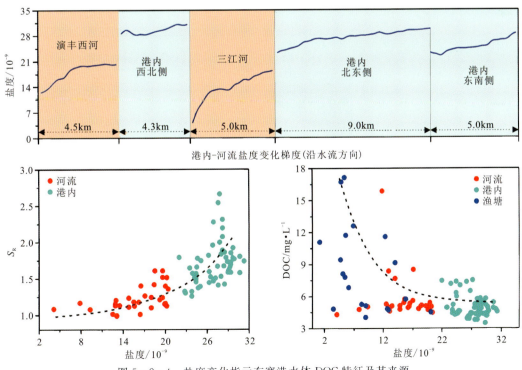

图5-2-4 盐度变化指示东寨港水体DOC特征及其来源

2. 红树林湿地有机碳空间分布特征

研究区内水体 DOC 平均值为 (5.31 ± 0.26) mg/L，总体来说河水 DOC 浓度高于港内水体浓度；CDOM 吸光度 $a_{CDOM}(355)$ 平均值为 (3.64 ± 0.24) m^{-1} 变化趋势基本与 DOC 保持一致；两者均与水体盐度变化趋势相反，表明水体有机组分可能受到盐分的控制。通过线性和指数拟合分别构建了 $a_{CDOM}(355)$ 与 $S_{275-295}$ 的经验模型，以光谱信息为输入变量，DOC 为输出量，获得了 DOC 的浓度估算模型，模型总体精度（MAPD）达到了 14.23%，均方根误差（RESE）为 0.887mg/L，偏差（bias）为 -9.61%。估算海口东寨港水体 DOC 的浓度范围为 0~28mg/L，与前期野外调查结果一致，分析盐度与光谱斜率之间的关系，发现在高盐度的港内水体中 S_R 往往较河流水要高，表明有机质在港内更易被光降解为小分子的物质。东寨港内水体 DOC 主要是陆源输入，来自红树林和人为活动排放的富含有机质的水体汇入河流，随后富含 DOC 的河水与港内潮汐海水混合稀释，通过各种生物地球化学物理过程被消耗或运输到港外。

3. 溶解性有机质对红树林生长发育的影响

DOM 是一种非均质混合物，在红树林河口生态系统碳循环和营养物质循环的复杂生物地球化学和物理过程中发挥重要作用。CDOM 是 DOM 中能强烈吸收紫外光和可见光的部分，因而通过其吸收光谱能在一定程度上揭示 DOM 的浓度和组成。CDOM 化学结构复杂，一部分功能基团能与水体中的有机污染物和重金属发生相互作用，从而影响它们的迁移转化和生物可利用性等，同时 CDOM 还能作为水质状况的监测指标（夏伟霞等，2014）。地表径流，如陆源土壤淋滤、人为废水和微生物生产，是 CDOM 对海洋的重要贡献。在河流运输到河口的过程中，CDOM 可能会受到物理作用（如絮凝和混合）、生物作用（如微生物活动）和光化学降解去除。此外，随着河口盐度梯度的变化，CDOM 成分在分子量、年龄、组成/功能和化学/生物反应活性方面存在差异（徐阳等，2021）。

沿红树林河口盐度梯度变化，溶解性有机质和营养物质由潮滩-红树带向海洋逐渐演化。EEM-PARAFAC 模型识别了 4 种荧光组分，分别为人为活动来源的腐殖酸（C1）、陆源植物/土壤的富里酸（C2）、微生物来源的腐殖酸（C3）及内源蛋白质类有机质（C4）（图 5-2-5）。

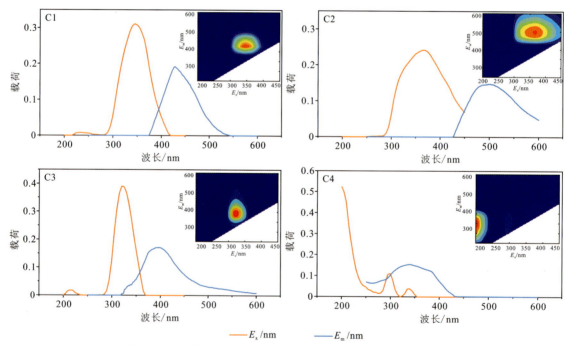

图 5-2-5　EEM-PARAFAC 模型识别的 4 组分荧光光谱结果

注：E_m 为激发光谱波长，E_x 为发射光谱波长。

光谱参数吸收系数 $a_{(254)}$、比紫外吸光系数 SUVA、腐殖化指数 HIX 及腐殖质类物质丰度均随盐度的增加而降低，表明河口上游陆源/人为源的芳香族有机质占优势（图 5-2-6）。光谱斜率比值 S_R、生物指数 BIX 及蛋白质类有机质与盐度呈显著正相关，说明低分子量的有机质在河口下游普遍存在。不同的有机质组分在红树林河口的混合行为非常复杂，不仅是海水、淡水间的物理混合，还涉及光化学/生物地球化

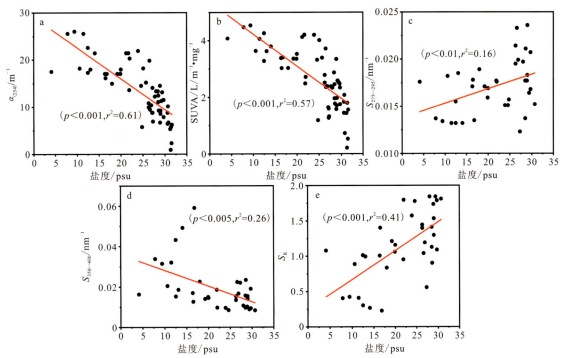

图 5-2-6　东寨港红树林河口有机质光谱吸收系数 $a_{(254)}$、比紫外吸光系数 SUVA、
光谱斜率 $S_{275-295}$ 和 $S_{350-400}$、光谱斜率比值 S_R 与盐度的关系

学过程。DOC、TDN、TDSi、Mn、Ba 和腐殖质类有机质在红树林河口上游及中游地区的演州河、三江河和演丰东河流域富集,主要受陆源输入、河流径流和红树林孔隙水交换影响。而靠近海洋端元的演丰西河流域 pH、DO、Ec、盐度、TDP 和类色氨酸有机质相对含量较高,表明受到海水稀释、潮汐混合、光氧化和微生物降解过程的影响(图 5-2-7)。

三江河、演州河、演丰东河和演丰西河 4 个潮滩-红树带呈现出不同的环境因子及有色可溶性有机质特性(图 5-2-7、图 5-2-8)。演丰东河、三江河-演州河流域受到营养盐、重金属、腐殖质类大分子有机质影响,表明陆源有机质的输入。演州河和三江河紧邻演州、三江镇,人口众多,养殖池塘密集。高人口密度和周边城镇的人为活动可以提高营养物质及有机质中芳香化合物的水平。演丰西河流域与盐度、溶解氧、微生物类腐殖质和色氨酸类蛋白质有关,表明新鲜不稳定的小分子有机质可能影响这片红树林区域。

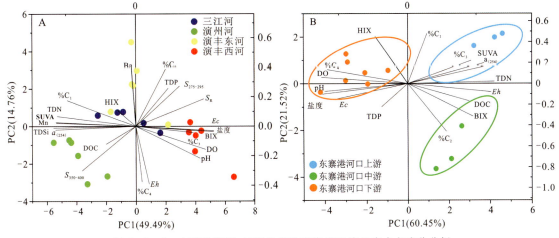

图 5-2-7　东寨港潮滩-红树林带及东寨港港湾地表水主成分分析

东寨港红树林潮滩区上游以陆源人为来源的腐殖质为主,可以通过表面吸附和络合与水体中的重金属结合,并在红树林土壤中富集。而红树林湿地过量的重金属累积会对红树植物根系的生长和呼吸产生胁迫,重金属元素随蒸腾液流进叶片,会加速叶片的老化,影响红树林生长(张起源等,2020)。有色可溶性

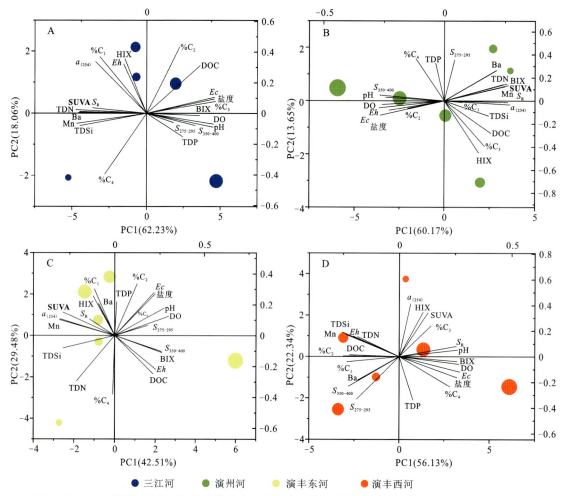

图 5-2-8 东寨港三江河、演州河、演丰东河和演丰西河流域沿上游至下游河口地表水主成分分析

有机质从上游迁移到下游河口,容易受到光降解和微生物分解的作用,高分子量的芳香烃类腐殖质转化为低分子的蛋白质类化合物。

这些不稳定的蛋白质有机质含有丰富的 N、P 等浮游植物和细菌可以直接利用的营养元素,而过度富营养化会引起微生物和藻类的过度生长和繁殖,大量消耗水体和沉积物中的溶解氧。当溶解氧耗尽后,有机物在厌氧条件下分解,释放出甲烷、硫化氢、氨等,对红树植物的呼吸根和幼苗的正常发育产生阻滞作用,甚至导致幼苗的窒息死亡(图 5-2-9)(曹超等,2018)。因此,控制红树林周边人为活动导致的营养物质和有机质的输入有利于红树林的正常生长。

二、红树林湿地沉积物营养盐分布特征

本研究根据对东寨港红树林保护区表层沉积物的调查结果,分析了表层沉积物中 C、N 和 P 元素含量的分布及其影响因素,并在此基础上评价了表层沉积物的污染状况,以期为该保护区湿地的生态环境保护、生态系统修复和水产增养殖提供科学依据。

(一)营养元素 C、N、P 统计分析

首先对 C、N、P 元素的含量进行描述统计分析,如表 5-2-2 所示,得出三者的最大值、最小值、均值以及标准差,在土壤肥力评价主要理化指标建议参考标准值中,TP 标准值为 590mg/kg,TN 标准值为 1.2mg/kg,TOC 标准值为 1.0mg/kg。通过将研究区分析结果对比标准值可以看出,研究区 TOC、TN、TP 这 3 种指标的平均值均高于标准值。

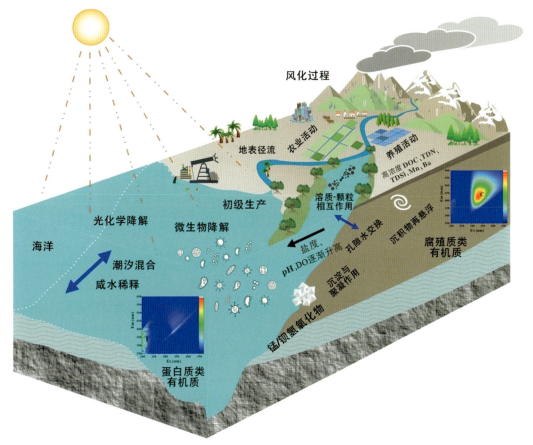

图 5-2-9　东寨港红树林河口有机质生物地球化学过程概念图

表 5-2-2　东寨港红树林保护区 TOC、TN、TP 含量特征统计表　　单位:mg/kg

元素	最小值	最大值	平均值	算术标准差
TOC	0.914	2.145	1.560	0.236
TN	1.040	1.722	1.422	0.158
TP	160.00	1 740.00	592.71	333.99

东寨港红树林保护区可按河流划分为三江河、演州河、演丰东河、演丰西河 4 个区域。结合工作区红树林植被覆盖度将这 4 个区域的营养盐进行对比,分析可以得出以下结论:

(1)演丰西河的植被覆盖率明显低于其他 3 个区域,而演丰东河、三江河和演州河的部分区域存在植被覆盖率的最低值,红树林区域受到了严重的破坏。

(2)三江河、演州河、演丰东河、演丰西河这 4 个区域土壤 TP 平均值分别为 687.5mg/kg、624.0mg/kg、613.0mg/kg、453.1mg/kg。其中,三江河区域土壤 TP 平均含量高于标准值,演州河和演丰东河略高于标准值,但相差较小,而演丰西河远低于标准值,从图 5-2-10 中可以看出,演丰西河的植被覆盖率相对于其他区域比较小,演丰西河区域处于近入海口区域,水动力条件比较强烈,不利于 P 的沉积富集,而在 TP 均值最高的三江河区域,由于水动力条件比较弱,同时养殖业发展比较普遍,人为影响比较强烈。因此,TP 平均含量处于一个较高的水平,整个东寨港"四河一港"的 TP 含量极大值也出现在三江河流域。

(3)从图 5-2-11 和图 5-2-12 中可以看出,TN、TOC 在 4 个区域的平均值处于一个相同的趋势,且两种指标的含量均高于标准值。其中,三江河区域 TN、TOC 的平均值最高,其最大值也均出现在三江河流域。演丰西河 TN、TOC 含量在 4 个区域中处于最低水平,两者平均值分别为 1.268mg/kg、1.381mg/kg。它与水动力条件及人类活动有密切关系,这也可能是演丰西河植被覆盖率比较低的原因之一。

(二)营养元素碳氮磷空间分布

对 TP、TN、TOC 这 3 种指标的含量进行空间平面插值分析,得出以下含量分布图(图 5-2-10～图 5-2-13)。

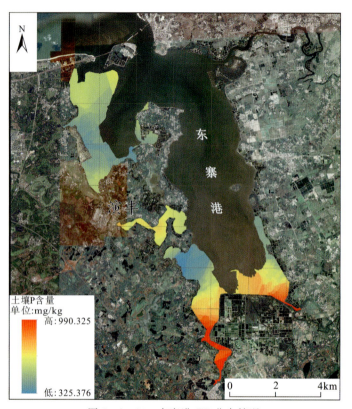

图 5-2-10　东寨港 TP 分布情况

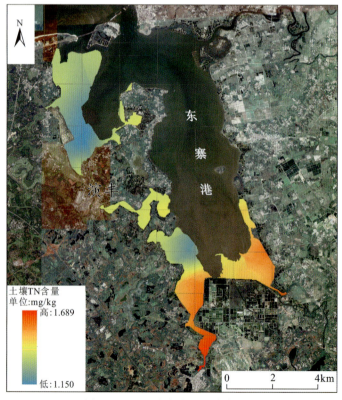

图 5-2-11　东寨港 TN 分布情况

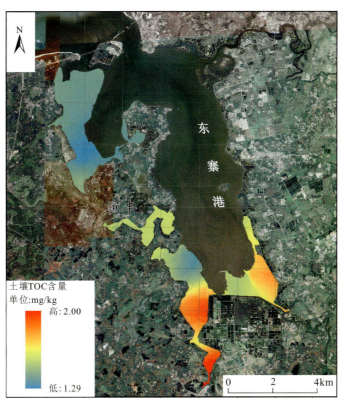

图 5-2-12　TOC 分布情况

由以上 3 种指标的插值分析图中可以看出，三江河、演州河、演丰东河流域 TP、TN、TOC 含量较高。结合统计分析数据可以看出，这 3 个区域处于富营养化程度，在一定程度上影响了红树林的生长。结合野外实际情况可以看出，红树林在三江河区域的生长在一定程度上受到了限制，其茂密度不及其他 3 个区域。总体来说，东寨港"四河一港"区域红树林是属于富氮、富有机质、富磷的地区，由这几种指标可以看出红树林区域土壤肥力属于中等以上，土壤肥力相对于一般农耕土壤具有高肥力的特点。

（三）表层沉积物营养盐状况及对红树林生产的影响

三江河及演州河上游区域土壤是一种土壤营养过剩的状况（图 5-2-13），这可能是因为三江河、演州河上游区域养殖区面积比较大，且处于一种长期养殖的状态，从而导致土壤营养化程度过剩。虽然近几年有"退塘还林"的政策，但三江河及演州河上游区域土壤仍处于营养过剩状态，对红树林生长发育有所影响。

东寨港红树林保护区内的湿地沉积物 TOC、TN 和 TP 含量平均值分别是 1.560mg/kg、1.422mg/kg 和 592.71mg/kg，TOC 含量在 0.914～2.145mg/kg 之间，TN 含量在 1.040～1.722mg/kg 之间，TP 含量在 160.00～1 740.00mg/kg 之间。在三江河、演州河、演丰东河、演丰西河 4 个区域中，演丰西河和演丰东河区域湿地沉积物中 TOC、TN 和 TP 含量在安全级别之内，在一定程度上为红树林生长发育提供了良好的生存环境；而三江河和演州河流域这 3 种指标的含量明显高于演丰东河和演丰西河流域，部分区域达到东寨港保护区的极大值，属于污染级别，在一定程度上影响了红树林的生长发育，湿地沉积物呈现出富营养化的状态的内在原因可能是长期的大量海上水产养殖导致水体富营养化，进而导致沉积物中 TN、TP 的增加，影响该生态系统的营养盐平衡，对红树林的生长发育产生影响。

三、红树林湿地沉积物重金属空间分布特征

1. 沉积物重金属统计特征

红树林湿地的特殊沉积环境可以促进富含营养物质、金属元素和矿物质的高表面积细小颗粒物的沉积，此外还具有生产力高、有机质含量高、环境缺氧等特点。因此，与一般潮滩相比，红树林湿地更易积累

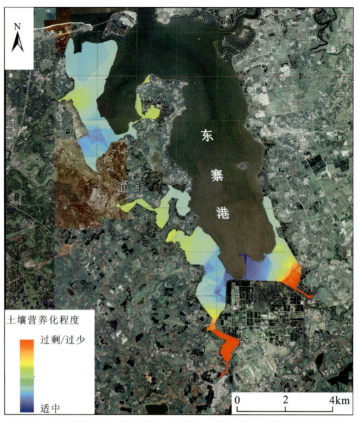

图 5-2-13 "四河一港"土壤营养化分布

来自潮水和河流的重金属污染物,对陆源排放的重金属起着重要的过滤作用,其沉积物是重金属污染物重要的汇集(孙志佳等,2022)。红树林可以有效地吸收利用沉积物中的营养成分,但大量的重金属也同样会在沉积物中富集,当所在的环境发生变化时,富集于红树林湿地沉积物中的重金属可以通过物理、化学与生物作用再次进入上覆水和间隙水中,进入邻近海洋与河流等水体中,此时沉积物将成为重金属污染的内源。

据表 5-2-3 可知,研究区表层沉积物中 As、Cd、Cr、Cu、Ni、Pb、Zn 的平均值分别为 14.8mg/kg、0.07mg/kg、90mg/kg、22.7mg/kg、43.6mg/kg、26.3mg/kg、84mg/kg,是海南省东寨港土壤相应元素背景值的 5.68 倍、1.01 倍、2.33 倍、1.66 倍、3.08 倍、1.09 倍和 1.47 倍,各元素平均值均高于东寨港土壤重金属元素含量。Cd、Cu、Ni 为高度变异,即变异系数大于 36%,说明这 3 种元素分布不均匀,可能与河流附近人类活动差异有关。

表 5-2-3 表层沉积物样品重金属描述性统计结果

元素	平均值 mg/kg	浓度范围 mg/kg	变异系数 %	超背景值率 %	背景值 mg/kg
As	14.8	9.3~24.7	21	568	2.6
Cd	0.07	0.02~0.14	49	101	0.07
Cr	90	36~152	35	233	39
Cu	22.7	8.3~45.4	44	166	13.7
Ni	43.6	14.7~91.8	43	308	14.2
Pb	26.3	15.3~40.9	19	109	24.1
Zn	84	34~137	32	147	57

由图5-2-14可知,表层沉积物中Cd、Cr、Cu、Ni、Pb、Zn的平均含量具有演丰东河高、三江河次之和演丰西河低的特点。这可能主要与演丰东河上游城镇密集、人类活动频繁有关,而演丰西河污染程度较低、和周围城镇少、人类活动少有关。演丰西河表层沉积物中As含量最高,其次是演丰西河,最低的是三江河。除As外,其余重金属元素高值区主要分布于演丰东河。Cd、Cr、Cu、Ni、Pb和Zn元素含量空间分布具有一定的相似性,其高值区主要分布于演丰东河,低值区则主要位于演丰西河。

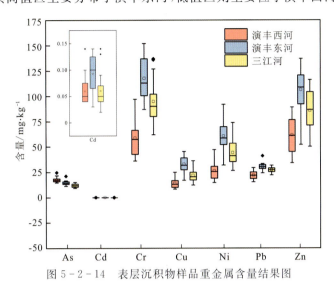

图5-2-14 表层沉积物样品重金属含量结果图

由图5-2-15可见,Cu、Zn、Cr、Pb、Ni在演丰西河采样河段上下游含量高,中游河段含量低;Cd在临近港口的河口附近和上游河段前段含量高;As在下游和中上游河段含量高。东寨港演丰西河表层沉积物各重金属高值区主要位于采样河段上游下游,低值区位于中游。演丰西河右岸重金属含量普遍高于左岸。

由图5-2-16可见,Cu、Zn、Cd在演丰东河采样河段上游、中游和中下游含量高,下游河段含量低,但河口处含量高;Ni、Cu在上游分布高,中游、下游分布低,河口处含量高;As中游含量高,上游和下游含量低,下游一处含量偏高。东寨港演丰东河表层沉积物各重金属高值区主要位于采样河段上游,低值区位于中游和下游。可以直观看出东河左岸重金属含量普遍高于右岸。

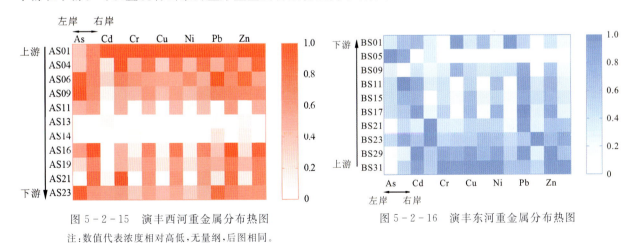

图5-2-15 演丰西河重金属分布热图 图5-2-16 演丰东河重金属分布热图

注:数值代表浓度相对高低,无量纲,后图相同。

由图5-2-17可见,Cu、Zn、Cr、Pb、Ni、Pb在三江河采样河段上游含量高,中游河段含量次之,下游河段含量低;其中Pb和Zn还在河口处含量高;As在中游和中下游河段含量高,上游和中上游河段含量低。东寨港演丰东河表层沉积物各重金属高值区主要位于采样河段上游,低值区位于中游下游。可以直观看出三江河右岸重金属含量普遍高于左岸。

2. 沉积物重金属分布的影响因素

红树林湿地具有独特的环境特征,即高温潮湿、高盐高硫、富含有机质的酸性海滩以及周期性的海水浸淹。环境因子对重金属的分布有着不同程度的影响,包括沉积物质地、pH、有机质、盐度等因素。同时,

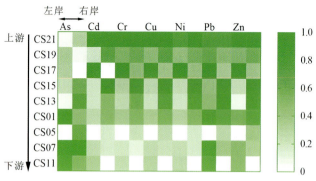

图 5-2-17 三江河重金属分布热图

红树林是海洋生态系统和陆地生态系统的连接区域,随着经济的快速发展,沿海采矿、钢铁生产、工业和生活污水排放、农业化肥施用和海水养殖等人类活动严重影响了海岸带重金属的含量与分布(王焰新等,2020)。本研究选取 pH、TOC 含量及其他环境因子与重金属含量进行相关关系分析。

具高度显著相关关系的多种重金属之间,一定程度上存在相似的含量分布规律,具有同源性。由图 5-2-18 可知,演丰西河重金属均与 TP 呈正相关($p<0.05$),这可能是因为磷酸盐可以通过离子交换和沉淀新形成低溶解度和生物有效性矿物来降低重金属元素的迁移转化。演丰东河和三江河重金属与表层沉积物中环境因子相关系数结果说明,表层沉积物 pH 对除 As 以外的重金属含量均有负影响($p>0.05$),表明酸性土壤条件下重金属含量有增加的趋势。而三江河表层沉积物 pH 只对 Cr、Cd 和 Ni 有负影响($p>0.05$)。

四、红树林湿地沉积物抗生素分析与评价

海南省抗生素排放在中国处于中等偏高水平,主要是由于东寨港海水养殖区是海南重要的滩涂养殖基地,其周边陆地区域也存在大量的养殖塘,这种大规模养殖可以追溯到 20 世纪 90 年代。当时琼山县政府号召村民大力发展养虾产业,为了预防养殖病害的发生,大多数养殖户通常会在饲料中添加过量的抗生素并长期投放,露天养殖池塘模式产生的未处理废水往往包含抗生素在内的多种污染物,在流经红树林的途中必定会对其造成一定程度的污染(孙勤寓等,2017),故该区域水体和沉积物中抗生素污染不容小觑。因此,厘清东寨港红树林湿地环境中抗生素残余分布特征及其来源对进一步研究人类活动对红树林湿地系统演化的影响、构建红树林湿地生态系统健康评价体系具有重要的实际意义。

(一)工作区抗生素残留情况

首先选取港内 28 个具有代表性的水样,对所选取水样中各种抗生素残留检出情况进行统计,统计结果见表 5-2-4。五大类抗生素整体均有检出,除四环素类外检出率均达 100%。其中,大环内酯类检出率全部达到 100%;磺胺类和磺胺代谢物类检出率在 21.43%~85.71% 之间;喹诺酮类检出率在 14.29%~82.14% 之间,其中 CIP 完全未检出;四环素类检出率在 28.57%~96.43% 之间。大环内酯类中 AEM 大量检出,平均值为 4.07ng/L;磺胺类中主要检出 SMX、SMZ,平均值分别为 0.89ng/L、1.43ng/L;磺胺代谢物中主要检出 N-SDZ,平均值为 0.60ng/L;喹诺酮类主要检出 SPA、OFL,平均值分别为 2.85ng/L、1.56ng/L;四环素类主要检出 CTC,平均值为 5.93ng/L。各类抗生素变异系数较大,除 CTM、AZM 外都处于较高水平,说明数据分布离散性较强,变异性较大。

利用斯皮尔曼相关系数表征抗生素之间的相关性,如表 5-2-5 所示。抗生素各类之间不具显著相关性,大环内酯类与 Ec 和 Eh 呈显著负相关,磺胺类与 pH 呈显著负相关,磺胺代谢物类与 Eh 呈显著负相关,四环素类与 Ec 呈显著负相关,各类抗生素吸附降解机制控制因素不同。喹诺酮类与这些理化性质不具显著相关性,说明其吸附降解受这些因素影响较小。

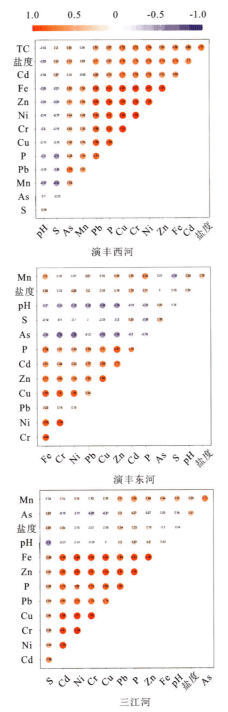

图 5-2-18 重金属与表层沉积物中环境因子相关系数图

表 5-2-4 抗生素残留情况描述性统计结果

分类		检出率	最小值	最大值	平均值	标准偏差	变异系数	偏度	峰度
		%	ng/L	ng/L	ng/L	ng/L	%		
大环内酯类	AEM	100.00	0.39	14.96	4.07	3.08	76	1.74	4.55
	RTM	100.00	0.05	0.36	0.10	0.07	69	2.59	7.24
	CTM	100.00	0.06	0.15	0.09	0.02	21	1.89	5.56
	AZM	100.00	0.30	0.40	0.33	0.03	8	0.95	0.35
	大环内酯类小计	100.00	0.86	15.67	4.59	3.16	69	1.72	4.37

续表 5-2-4

分类		检出率 %	最小值 ng/L	最大值 ng/L	平均值 ng/L	标准偏差 ng/L	变异系数 %	偏度	峰度
磺胺类	SMR	71.43	0	0.07	0.02	0.02	108	1.27	1.25
	SPD	25.00	0	0.44	0.03	0.09	315	3.92	15.93
	SMP	71.43	0	0.06	0.02	0.02	100	0.72	−0.83
	SQX	21.43	0	0.41	0.05	0.12	217	2.16	3.68
	SDZ	85.71	0	0.45	0.14	0.13	90	1.06	0.28
	SMX	78.57	0	10.79	0.89	2.23	251	3.74	15.12
	SMZ	78.57	0	10.75	1.43	3.09	216	2.33	4.08
	STZ	53.57	0	0.22	0.04	0.06	154	1.96	4.01
	磺胺类小计	100.00	0.06	17.14	2.62	4.86	185	2.23	3.49
磺胺代谢物类	N-SMX	78.57	0	2.01	0.40	0.39	96	2.57	10.56
	N-SDZ	50.00	0	2.67	0.60	0.90	150	1.40	0.57
	N-SMZ	57.14	0	0.72	0.18	0.23	127	0.97	−0.46
	N-SMR	50.00	0	0.30	0.10	0.11	113	0.51	−1.47
	磺胺代谢物类小计	100.00	0.07	3.65	1.28	0.96	75	1.23	0.61
喹诺酮类	ENR	14.29	0	1.16	0.14	0.36	251	2.22	3.29
	SPA	82.14	0	5.92	2.85	1.91	67	−0.03	−0.99
	LOM	21.43	0	0.12	0.02	0.04	203	1.72	1.30
	OFL	67.86	0	5.18	1.56	1.32	85	0.61	0.78
	NOR	35.71	0	5.24	1.07	1.57	146	1.13	0.16
	CIP	0	—	—	—	—	—	—	—
	喹诺酮类小计	100.00	1.91	9.19	5.64	1.99	035	−0.11	−0.76
四环素类	TC	28.57	0	0.85	0.12	0.23	192	2.12	4.12
	DOC	32.14	0	3.08	0.49	0.85	172	1.73	2.29
	CTC	96.43	0	13.33	5.93	3.22	54	0.49	0
	OTC	60.71	0	2.69	1.17	1.01	86	−0.12	−1.64
	四环素类小计	96.43	0	16.82	7.72	3.77	49	0.31	0.12
五大类抗生素合计		100.00	8.49	37.58	21.85	7.61	35	0.21	−0.60

表 5-2-5 抗生素与理化性质相关性矩阵（皮尔逊相关性）

	大环内酯类	磺胺类	磺胺代谢物类	喹诺酮类	四环素类	pH	Eh	Ec	DO
大环内酯类	1								
磺胺类	−0.089	1							
磺胺代谢物类	0.188	−0.206	1						
喹诺酮类	0.24	−0.066	−0.023	1					
四环素类	0.164	0.14	−0.129	−0.069	1				

续表 5-2-5

	大环内酯类	磺胺类	磺胺代谢物类	喹诺酮类	四环素类	pH	Eh	Ec	DO
pH	0.02	−0.901**	0.256	0.127	−0.301	1			
Eh	−0.507**	0.425*	−0.424*	−0.094	−0.168	−0.194	1		
Ec	−0.451*	−0.043	0.051	−0.009	−0.488**	0.375*	0.455*	1	
DO	−0.122	−0.485**	−0.316	0.196	−0.11	0.581**	0.231	0.353	1

注：*代表显著性水平 $a=0.05$，**代表显著性水平 $a=0.01$。

（二）抗生素含量水平及分布特征

研究区不同河流水体抗生素含量空间分布大致如图 5-2-19 所示，采样点从左到右与河流流向一致。

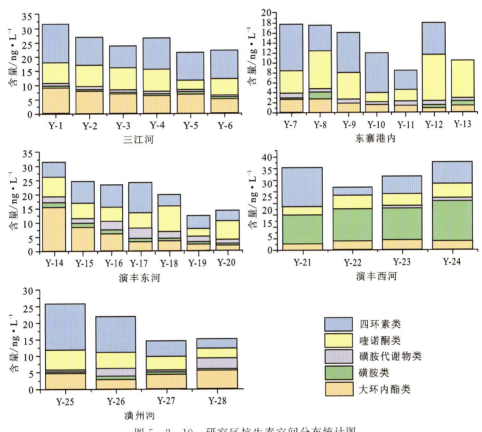

图 5-2-19 研究区抗生素空间分布统计图

由图 5-2-19 可知，除演丰西河外，其他河流及港内水体抗生素水平均呈明显下降趋势，推测抗生素污染来源主要分布于河流上游，沿河流流向各类抗生素不断降解（随着离岸距离的增大，水环境中总抗生素浓度大幅度降低，这主要归因于海水的稀释、水解、光解、微生物降解以及水中抗生素向其他介质中迁移等综合因素共同作用）或被沉积物吸附，港内 Y-12 异常高值则来源于两侧演丰西河和珠溪河的直接排泄，Y-13 位于东寨港边缘，水动力条件较强，四环素类发生光解或水解以至于完全无检出；演丰西河水体抗生素水平则随河流流向呈上升趋势，且结合前期调查数据可知，演丰东河下游区域人类活动较为密集，故推测该区域抗生素由高强度人类活动所排放，点 Y-21 四环素类抗生素异常高值原因亟待后续调查查明。三江河、演丰东河、演丰西河流域抗生素水平大致相同，港内和演州河水体抗生素则处于较低水平，这一结果与前期调查养殖池塘分布密度大致相关。

(三)抗生素对红树林生长发育的影响

东寨港水体抗生素中大环内酯、磺胺、磺胺代谢物和喹诺酮检出率达100%,四环素检出率达96%,检出水平整体较低,在20ng/L左右,主要污染物为AEM、SMX、SMZ、CTC,其来源为周边密集的半开放露天养殖池塘及其底泥。东寨港水体抗生素空间分布具有明显规律,即随河流方向残留水平明显下降,说明其污染来源集中于上游区域,抗生素进入水体后持续降解或被沉积物吸附,致使浓度下降,而演丰东河例外,推测其污染来源为线性分布于河流两侧的人类活动区域或已被高度污染的河流底泥,这些污染源排放或发生吸附使得抗生素不断累积。根据已有数据和研究,东寨港抗生素残留水平较高,使得水体和沉积物中ARGs处于较高水平,这将给当地微生物群落稳定性带来考验,进而影响红树林根部代谢环境。沉积物中抗性基因污染比海水严重,说明沉积物是东寨港区域重要的ARGs储存介质(姜春霞等,2019)。红树植物对抗生素具有一定的富集能力,这种富集能力源自其强大的蒸腾作用,故对亲水性抗生素富集能力更强。桐花树、秋茄树能从环境中吸收和转运喹诺酮并储存在根和枝中,加之光降解作用,从而实现对部分抗生素的净化,降低其生态环境风险。红树林内抗生素污染主要来源于高位养殖塘,应加大对养殖塘滥用抗生素的监管,完善养殖区抗生素使用及污水排放标准,以指导沿海红树林对污染的修复,降低抗生素的环境风险,从而切实保障人类食品安全(任珂君等,2017)。

第三节 海陆交互带地表水-地下水相互作用过程

一、红树林湿地多水平监测场建设

1. 监测场建设

本研究结合研究区前期红树林遥感解译及环境质量调查结果,选取位于海口市美兰区演丰镇石路村北侧500m处红树林区域作为监测试验场地(图5-3-1),建立一条垂直海岸的多水平监测剖面,该剖面红树植物密度有明显变化,靠近海洋和近岸潮沟处的红树林较为稀疏,中部树林植被生长较好,岸边存在大面积海水养殖池塘。

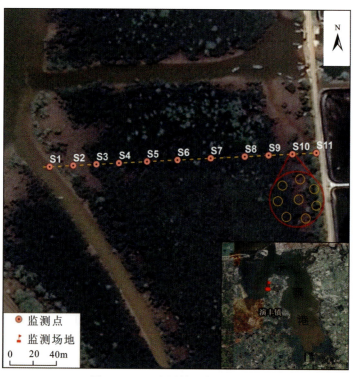

图5-3-1 监测剖面位置示意图

监测剖面长度约210m,由11个监测点组成,每个监测点由8个不同深度的监测井构成,深度分别为1m、3m、6m、9m、12m、15m、18m和21m(贝壳碎屑岩附近),每个监测井的下部有70cm的花管,花管外侧填有砂砾石,上部则填满淤泥黏土,防止涨潮时地面海水直接灌入。每个监测井中均放置一根伸至底部的PVC筛管,采集地下水样品时直接与八个通道蠕动泵相连,同时采集一个监测点的地下水样品(图5-3-2)。

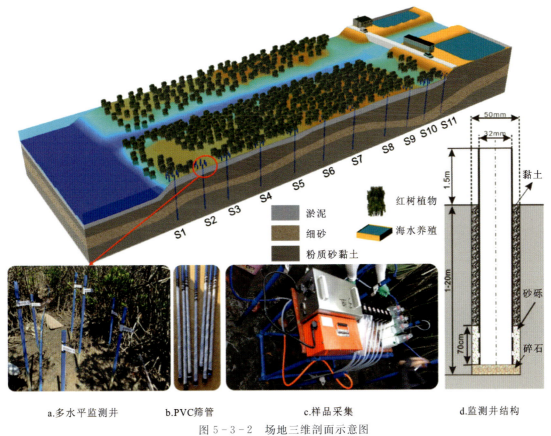

a.多水平监测井　　　b.PVC筛管　　　c.样品采集　　　d.监测井结构

图5-3-2　场地三维剖面示意图

根据区域地质资料和取样井建设信息,采样剖面所在含水层由上至下大致分为松散淤泥层、含砂粉质黏土层、中细砂层、含砂粉质黏土层和底部胶结较好的贝壳碎屑岩(可视为相对隔水层)。通过降水头试验获取不同层位的渗透系数,由于松散淤泥层有大量的红树植物根系和底栖生物的洞穴,其渗透性相对较好,渗透系数为2~5m/d;粉质黏土-粉细砂层渗透系数为0.2~0.5m/d;中细砂层渗透系数为4~5m/d。采样剖面的地形由水准仪测量和3D-LiDAR校准获得,坡度变化在0.01以内,由于中部红树林密集、两侧稀疏,因此地形呈中间凸起两侧凹陷的形状,此外点S1点靠海一侧的坡度陡增,整体具有典型的红树林湿地地形特征。

2. 样品采集

监测场地样品包括海水、地下水以及钻孔沉积物样品。海水样品用地表水采样器采集,钻孔沉积物样品为钻孔岩芯,地下水采样工具为4台8个通道的蠕动泵。每台蠕动泵可以同时采集8个深度的地下水样品,4台蠕动泵同时工作,每次采样时间控制在30~60min,出水流量控制在0.05L/min以内,以减少抽水过程的扰动。沉积物样品在场地建设前采集,采集点在S11附近,采样深度为0~21m。海水和地下水样品按周期采集,采样时间均选择每日最高潮或最低潮时。

3. 样品测试

海水地下水样品现场分析指标包括温度、pH、Ec、盐度、Eh、DO、碱度、^{222}Rn以及氧化还原敏感指标(S^{2-}、Fe^{2+}、NO_2^-、NH_4-N),室内水样测试指标主要包括阴阳离子全分析和DOC,沉积物测试指标主要包括主微量元素以及矿物组成。水样中^{226}Ra选用自制锰纤维富集,底泥沉积物中的^{222}Rn在室内通过培养实验测定。

二、东寨港海底地下水排泄特征

海底地下水排泄(submarine groundwater discharge,简称SGD)是海岸带海水-地下水相互作用中最重要的水文过程,SGD在参与水循环的同时携带大量营养盐、有机质和金属元素等,它们会在滨海含水层中发生一系列复杂的水文地球化学生物反应,然后沿排泄途径直接迁移至海洋或者进入循环海水中(Santos et al,2021)。本研究选择使用^{222}Rn平衡模型示踪法作为本项目海底地下水排泄特征分析评价的手段。^{222}Rn示踪海底地下水排泄是基于^{222}Rn质量平衡原理,通常假设研究系统处于稳定态,^{222}Rn的源项和汇项相等(Hwang et al,2016)。通常要考虑的源项有河流的输入、沉积物的扩散、母体^{226}Ra的支持,汇项包括^{222}Rn的自身衰变、^{222}Rn散逸到大气的损失以及与湾外海水的混合损失,将源项与汇项的差值作为地下水输入的^{222}Rn通量(袁晓婕等,2015)。技术路线见图5-3-3,采样点位及孔隙水采样分别见图5-3-4、图5-3-5。

东寨港SGD计算如下。

1. 河流输入量

研究区的4条河流因为规模较小故没有径流量等水文参数可供查用。河口位置的径流量受到涨落潮速度的影响较大,而研究区的涨落潮模式为周期性不规则的半日潮,通过实测获得可靠的径流量数据十分困难。河流的径流量主要由降水量、蒸发量、入渗量控制,同区域内气候环境及地质环境基本一致,故降雨量、蒸发量及入渗量相差不大。通过相近区域内有水文参数河流的径流量计算单位汇水面积的径流贡献量,再乘以研究区4条河流的流域控制汇水面积得到比较可靠的河流径流量。计算用到的水文参数经海口市美兰区人民政府门户网站查询得到。

由南渡江的流域面积及年径流量估算流入东寨港的珠溪河、三江河、演丰东河、演州河的年径流量分别为3.324亿m^3、2.279亿m^3、0.728亿m^3、2.403亿m^3,再分别乘以野外样品实测的水中氡浓度相加得到由河流带来的水中氡输入量总共为1.858×10^{11}Bq/a,即5.091×10^8Bq/d。

2. 潮汐输送量

海水中^{222}Rn活度强烈地受潮汐影响,^{222}Rn在落潮时随海水从湾内向外输送;反之,涨潮时随着海水进入湾内水体。由潮汐迁移控制的^{222}Rn通量可由下式计算(王亚丽等,2020):

$$F_{in} = (H_{t+\Delta t} - H_t)(bC_w + (1-b)C_{off})/\Delta t \quad (5-3-1)$$

$$F_{out} = (H_t - H_{t+\Delta t})C_t/\Delta t \quad (5-3-2)$$

式中:$H_{t+\Delta t}$和H_t分别是$t+\Delta t$、t时刻的水深;C_w和C_{off}分别表示水体中^{222}Rn的活度和外海水中^{222}Rn的活度;C_t是连续观测期间每个时间间隔下水体中^{222}Rn的活度;b是回流因子;Δt是测量时间间隔。

根据野外样品实测获得的数据,湾内水体中^{222}Rn的平均活度为10^4Bq/m^3。b可近似看作水体中外海水端元在研究区域内的贡献比例,可近似处理为表层海水盐度的平均值除以外海水盐度,因此$b=0.714$。以最高潮时湖口位置的^{222}Rn活度103.75Bq/m^3,代表外海^{222}Rn活度,将高低潮的潮差及潮汐周期当作ΔH及Δt计算得到F_{in}和F_{out}。由卫星地图计算东寨港高低潮的平均面积约为51.855km^2,简单计算得到由潮汐输送带来的水中氡浓度输送通量F_{in}和F_{out}分别为2.4267×10^{10}Bq/d、2.681×10^{10}Bq/d。

3. 大气逃逸量

^{222}Rn是一种微溶于水的气体,当两相处于不平衡状态时,可以在水-空气界面上交换。大气逃逸通量(F_{atm})可以由下式描述(王亚丽等,2020):

$$F_{atm} = k(C_w - \alpha C_{air}) \quad (5-3-3)$$

式中:k是气体传输速度(m/s);C_w和C_{air}分别代表水体和空气中^{222}Rn的活度;α为^{222}Rn在水/空气中的分配系数。由示踪实验所得经验公式确定。

$$k = \begin{cases} 0.45u^{1.6}(Sc/600)^{-0.5} & u>3.6\text{m/s} \\ 0.45u^{1.6}(Sc/600)^{-2/3} & u\leqslant3.6\text{m/s} \end{cases} \quad (5-3-4)$$

式中:u是风速(m/s);Sc是特定水温下^{222}Rn的施密特数,它被定义为运动黏度v(m^2/s)与分子扩散系数Dm(m^2/s)的比值,运动黏度是绝对黏度μ(Pa·s)与水体密度(kg/m^3)的比值。

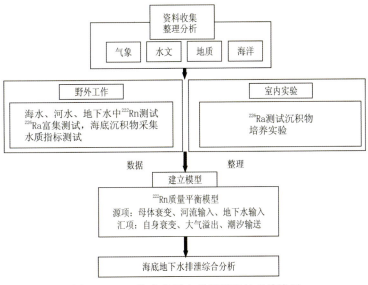

图 5-3-3 海底地下水排泄研究技术路线图

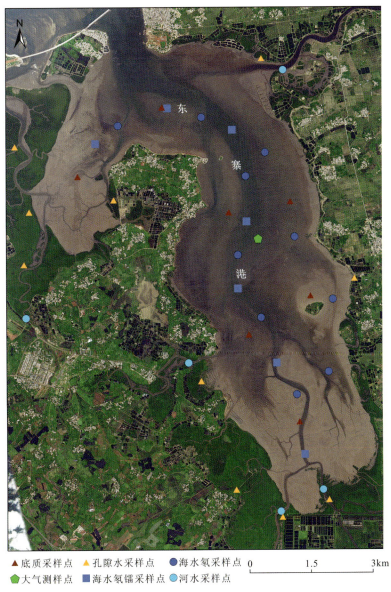

图 5-3-4 采样点布置图

图 5-3-5 孔隙水采样图

α 与温度和盐度有关的计算过程如下式：

$$\alpha = \beta \times T/273.15 \tag{5-3-5}$$

式中：T 表示水温(K)；β 为 Bunsen 系数，它是温度和盐度的函数，计算过程如下式：

$$\ln\beta = a_1 + a_2(100/T) + a_3\ln(T/100) + S[b_1 + b_2(T/100) + b_3(T/100)^2] \tag{5-3-6}$$

式中：S 表示盐度；各参数值为 $a_1 = -76.14, a_2 = 120.36, a_3 = 31.26, b_1 = -0.2631, b_2 = 0.1673, b_3 = -0.027$。

水-空气界面的扩散通量 F_{atm} 主要受气体输送速度 k 和 ^{222}Rn 活度变化的影响。本研究风速使用由中国天气网查到的海口平均陆地风速，由海陆风速换算公式 $[\mu_{海} = 2.92 \times \mu_{陆}^{0.66}]$ 换算得到风速为 5.346m/s 左右，根据上述公式逐步计算得到，本研究中大气逃逸的氡含量为 5.019×10^9 Bq/d。

4. 海底沉积物扩散通量

^{222}Rn 通过沉积物-水界面的扩散通量(F_{sed})可以由下式获得(王亚丽等，2020)：

$$F_{sed} = (\lambda\varphi D_m)^{0.5}(C_{ep} - C_0)$$
$$D_m = 10^{-[980/(T+273)+1.59]} \tag{5-3-7}$$

式中：λ 是 ^{222}Rn 的衰变常数($0.181d^{-1}$)；φ 为海底沉积物的孔隙率；D_m 为分子扩散系数；C_{eq} 是由平衡实验得到的海底沉积物孔隙水中 ^{222}Rn 的活度；C_0 代表上覆水中 ^{222}Rn 的活度，其值为实验观测期间海水活度的实测值；T 是水温(℃)。海底沉积物的平均孔隙率 φ 为 0.54，计算得到 D_m 为 0.02353cm²/s，沉积物平衡实验结束时水体中 ^{222}Rn 的活度为 295Bq/m³，得到沉积物孔隙水中 ^{222}Rn 的活度为 1.715×10^3 Bq/m³。F_{sed} 的计算结果是 227.14Bq/(m²·d)。根据卫星地图计算的东寨港涨落潮平均面积得到由海底沉积物扩散带来的水中氡浓度通量为 1.1778×10^{10} Bq/d。

5. 自身衰变损失

根据衰变方程，^{222}Rn 衰变损失量可按下式计算：

$$F_{dec} = \lambda \times [C_w(1-e^{-\lambda\Delta t})] \times H \tag{5-3-8}$$

式中：λ 是 ^{222}Rn 的衰变常数($0.181d^{-1}$)。根据由卫星地图估算的东寨港高低潮平均面积，计算得到水中氡自身衰变带来的水中氡通量为 1.6753×10^9 Bq/d。

6）水中 ^{226}Ra 衰变

来自溶解 ^{226}Ra 支持的 ^{222}Rn 通量 F_{226} 可由下式计算：

$$F_{226} = \lambda \times C_{Ra-226} \times H \tag{5-3-9}$$

式中：λ 是 ^{226}Ra 的衰变常数。连续观测中 ^{226}Ra 活度变化范围为 3.41~8.18Bq/m³，因此 ^{226}Ra 贡献为 0.04~0.18Bq/(m²·h)。由此计算得到的水中镭衰变带来的水中氡通量为 $4.978 \times 10^7 \sim 2.240 \times 10^8$ Bq/d。

由 2021 年 1 月 1 日—13 日的野外样品获得的数据计算得到，^{222}Rn 质量平衡模型中河流的输入量为 5.091×10^8 Bq/d，潮汐输入量为 2.4267×10^{10} Bq/d，潮汐输出量为 2.681×10^{10} Bq/d，大气逃逸量为

$5.019×10^9$ Bq/d,海底沉积物扩散通量为 $1.1778×10^{10}$ Bq/d,水中 Ra 贡献量为 $1×10^8$ Bq/d,湾内氡自身衰变损失量为 $1.6753×10^9$ Bq/d。根据质量平衡原理,由海底地下水带来的 ^{222}Rn 为 $3.15×10^9$ Bq/d,由同期地下水样品获得的地下水端元 ^{222}Rn 活度为 3836.99 Bq/m³,则由此计算得到的海底地下水排泄通量为 $8.21×10^5$ m³/d。东寨港地区海底地下水排泄通量约占地表河流排泄量的 1/3,水量较为可观。再结合同期样品获取的环境因子数据,海底地下水排泄带来的营养盐输入中,磷酸盐为 6440 kg/d,亚硝酸盐的通量为 53.44 kg/d,硝酸盐的通量为 1084 kg/d,3 类通量分别占地表水输入通量估算值的 1/3、1/8、1/4。由此可见,海底地下水排泄带来的水量和物质输入对东寨港海域环境的影响不可忽略,在东寨港红树林湿地综合环境地质调查工作及红树林湿地生态环境的修复与保护工作中值得被重视。

三、红树林湿地海底地下水排泄过程数值模拟

本研究旨在建立红树林湿地海水-地下水交互过程耦合模型,揭示海底地下水排泄过程中各关键要素(盐度、碳氮磷硫营养物质和氡镭同位素)咸-淡水界面和地下水-沉积物界面的迁移转化过程,结合相关红树林植被生长要素,定量评估海底地下水排泄过程对红树林生长发育的影响。对监测剖面的地下水系统构建了一个可变饱和、可变密度的地下水流和溶质传输模型,以支持对观察结果的解释,并提供对红树林湿地地下水排放模式的洞察力。采用地下流代码 PFLOTRAN 来模拟与采样剖面相同的二维跨岸含水层断面中的多孔流和盐分传输(Hammond et al.,2014)。PFLOTRAN 使用有限体积方法和隐式的 Newton-Raphson 算法,解决饱和和非饱和多孔介质中流动和溶质传输的偏微分方程,Van Genuchten 模型可用来表示毛细管压力和饱和度之间的关系,最终模拟能够捕捉到潮汐驱动的流动和多层次红树林湿地含水层内的盐水-淡水混合过程。

(一)模型构建

模型中海水覆盖区依据潮汐信号采用动态水头边界,并赋予恒定盐度 $30×10^{-9}$;陆向边界选用定水头边界,同时赋予恒定盐度 $1×10^{-9}$。在地形起伏较小的潮间带,模型网格的剖分是不均匀的,水平和垂直的网格大小为 0.5 m 和 0.0625 m,在潮间带的其他方向网格大小逐渐增加,垂直和水平的最大值分别为 0.5 m 和 10 m(图 5-3-6)。根据监测场地附近潮汐站点的数据,选择振幅最大的 6 个潮汐成分组合成人工潮汐信号(表 5-3-1)。待模型运行达到准稳态之后,与实测结果对比,匹配结果良好,整体 SGD 排泄趋势与观测结果相同(图 5-3-7)。人工潮汐信号计算公式如下:

$$h_t = h_0 + \sum_{i=1}^{n} A_i \cos(\omega_i t - \theta_i) \qquad (5-3-10)$$

式中:h_t 为人工潮汐信号(m);h_0 为平均海平面高度(m);n 为潮汐特征信号数(无量纲);A_i 为潮汐振幅(m);ω_i 为潮汐频率(rad);θ_i 为潮汐相位(rad)。

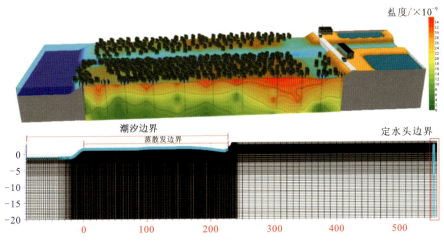

图 5-3-6 监测剖面实测盐度分布情况及模型边界条件

表 5-3-1 人工潮汐成分参数

潮汐成分	振幅/m	相位/rad	频率/rad·d^{-1}
O1	0.322	2.854	5.84
K1	0.263	1.596	6.30
M2	0.309	1.171	12.14
S2	0.132	0.716	12.57
N2	0.058	−2.681	11.91
P1	0.085	2.563	6.27

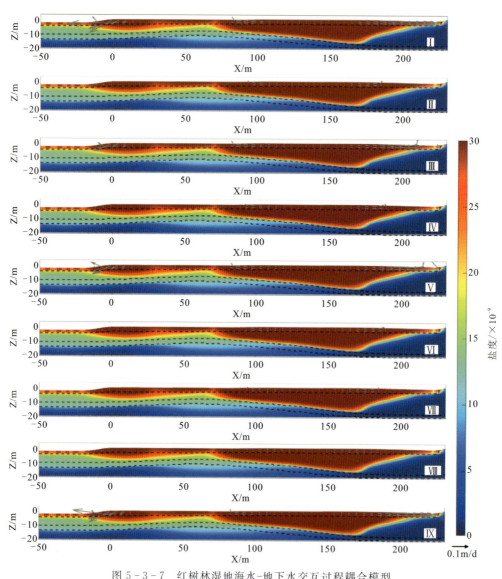

图 5-3-7 红树林湿地海水-地下水交互过程耦合模型

注：罗马数字对应采样次数，箭头代表地下水流向。

（二）红树林湿地地下水排泄动态特征

根据含水层-海洋界面的主要特征，将地表 SGD 排泄划分为 3 个区域（图 5-3-8）。大多数红树林生长在 MSL（平均海平面）以上，因此 MSL 和地表的交会点定义了 MSL 以下区和红树林区之间的边界。相邻两次大潮（新月到满月）的平均净流出量为 0.40 m^2/d（每米海岸线），其中 45% 的净流出量发生在 MSL以下，33% 排入红树林区，其余 22% 排入近岸潮沟区。大潮和小潮的振幅不同，海平面与地表的相对高差越大,地下水水力梯度越大,海水入渗和地下水排放越强,所以振幅较大的大潮净流出和流入(0.48m²/d 和 0.47m²/d)将大于小潮流出和流入(0.35m²/d 和 0.28m²/d)(图 5-3-8)。监测剖面东、西两侧的潮汐河道平均流出量为 0.14m²/d,以平均净流出量为基准,结合东寨港红树林湿地的潮汐河道密度(0.002m/m²,由遥感影像估算)和红树林面积(1750hm²),可以计算出东寨港红树林湿地的潮汐河道排放量为 $5.9 \times 10^{-3} m^3/d$。同时,也可以用红树林区的净流出量和红树林面积计算出红树林沼泽内的排水量为 $4.7 \times 10^{-3} m^3/d$。

在相邻的两次大潮中,42%的淡水排入 MSL 以下区域,57%的淡水排入近岸潮汐通道,只有 1%的淡水从 S3 和 S5 附近沿淡水通道排入红树林区。因此,红树林湿地内的排放几乎都是潮汐驱动的地下水盐分循环。尽管这样的盐度分布与低坡下形成的不稳定的 USP(上盐羽)相似,但淡水排泄通道与第 3 层高渗透砂层和地表之间的水力梯度有关,它们之间的水力联系随着高渗透砂层深度和地表高程的降低而增加。同时第 3 层在 $x=70m$ 处在 x 方向为较大的流速,这有助于淡水地下水的排放。根据净流入量和流出量之差,红树林地区 51%的海水从地表渗入,然后从地表排出,其余 49%的海水排入潮沟中。根据平均流速计算的流线,地下水在红树林根系层内的平均流速最快,循环时间在 1000d 以内,一旦进入低渗透性的淤泥质黏土层,循环时间可增加到 10 000d(图 5-3-8)。如果忽略红树林根系层向潮沟的排放,只有不到 10%的入渗海水会进入淤泥质黏土层,说明大部分入渗海水只通过红树林根系范围循环。

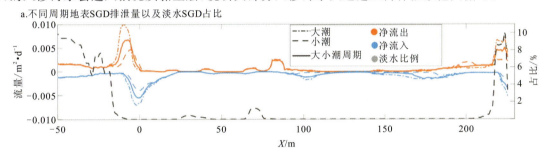

a.不同周期地表SGD排泄量以及淡水SGD占比

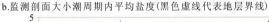

b.监测剖面大小潮周期内平均盐度(黑色虚线代表地层界线)

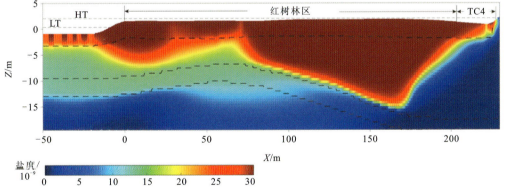

c.大小潮周期地下水平均流场以及不同采样点迹线分析

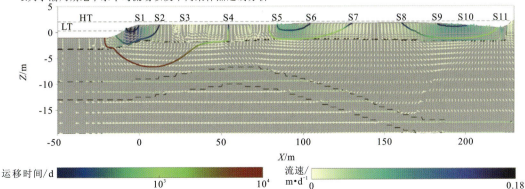

图 5-3-8 红树林湿地地下水排泄特征

(三) SGD 对红树林生长发育的潜在影响

红树林的生长和发展受到多种因素的影响,包括温度、二氧化碳、盐度、营养物质、污染物(重金属和有机污染物)、阳光、水位以及动植物(Macklin et al.,2021)。本研究地点的红树林根系内最明显的排放区在 S3 和 S5 附近,这两个地方也是新鲜地下水的潜在排放点。前期遥感解译结果表明 2014 年威马逊台风过后,排放区附近的红树林生长状况逐渐恶化,尤其是 S3 附近大面积红树林的消失。这可能是因为位于排放区的红树林的生长条件太差,无法抵御台风的破坏。由于红海榄苗期的最佳生长盐度为 5×10^{-9},而高盐度会抑制幼苗的根部生长,S3 和 S5 附近的红树林在 8 年内没有显示出恢复的迹象(蓝巧武和刘华英,2008)。然而成熟的红海榄在中等盐度下发育得更好,所以理论上排放区的盐度会更适合生长。那么这种较差的生长条件很可能是因为排放区富含影响红树林生长发育的物质,如过量的重金属和有机污染物。一方面,这些污染物来源于水产养殖的废水,在渗入含水层之前与海水混合;另一方面,它们也可能来自地表下的新鲜地下水排放过程,如耕地使用的农药和化肥随着灌溉和降雨渗入地下水,其中一部分会被排入红树林区。此外,在水化学梯度的影响下,这些物质的排泄过程将参与很多水生物地球化学过程。因此,预测红树林湿地中与 SGD 相关的地下化学转化的类型和速率以及化学通量可以支持对红树林湿地生态系统的评估。该结果有助于更深入地了解红树林湿地含水层中的水生地球化学反应区的过程以及它们可能发生变化的时空尺度。

第四节 红树林湿地生态地质调查健康评估模型

一、基于根际微生物组学的红树林健康诊断方法

(一)东寨港沉积物中氮循环过程及功能微生物

滨海湿地沉积物中的微生物功能基因,特别是编码一些参与生物地球化学循环的基因能够有效地将微生物群落结构与其生态学功能有效地连接(曾巾等,2007)。利用宏基因组技术,通过宏基因组测序数据与 KEGG 数据库进行对比,筛选出东寨港光滩区域沉积物和红树林区域沉积物中微生物参与氮和硫循环的相关基因类群及丰度,并在此基础上综合评估人类活动引起的东寨港湿地生态系统演变下的微生物功能基因变化及生态潜力。

1. 光滩和红树林沉积物中的氮循环及功能微生物

滨海湿地生态系统作为地球上生物地球化学过程最活跃的区域,其氮循环过程在全球氮循环中发挥着重要作用,而湿地微生物作为驱动湿地中氮循环过程的重要方式,对滨海湿地生态系统中的污染物降解、水体富营养化控制和湿地植物的生长都具有重要的实际意义(杨雪琴等,2018)。本次关注的滨海湿地氮循环过程主要包括生物固氮、硝化与反硝化、厌氧氨氧化、DNRA 和有机氮矿化。

东寨港沉积物中氮循环过程及驱动各个过程的基因如图 5-4-1 所示。由图可知,东寨港光滩和红树林沉积物中驱动氮循环过程的相关基因包括 $nifD$、$nifK$、$nifH$、$amoA$、$amoB$、$amoC$、$nxrB$、$nirK$、$nirS$、$norB$、$nosZ$、$napA$、$nirB$、$gdhA$ 和 $ureC$。

滨海湿地存在固氮基因的微生物主要为 Proteobacteria、Cyanobacteria 和 Firmicutes,其中大部分固氮菌属于 Gammaproteobacteria 纲。由图 5-4-2 可知,在东寨港光滩沉积物和红树林沉积物中,Gammaproteobacteria 具有较高丰度,在光滩沉积物和红树林沉积物中与固氮相关的基因 $nifH$ 和 $ninfD$ 丰度同样较高,说明在东寨港沉积物中,Gammaproteobacteria 与固氮相关的基因具有较高的相关性。研究表明,驱动红树林沉积物硝化过程的氨氧化细菌(AOB)主要包含 $amoA$、$amoB$ 和 $amoC$ 基因,氨氧化细菌(AOB)主要包括 Betaproteobacteria 纲的 Nitrosomonas 属和 Nitrosospira 属以及 Gammaproteobacteria 纲的 Nitrosococcus 属。在光滩区域,参与氨氧化过程的基因存在一定丰度,而红树林区域参与氨氧化过程的基因丰度基本为零,说明光滩沉积物中存在由 AOB 驱动的氨氧化过程,红树林沉积物中基本上不存

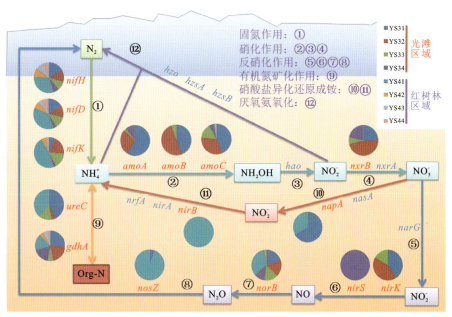

图 5-4-1　东寨港光滩和红树林区域沉积物中氮循环过程及相关基因

在由 AOB 驱动的氨氧化过程。存在反硝化基因的微生物主要为 *Proteobacteria*、*Aquificae*、*Deinococcus-Thermus*、*Firmicutes*、*Actinobacteria* 和 *Bacteroides* 中的 *Bacillus*、*Pseudomonas*、*Micrococcus*、*Aeromonas*、*Vibrio*、*Aerobacter*、*Alcalogenes*、*Brevibacterium*、*Flavobactrium* 等属。

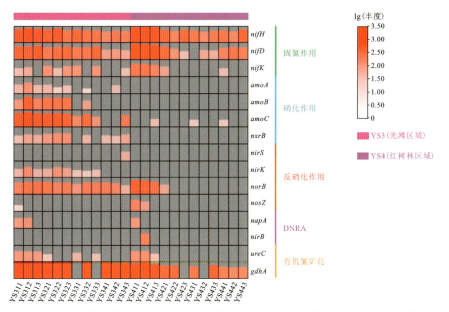

图 5-4-2　东寨港光滩和红树林区域沉积物中氮循环过程相关基因的丰度（丰度值取 lg10）

由图 5-4-2 可知，在光滩沉积物和红树林 5~10cm 沉积物中，与反硝化相关的基因 *norB* 存在较高丰度，说明驱动东寨港沉积物中反硝化过程的微生物中存在的与反硝化相关的基因主要为 *norB* 基因。研究表明，反硝化过程会导致沉积物中氮素的损失，并且在东寨港沉积物中绝大部分反硝化微生物不存在 *nosZ* 基因，因此可能会造成 N_2O 的积累，沉积物中氮素的损失和 N_2O 的积累对沉积环境都具有较大的危害性。参与有机氮矿化的基因 *gdhA* 在东寨港光滩和红树林沉积物中均存在较高丰度，*gdhA* 基因主要与 Alphaproteobacteria 和 Gammaproteobacteria 相关，少量与 Bacteroidetes 相关。

2. 沉积物中氮循环功能微生物分布特征

东寨港光滩和红树林沉积物中与氮循环过程相关的基因丰度基本上随沉积物深度的增加而降低（图 5-4-2）。东寨港沉积物中，固氮过程和有机氮矿化过程相关的基因丰度远高于硝化过程和反硝化过程，说明在东寨港沉积物中驱动固氮和有机氮矿化的微生物丰度高于驱动硝化和反硝化的微生物丰度。

由图5-4-3可知，Alphaproteobacteria和Gammaproteobacteria在光滩和红树林不同深度相对丰度之和随深度的变化趋势与gdhA基因随深度变化趋势基本一致，说明东寨港沉积物中gdhA基因主要存在于Alphaproteobacteria和Gammaproteobacteria中，即驱动东寨港沉积物中有机氮矿化的微生物群落主要为Alphaproteobacteria和Gammaproteobacteria。

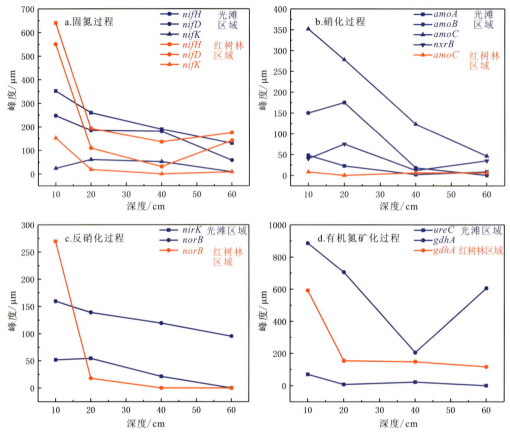

图5-4-3 东寨港光滩和红树林区域沉积物中与氮循环相关基因随深度的变化

在光滩区域，参与硝化过程的基因amoA丰度随沉积物深度增加明显下降，而基因amoB、amoC和nxrB丰度随深度增加下降缓慢或者基本保持不变；在红树林区域，与硝化过程相关的基因amoC丰度随沉积物深度增加基本保持不变。光滩区域，与反硝化过程相关的基因nirK和norB丰度随沉积物深度增加缓慢下降，而在红树林区域参与反硝化过程的基因norB丰度随沉深度增加变化较大。

3. 光滩和红树林沉积物中氮循环功能微生物的差异性

本研究采用在Bray-Curtis距离下的NMDS（非度量多维尺度分析，non-metric multidimensional scaling，简称NMDS）分析探究了东寨港红树林光滩区域和红树林区域沉积物中氮循环过程相关基因的差异性。由图5-4-4可知，在胁强系数(Stress)=0.0778的条件下，YS3采样区域（光滩区域）各个深度采样点和YS4采样区域（红树林区域）各个深度采样点在MDS1轴、MDS2轴上被很好地分开，说明东寨港光滩区域和红树林覆盖区域沉积物中由微生物驱动的氮循环过程存在显著性差异。

（二）东寨港沉积物中硫循环过程及相关基因

1. 光滩和红树林沉积物中的硫循环及功能微生物

硫循环是湿地地球化学元素循环的关键过程之一，滨海湿地中硫元素含量丰富，价态多样，形式复杂，且与湿地中氮和碳循环过程密切相关。因此，研究滨海湿地中的硫循环过程对于了解湿地中各元素的生物地球化学循环具有重要意义（幸颖等，2007）。硫氧化细菌(SOB)和硫还原细菌(SRB)在硫循环体系中起着不可或缺的作用，深入认识微生物驱动的滨海湿地硫循环过程（图5-4-5），能够为探究滨海湿地生物地球化学循环机制以及湿地生态环境保护提供科学依据。

a. 光滩和红树林采样点NMDS分析

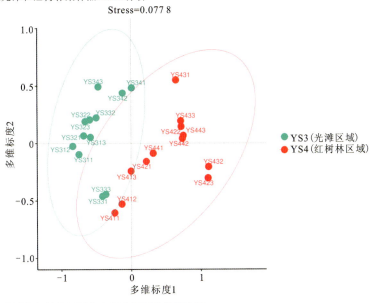

b. 光滩和红树林沉积物中驱动氮循环基因差异

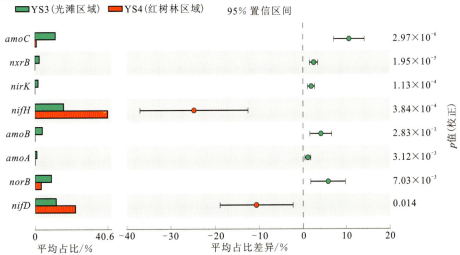

图 5-4-4 东寨港光滩和红树林区域沉积物中驱动氮循环的相关基因差异分析

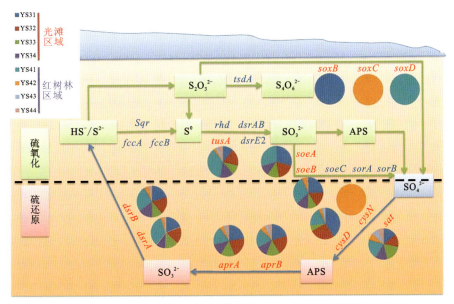

图 5-4-5 东寨港光滩和红树林区域沉积物中硫循环过程及相关基因

东寨港光滩和红树林沉积物中参与硫还原过程相关基因的类型和丰度如图5-4-6所示。在东寨港光滩和红树林沉积物5～10cm深度中，基因 sat、aprA 和 aprB 都具有较高丰度；在15～20cm、35～40cm 和 55～60cm 深度沉积物中，光滩区域沉积物中基因 sat、aprA 和 aprB 丰度明显高于红树林区域沉积物。另外，在光滩区域沉积物中，基因 sat 丰度随深度基本不变，而基因 aprA 和 aprB 随深度的增加明显减小。研究表明，红树林沉积物中 aprA 和 aprB 基因主要存在于 Desulfobacterales 和 Desulfovibrionales。由图5-4-7可知，东寨港沉积物中 Desulfobacterales 属于优势菌种，并且 Desulfobacterales 丰度在光滩区域随深度基本不变，而在红树林区域随深度增加而减小，aprA 和 aprB 基因丰度在光滩区域沉积物中和红树林区域沉积物中随深度的变化趋势与 Desulfobacterales 丰度随深度变化趋势相同，说明参与东寨港湿地沉积物中硫酸盐还原的主要微生物为 Desulfobacterales。

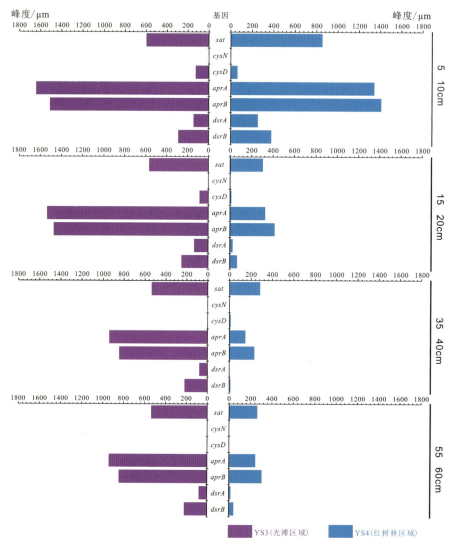

图5-4-6 东寨港光滩和红树林沉积物中硫还原过程相关基因的丰度

2. 沉积物中硫循环功能微生物分布特征

东寨港湿地沉积物具有高硫酸盐和低 O_2 含量特征，这种独特的沉积环境是造成 SRB 和 SOB 在东寨港红树林和光滩区域的分布存在显著差异的主要原因。研究表明，SRB 主要分布于东寨港湿地沉积物的深层（20～60cm），而 SOB 则分布于东寨港湿地沉积物的表层（0～20cm）。东寨港光滩和红树林沉积物中硫循环过程相关的基因丰度基本上随沉积物深度的增加而降低（图5-4-7）。

3. 光滩和红树林沉积物中硫循环功能微生物的差异性

本研究采用 PCA 分析法探究了东寨港红树林光滩区域和红树林区域沉积物中硫循环过程相关基因的差异性。图5-4-8说明东寨港光滩区域和红树林区域5～10cm深度沉积物中与硫循环相关的基因，

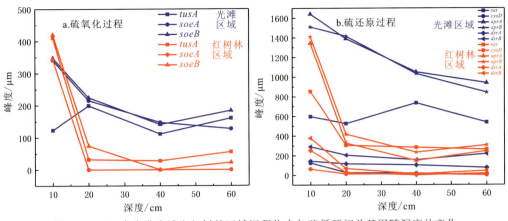

图 5-4-7　东寨港光滩和红树林区域沉积物中与硫循环相关基因随深度的变化

同 15~20cm、35~40cm 和 55~60cm 深度沉积物中与硫循环相关的基因也存在差异,并且差异较为显著。

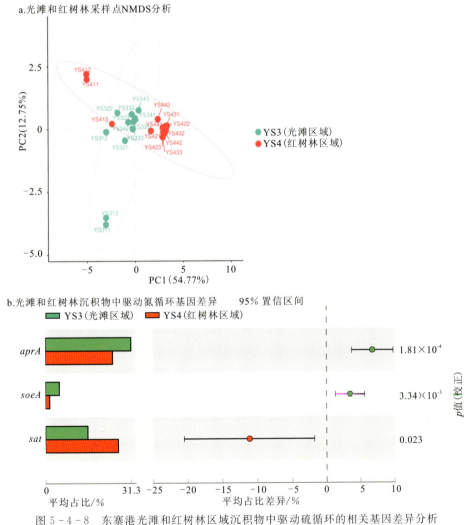

图 5-4-8　东寨港光滩和红树林区域沉积物中驱动硫循环的相关基因差异分析

为了更加深入地探究东寨港光滩区域和红树林区域沉积物中与硫循环过程相关基因的具体差异,本研究采用 Welch's t-test 数据处理方式,在 95% 置信区间条件下,对比了光滩区域和红树林区域沉积物中与硫循环过程相关的基因。东寨港光滩区域和红树林区域沉积物中存在较大差异的与硫循环过程的相关基因分别为 $aprA$、$soeA$ 和 sat 基因,其中 sat 基因主要在红树林区域沉积物的硫循环中起着关键作用,而 $aprA$ 基因和 $soeA$ 基因主要在光滩区域沉积物中起着关键作用。

(三)红树林湿地沉积物中氮和硫循环过程总结

东寨港光滩区域和红树林区域沉积物中氮循环存在差异,且随着沉积物深度的增加,微生物驱动的氮循环的各个过程的强烈程度均呈下降趋势。在东寨港光滩沉积物中,固氮过程、硝化过程、反硝化过程和有机氮矿化过程均存在,而红树林沉积物中,仅存在较为强烈的固氮作用和有机氮矿化过程。驱动东寨港沉积物中固氮过程的微生物主要为 Gammaproteobacteria,驱动东寨港沉积物中有机氮矿化的微生物主要为 Alphaproteobacteria 和 Gammaproteobacteria。

东寨港光滩区域和红树林区域沉积物中硫循环存在差异,且随着沉积物深度的增加,微生物驱动的硫循环的各个过程的强烈程度均呈下降趋势。硫酸盐还原过程东寨港沉积物中的主要生物化学过程之一,而驱动东寨港沉积物中硫酸盐还原过程的微生物主要为 Desulfobacterales。

控制东寨港光滩和红树林沉积物中氮循环过程的环境因子存在差异。东寨港光滩区域沉积物中,pH、TOC、TS、TN 和 SO_4^{2-} 对氮循环各个过程主要为抑制作用,P 对氮循环各个过程主要为促进作用。东寨港红树林区域沉积物,Fe 对氮循环各个过程主要为抑制作用,盐度、TOC、TN、SO_4^{2-} 对氮循环各个过程主要为促进作用。

控制东寨港光滩和红树林沉积物中硫还原环过程的环境因子存在差异。东寨港光滩区域沉积物中,TOC、TS、TN 和 SO_4^{2-} 对硫还原过程主要为抑制作用,盐度和 P 对硫还原过程主要为促进作用。东寨港红树林区域沉积物中,Fe 对硫还原过程主要为抑制作用,盐度、TOC、TN 和 SO_4^{2-} 对硫还原过程主要为促进作用。

二、基于 PSR 的红树林健康评价模型

(一)PSR 模型的建立

1. 概念及内容

目前许多政府和组织都把 PSR 模型作为用于环境指标组织和环境现状汇报最有效的框架(曲富国和郑鹏,2014)。该模型分为三大类指标,即压力指标、状态指标和响应指标,结构如图 5-4-9 所示。压力指标包括对环境问题起着驱动作用的间接压力(如人类的活动倾向),也包括直接压力(如资源利用、污染物质排放)。这类指标主要描述了人类活动给环境带来的影响,其产生与人类的消费模式有紧密关系,能够反映某一特定时期资源的利用强度及其变化趋势。状态指标主要包括生态系统与自然环境现状,人类的生活质量与健康状况等。它反映了环境要素的变化,同时也体现了环境政策的最终目标,指标选择主要考虑环境或生态系统的生物、物理化学特征及生态功能。响应指标是指社会和个人如何行动来预防、减轻或恢复人类活动对环境的负面影响,以及对已经发生的不利于人类生存发展的生态环境变化进行补救的措施,如教育法规、市场机制和技术变革等(姚萍萍等,2018)。

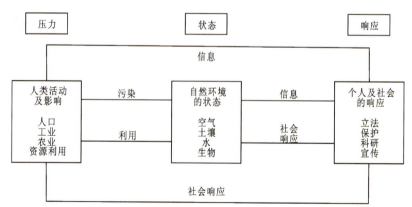

图 5-4-9 压力-状态-响应(PSR)框架模型

2. 基于PSR模型的红树林生态系统健康评价体系

要想建立红树林生态系统评价指标体系,全面、真实地衡量红树林生态系统的健康情况,评价指标的选取必须具有相当的完备性和代表性,以便能够综合反映红树林生态系统健康的各种因素。针对红树林生态系统的特点,评价指标体系的设置应当遵循如下几个原则(王玉图等,2010)。

(1)整体性原则:红树林生态系统是由生物、非生物的各种成分组成的不可分割的整体,指标体系的建立不仅要考虑各个成分的特有要素,还应当包括能体现生态系统整体特征的指标。

(2)可操作性原则:在设置评价指标体系时,应当结合当地的实际情况考虑指标的现实性和易获取程度,尽量选取易获得的,能够反映系统某些关键性特征并能预测系统发展趋势的指标。

(3)层次性原则:红树林生态系统是一个复合的多元的生态系统,生态要素众多,应从简单到复杂分层构建指标体系,使其层次分明,以便能清晰、有条理地体现出生态系统的状况。

(4)动态性原则:评价指标体系要能反映一定时空尺度的生态系统状况,其选择要求充分考虑生态系统动态变化的特点,以期更好地对生态系统的历史、现状和未来变化趋势做出准确的描述。

根据红树林生态系统健康评价体系的构建原则,从压力、状态、响应3个方面选取能切实反映红树林生态系统健康状况的指标,评价指标体系归纳为如下4点。

(1)目标层:以红树林生态系统综合健康状况作为总目标层。
(2)项目层:包括反映红树林生态系统综合健康状况的压力、状态、响应3个主要方面。
(3)要素层:由构成压力、状态、响应项目层的各个要素组成。
(4)指标层:由反映各个要素状况并可直接度量的具体评价指标构成。

各层次间的结构、指标数据来源代表、含义及权重如表5-4-1所示,具体权重确定见后文。

表5-4-1 红树林生态系统健康评价体系

目标层(O)	项目层(A)	要素层(B)	指标层(C)	权重(W)
红树林生态系统综合健康状况(O)	压力(A_1)	经济发展水平(B_1)	人口密度(C_1)	0.015 1
			人均GDP(C_2)	0.045 2
		土地利用状况(B_2)	耕地面积(C_3)	0.060 3
			养殖面积(C_4)	0.112 8
		环境污染程度(B_3)	环境重金属分布(C_5)	0.226 1
			环境有机污染分布(C_6)	0.075 4
	状态(A_2)	红树林生长状况(B_4)	红树林覆盖度(C_7)	0.096 9
		红树林其他生物状况(B_5)	生物种类(C_8)	0.096 9
		区域气象状况(B_6)	年均气温(C_9)	0.016 1
			年均降水量(C_{10})	0.016 1
		红树林土壤状况(B_7)	土壤盐度(C_{11})	0.064 7
			土壤pH值(C_{12})	0.048 5
			土壤营养元素(C_{13})	0.048 5
	响应(A_3)	社会情况(B_8)	大众环保意识(C_{14})	0.009 7
			治理政策(C_{15})	0.004 8
			环保宣传教育(C_{16})	0.004 8
		保护区情况(B_9)	保护区功能分区(C_{17})	0.058 1

(二)健康评价指标权重的确定

1. 层次分析法

层次分析法合理地将定性与定量的决策结合起来,按照思维、心理的规律把决策过程层次化、数量化。该方法在处理各种决策因素时能够将定性与定量相结合,并且其系统灵活、简洁。凭借以上优点,该方法迅速在社会经济各个领域内得到广泛的重视和应用,如能源系统分析、城市规划、经济管理、科研评价等(王玉图等,2010)。

运用层次分析法进行决策时,需要经历以下5个步骤。

1)建立系统的递阶层次结构

建立的系统递阶层次结构与PSR模型所构建的指标体系结构相同。

2)构造两两比较判断矩阵(正互反矩阵)

层次结构反映了因素之间的关系,但准则层中的各准则在目标衡量中所占的比例并不一定相同。分级太多会既增加作判断的难度,又容易因此而提供虚假数据影响人们的判断能力。Saaty(2008)用实验方法比较了在各种不同标度下人们判断结果的正确性,实验结果也表明,采用1~9标度最为合适(表5-4-2)。

3)针对某一个标准,计算各备选指标的权重

针对各指标对上一层元素的重要性,两两指标进行比较得出的值,构建出正互反矩阵 **A**。求出特征向量 **W** 作为各指标的权重以及最大特征值 $\lambda_{\max}$。

4)进行一致性检验

对判断矩阵进行一致性检验的步骤如下。

(1)计算一致性指标CI。

$$\mathrm{CI} = \frac{\lambda_{\max} - n}{n - 1} \tag{5-4-1}$$

表5-4-2 标度的含义

标度	含义
1	表示两个因素相比,具有相同重要性
3	表示两个因素相比,前者比后者稍重要
5	表示两个因素相比,前者比后者明显重要
7	表示两个因素相比,前者比后者强烈重要
9	表示两个因素相比,前者比后者极端重要
2、4、6、8	表示上述相邻判断的中间值
倒数	若因素i与因素j的重要性之比为a_{ij},那么因素j对因素i的重要性之比为$a_{ji} = \dfrac{1}{a_{ij}}$

(2)查找相应的平均随机一致性指标RI。对$n=1,2,\cdots,9$,Saaty(2005)给出了RI的值,如表5-4-3所示。

表5-4-3 RI值对照表

n	1	2	3	4	5	6	7	8	9
RI	0	0	0.58	0.90	1.12	1.24	1.32	1.41	1.45

RI值是这样得到的:用随机方法构造500个样本矩阵随机地从1~9及其倒数中抽取数字构造正互反矩阵,求得最大特征根的平均值$\lambda'_{\max}$并定义为:

$$\mathrm{RI} = \frac{\lambda'_{\max} - n}{n - 1} \tag{5-4-2}$$

(3) 计算一致性比例 CR。

$$CR = \frac{CI}{RI} \qquad (5-4-3)$$

当 CR<0.10 时,认为判断矩阵的一致性是可以接受的项,则应对判断矩阵作适当修正。

5) 计算当前一层元素关于总目标的权重并作层次总排序的一致性检验

设 B 层中与 A_j 相关的因素的成对比较判断矩阵在单排序中经一致性检验,求得单排序一致性指标为 $CI(j)(j=1,\cdots,m)$,相应的平均随机一致性指标为 $RI(j)$[$CI(j)$、$RI(j)$ 已在层次单排序时求得],则 B 层总排序随机一致性比例计算公式如下:

$$CR = \frac{\sum_{j=1}^{m} CI(j) a_j}{\sum_{j=1}^{m} RI(j) a_j} \qquad (5-4-4)$$

当 CR<0.10 时,认为层次总排序结果较满意,并可接受该分析结果。

2. 指标权重的确定

根据层次分析法,对表 5-4-4 所构建的红树林生态系统健康评价体系分层作出判断矩阵以确定各层级要素的权重 W。首先对项目层(A)权重进行判断,根据已有资料以及本次调查结果,东寨港红树林生态系统存在一定程度的退化,系统本身稳定性较差,所以压力要素和状态要素占到更大权重,压力要素所包含的经济指标和污染指标等对于红树林健康情况的影响较状态要素内各指标而言更为直接,压力要素较状态要素稍显重要,项目层 A 对目标层判断矩阵见表 5-4-4。随机一致性验证如下。

$$CI = \frac{\lambda_{\max} - n}{n-1} = 0 \qquad (5-4-5)$$

$$RI = 0.58, CR = \frac{CI}{RI} = 0 < 0.10 \qquad (5-4-6)$$

表 5-4-4 A 级权重矩阵

O	A_1	A_2	A_3	W_A
压力 A_1	1	1.4	7	0.538 5
状态 A_2	0.714	1	5	0.384 6
响应 A_3	0.143	0.2	1	0.076 9

继续对比压力要素(A_1)下各要素权重,环境污染程度作为直接影响红树林生长发育情况显然较其他两项更为重要,而结合遥感所得到的土地利用情况动态变迁情况可知,由于人类活动(红树林区域转为养殖池塘和耕地)直接导致红树林景观破碎,加速红树林生态恶化,其中水产养殖规模巨大,影响更为显著,故具有明显的重要性。随机一致性验证如下。A_1 级评价指标权重确定结果见表 5-4-5 至表 5-4-8。

$$CI = \frac{\lambda_{\max} - n}{n-1} = 0 \qquad (5-4-7)$$

$$RI = 0.58, CR = \frac{CI}{RI} = 0 < 0.10 \qquad (5-4-8)$$

表 5-4-5 A_1 级权重矩阵

压力 A_1	B_1	B_2	B_3	W_B(较 A_1)
经济发展水平 B_1	1	0.33	0.2	0.11
土地利用状况 B_2	3	1	0.6	0.33
环境污染程度 B_3	5	1.67	1	0.56

表 5-4-6 B_1 级权重矩阵

B_1	C_1	C_2	W_C(较 B_1)
人口密度(C_1)	1	0.33	0.25
人均 GDP(C_2)	3	1	0.75

表 5-4-7 B_2 级权重矩阵

B_2	C_3	C_4	W_C(较 B_2)
耕地面积(C_3)	1	0.50	0.33
养殖面积(C_4)	2	1	0.67

表 5-4-8 B_3 级权重矩阵

B_3	C_5	C_6	W_C(较 B_3)
环境重金属分布(C_5)	1	3	0.75
环境有机污染分布(C_6)	0.33	1	0.25

对状态要素(A_2)下各要素权重进行分析,首先土壤作为红树林生长的直接载体,其理化性质等指标直接影响红树林的生长情况,其中最主要的指标为土壤盐度。因为红树植物依靠其耐盐性成为潮间带区域的优势物种,其他指标对表征红树林生态系统健康程度贡献较小。随机一致性验证如下。A_2 级评价指标权重结果见表 5-4-9 至表 5-4-11。

$$\mathrm{CI} = \frac{\lambda_{\max} - n}{n-1} = 0 \tag{5-4-9}$$

$$\mathrm{RI} = 0.90, \mathrm{CR} = \frac{\mathrm{CI}}{\mathrm{RI}} = 0 < 0.10 \tag{5-4-10}$$

表 5-4-9 A_2 级权重矩阵

压力 A_2	B_4	B_5	B_6	B_7	W_B(较 A_2)
红树林生长状况(B_4)	1	1	3	0.6	0.25
红树林其他生物状况(B_5)	1	1	3	0.6	0.25
区域气象状况(B_6)	0.33	0.33	1	0.2	0.0833
红树林土壤状况(B_7)	1.67	1.67	5	1	0.4167

表 5-4-10 B_6 级权重矩阵

B_6	C_9	C_{10}	W_C(较 B_6)
年均气温(C_9)	1	1	0.5
年均降水量(C_{10})	1	1	0.5

表 5-4-11 B_7 级权重矩阵

B_7	C_{11}	C_{12}	C_{13}	W_C(较 B_7)
土壤盐度(C_{11})	1	1.333	1.333	0.4
土壤 pH 值(C_{12})	0.75	1	1	0.3
土壤营养元素(C_{13})	0.75	1	1	0.3

对响应要素（A_3）下各要素权重进行分析，其中保护区情况以功能划分为主要指标，以红树林分布情况将保护区划分为核心区、试验区、缓冲区等多个功能范围。在试验区开展检测实验，对核心区进行严格保护，进一步明确红树林周边地区产业红线，这一分区指标显然较社会情况指标更为重要。随机一致性验证如下。A_3级评价指标权重结果见表5-4-12、表5-4-13。

$$CI = \frac{\lambda_{max} - n}{n-1} = 0 \tag{5-4-11}$$

$$RI = 0, CR = 0 < 0.10 \tag{5-4-12}$$

表5-4-12　A_3级权重矩阵

A_3	B_8	B_9	W_B（较A_3）
社会情况（B_8）	1	0.33	0.25
保护区情况（B_9）	3	1	0.75

表5-4-13　B_8级权重矩阵

B_8	C_{14}	C_{13}	C_{14}	W_C（较B_8）
大众环保意识（C_{14}）	1	2	2	0.50
治理政策（C_{15}）	0.5	1	1	0.25
环保宣传教育（C_{16}）	0.5	1	1	0.25

（三）评价指标原始数据的获取

红树林生态系统健康评价体系的指标体系复杂多样，分为经济指标、生物指标、化学指标、水文气候指标以及其他的各种指标等。不可能通过一种手段获取所有的17个指标的原始数据，指标的来源主要分为3个方面。

1. 历史资料查询

与压力相关的各种社会经济指标可以通过政府官方网站以及政府公布的政府工作报告查询，如研究区4个红树林区域周边地区人口密度、人均GDP；气象环境指标可通过气象部门和环保部门网站所提供的数据获取；与自然保护区相关的各项指标可通过自然保护区官方网站以及保护区的历史资料获取；相关指标数据及标准通过查阅文献获得。

2. 红树林实地调查

与红树林相关的各项生物、环境等指标通过红树林生态调查获取相关原始数据；红树林生态调查参照国家海洋局行业监测规范《红树林生态监测技术规程》（HY/T 081—2005）；土地利用状况和红树林生长情况通过遥感数据解译获得。

3. 红树林社会调查与专家咨询

对于大众环保意识以及大众文化素质指标，可通过制订专门的调查问卷在进行红树林生态调查的同时对周边居民进行问卷调查；环境污染等级这一指标可以通过咨询相关专家对各红树林周边污染状况进行分等级的量化处理。

（四）评价指标原始数据的归一化处理

进行红树林生态系统健康评价还要对各个不同评价指标的原始数据进行归一化处理，以消除量纲的差异。采用的归一化方法分为以下3种。

1. 正向指标

正向指标是指指标值越高表明生态系统越健康的一类指标，如红树林覆盖度等指标，此时归一化值用以下公式计算。

$$N = (n - n_{\min})/(n_{\max} - n_{\min}) \quad (5-4-13)$$

2. 逆向指标

逆向指标是指指标值越低表明生态系统越健康的一类指标,如人口数量、环境污染程度等指标,此时归一化值用以下公式计算,其中重金属指标等采取风险贡献因子等获得总浓度后进行归一化计算。

$$N = (n - n_{\max})/(n_{\min} - n_{\max}) \quad (5-4-14)$$

3. 适度指标

适度指标是指存在一个临界阈值的一类指标,如环境相关的各项指标、气候相关指标等,此时归一化值用以下公式计算。

$$N = |n - n_{\mathrm{mid}}|/(n_{\max} - n_{\min}) \quad (5-4-15)$$

式中:n 为原始值;$n_{\min}$ 为所有原始值中的最小值;$n_{\max}$ 为所有原始值中的最大值;n_{mid} 为临界阈值。表 5-4-14、表 5-4-15 为部分指标数据及归一化结果。

表 5-4-14 部分指标统计结果

红树林分区	红树林面积	人口数量	人口密度	人均GDP	耕地面积	养殖面积	年均气温	年均降水量
	km²	人	人/km²	元	km²	km²	℃	mm
演丰西河	8.31	5851	704	8633	4.15	2.06	23.5	1816
演丰东河	1.71	4492	2627	8890	2.18	3.02	23.5	1816
三江河	5.59	4042	723	8460	1.05	4.46	23.5	1816
演州河	3.64	2600	714	8021	4.67	4.67	23.5	1816

表 5-4-15 部分指标归一化统计结果

红树林分区	人口密度	人均GDP	耕地面积	养殖面积	年均气温	年均降水量	环保意识	治理政策	环保宣传教育
演丰西河	1	0.30	0.72	1	0.8	0.8	0.5	1	0.5
演丰东河	0	0	0.01	0	0.8	0.8	1	0	1
三江河	0.99	0.50	1	0.64	0.8	0.8	0.7	0.7	0.8
演州河	0.99	1	0	0.32	0.8	0.8	0	0.2	0

(五)评价结果及分析

综合健康指数(comprehensive health index,简称 CHI)反映整个红树林生态系统的健康状况,根据综合健康指数的分级数值范围确定红树林生态系统健康的等级。红树林生态系统综合健康指数的确定可根据以下公式计算(王玉图等,2010)。

$$\mathrm{CHI} = \mathrm{CPI} + \mathrm{CSI} + \mathrm{CRI} \quad (5-4-16)$$

式中:CPI 为综合压力指数(comprehensive pressure index,简称 CPI);CSI 为综合状态指数(comprehensive state index,简称 CSI);CRI 为综合响应指数(comprehensive response index,简称 CRI)。

综合压力指数反映整个红树林生态系统的压力状况,综合压力指数的确定可根据以下公式计算。

$$\mathrm{CPI} = 100 \cdot \sum_{i=1}^{n} W_j \cdot N_j \quad (5-4-17)$$

式中:n 为与压力相关的评价指标的个数;N_j 表示相对应的与压力相关的第 i 种指标的数据归一化值,$0 \leqslant N_j \leqslant 1$;$W_j$ 为指标的权重,通过层次分析法求得。

综合状态指数反映整个红树林生态系统的状态状况,综合状态指数的确定可根据以下公式计算。

$$\mathrm{CSI} = 100 \cdot \sum_{i=1}^{n} W_i \cdot N_i \quad (5-4-18)$$

式中：n 为与状态相关的评价指标的个数；N_i 为相对应的与状态相关的第 i 种指标的数据归一化值，$0 \leqslant N_i \leqslant 1$；$W_i$ 为指标 i 的权重，通过层次分析法求得。

综合响应指数反映整个红树林生态系统的响应状况，综合响应指数的确定可根据以下公式计算。

$$CRI = 100 \cdot \sum_{i=1}^{n} W_k \cdot N_k \qquad (5-4-19)$$

式中：n 为与响应相关的评价指标的个数；N_k 表示相对应的与响应相关的第 k 种指标的数据归一化值，$0 \leqslant N_k \leqslant 1$；$W_k$ 为指标 k 的权重，通过层次分析法求得。

根据综合健康指数的数值，结合红树林湿地的实际情况，依据 CHI 值将各红树林生态系统的健康状况划分为很健康、健康、亚健康以及不健康 4 个等级。其中，当 CHI≥80 时，表明人类活动对红树林生态系统的影响很小，红树林生态系统所受的外部环境压力非常小，此时红树林生态系统处于很好的可持续状态，红树林生态系统的健康状况为很健康。当 60≤CHI<80 时，表明人类活动对红树林生态系统的影响较小，红树林生态系统所受的外部环境压力较小，此时红树林生态系统本身具有很强的活力，而且面对外界环境的压力也拥有较强的抗干扰能力和恢复力，系统很稳定，处于可持续状态，红树林生态系统的健康状况为健康。当 40≤CHI<60 时，表明人类活动对红树林生态系统有一定的影响，红树林生态系统受到一定的外部环境压力，红树林生态系统结构尚能稳定，整个生态系统勉强维持，红树林生态系统已开始退化健康状况为亚健康。当 CHI<40 时，表明人类活动对红树林生态系统的影响很大，红树林生态系统所受的外部环境压力很大，此时红树林生态系统本身的活力较差，生态异常大面积出现，整个系统的可持续性丧失，红树林生态系统已经严重退化，健康状况为不健康。

CHI、CPI、CSI、CRI 统计学结果及分布见图 5-4-10，其中 CPI、CSI、CRI 去除权重影响（满分为 100），CPI 平均值为 52.3，而 CSI、CRI 平均值分别为 62.7 和 73.2，数据整体处于中等偏上水平，说明评价区域整体综合压力较大，而综合状态和响应水平较好。而 CHI 平均值为 57.6，整体分布在 46.2~63.8 之间，整体处于中等水平，根据生态系统健康状况的等级划分，研究区生态系统多数区域处于亚健康状态，少数区域达到健康状态的较低水平，仅有极少区域处于不健康状态，说明在当下评价系统中，巨大的外部压力使得整个东寨港红树林生态系统都处于健康—亚健康的临界状态。值得注意的是，CPI 指数存在较低异常值的点集中分布于演丰东河下游山尾头村附近，这与整个区域 CHI 指数最低的区域高度重合，说明这一区域综合压力指数远小于其他区域，即巨大的外部压力已迫近该区域红树林生态系统承受能力上限，而其他 3 条河流的 CPI 指数处于正常范围。研究区 CSI 指数呈现演丰东河较高，演丰西河较低，三江河和演州河处于中等水平的状况。研究区 CRI 指数较低点都集中分布于河流上游或人类活动较为密集的区域，具有明显的不连续分带性是因为响应指数计算中社会情况和研究区情况参考相关政策划分区域，相邻区域分数有较大差异，但由于综合响应指数权重较低，对 CHI 分布规律影响较小。区域 CHI 分布情况与 CPI 大致一致，演丰东河 CHI 指数整体较低，演丰西河和演州河 CHI 指数整体较高，三江河 CHI 指数整体处于中等水平，并且均呈现上游区域高于下游区域的趋势。

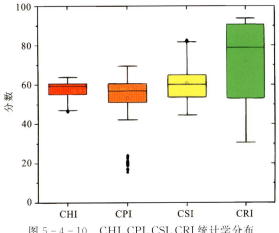

图 5-4-10　CHI、CPI、CSI、CRI 统计学分布

图 5-4-11 所示为东寨港红树林生态系统综合健康指数评价结果。由图 5-4-11 可知,东寨港红树林生态系统多数区域处于亚健康状态,少数区域达到健康状态的较低水平,仅有极少数区域处于不健康状态,表明在当下评价系统中,巨大的外部压力使得整个东寨港红树林生态系统都处于健康—亚健康的临界状态。健康区域主要分布于演丰西河下游和三江河中下游,而演丰河上游、演丰东河、演州河周边区域综合健康状态为亚健康状态,仅有演丰东河下游山尾头村附近区域达到不健康状态。

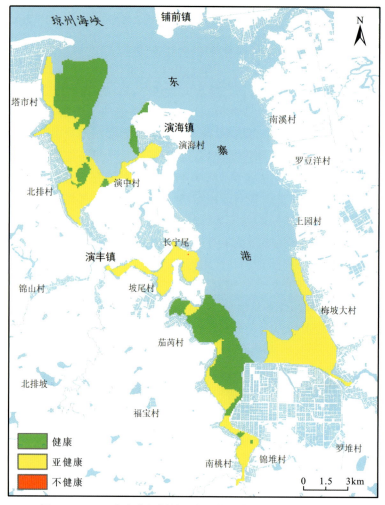

图 5-4-11 东寨港红树林生态系统综合健康指数评价结果

第六章 自然资源分类、调查评价与空间区划

第一节 自然资源分类与禀赋分析

一、自然资源分类与调查框架构建[①]

由于自然资源种类繁多,且其属性功能具有复合性,加之人类对自然资源认识的深度和广度存在差异,以及对自然资源分类详尽程度和应用目的不同,目前世界上尚未形成统一公认且符合管理实际需要的分类系统(邓锋,2019)。不同国家、部门或学科多根据各自的自然资源研究现状,从不同角度、根据不同目的形成不同的分类方案或体系(张文驹,2019;葛良胜和夏锐,2020;张凤荣,2019;郝爱兵等,2020),总体呈现出多样化特点。

2020年1月,自然资源部印发的《自然资源调查监测体系构建总体方案》(自然资发〔2020〕15号)(以下简称"总体方案")(自然资源部,2020a)提出"重构现有自然资源分类体系,着力解决概念不统一、内容有交叉、指标相矛盾等问题,体现科学性和系统性,又能满足当前管理需要"。本书在继承前人工作的基础上,汇总分析(不同类型)自然资源的定义、内涵、功能属性和分类方案,根据自然资源学理和管理的特点及其差异,结合国家法律法规和自然资源部对自然资源统一管理的要求,分别形成自然资源学理分类方案和融合学理、法理和管理(三理)、服务管理的分类方案,构建自然资源调查体系框架,提出自然资源调查总体思路,支撑新时期自然资源综合调查体系建设。

(一)自然资源分类思路与原则

1. 总体思路

从自然资源的学理出发,梳理自然资源的不同定义、内涵及分类,根据自然资源的本质表现形式差异,形成自然资源的学理分类方案;在学理分类的基础上,结合相关法律法规,遵循自然资源部对自然资源统一管理要求,重点根据管理的实践性和具有权属边界等特征,形成融合学理、法理、管理、服务管理的自然资源分类方案。

2. 分类原则

(1)把握不同自然资源的定义及内涵。自然资源的定义和内涵决定了自然资源的分类界线,如一般认为森林资源等同于林木资源,但森林资源的学理定义和内涵表明森林资源不仅包括林木,还包括林地及其他动植物资源,森林资源应包括整个森林生态系统。

(2)遵循系统性、科学性、完整性、稳定性和逻辑性等原则。系统性是指分类方案覆盖主要的自然资源门类,框架合理、层次清晰;科学性是指分类方案不仅吸收借鉴前人的自然资源分类标准,同时要着眼于当前自然资源管理工作的需要;完整性是指分类方案要考虑不同门类自然资源的所有类别;稳定性是指分类方案中不同类型和类别之间应相互排斥、界限分明,避免重叠交叉;逻辑性是指分类方案中每一类型的划分逻辑或标准尽量保持一致。

(3)遵循相关法律法规、自然资源部职能。《中华人民共和国宪法》及其他各类法律法规中明确自然资

[①] 该节内容来自作者之一已发表的科研成果《新时期面向管理的自然资源分类》(柯贤忠等,2021)。

源包括矿藏、山岭、森林、草原、滩涂、荒地、水流、水面、海域、海岛、野生动植物、气候资源和无线电频谱等13类。自然资源部的职能目前仅包括水、土地、矿产、森林、草原、湿地及海域海岛七大类。

(4)遵循国家自然资源管理现状。分类方案中不同类别自然资源调查须具有可操作性、指标可度量(或资产可评估)。当学理上出现重叠交叉时,重点考虑人类开发利用自然资源时侧重的功能或属性。如地热水,学理上既属于水资源,又属于矿产资源,但主要开发利用其中的热能,因此管理上划归矿产资源。

(二)自然资源分类方案

1. 自然资源学理分类方案

学理注重系统性、全面性等。学理分类要从学术定义出发,系统、全面地囊括各类自然资源。自然资源定义和内涵分析表明,物质、空间、能量是自然资源本质上的三大表现形式,资源和环境功能是自然资源的基本属性,三类自然资源及其基本属性是构成自然资源的基础。三类自然资源既可独立形成单要素自然资源,如水资源;也可两类或三类组合形成自然资源综合体,如森林资源、海洋资源。依据自然资源属性差异的这一主要分类逻辑,初步形成五级自然资源学理分类方案(表6-1-1)。

一级分类根据自然资源的表现形式差异,分为物质、能量和空间3类资源。在一级分类的基础上,继续根据自然资源表现形式的差异将3类自然资源分为气态物质、液态物质、固态物质资源,太阳辐射、水能、风能、生物能、无线电资源,立体空间、平面空间资源10个二级类别。在二级分类的基础上,继续依据自然资源的属性差异,分为空气、气态矿产、液态水、液态矿产、固态水、生物、土壤、固态矿产、太阳光能、太阳热能、淡水能、海水能、空天空间、近地空间、水体空间、地下空间、地面空间、海面空间等28个三级类别。在三级分类的基础上,依据自然资源的属性差异和组成,分为气态能源矿产、其他气态矿产等37类四级分类。在四级分类的基础上,五级方案进一步细分为251类。自然资源学理分类方案划分至五级,部分自然资源分类已经划分至基础层级(某种具体的自然资源),如矿产资源、海水能资源;但仍有部分未划分至基础层级,如生物资源等。

综合自然资源的学术定义,从自然资源的本质属性出发构建了自然资源学理分类方案。该思路和方案充分体现了学理的系统性、全面性和包容性特征。但是,该方案仍存在实用性欠缺问题。以水资源和矿产资源为例,从管理的角度,不论水资源和矿产资源的物理状态如何,固、液、气三态的资源一般都纳入一类资源进行管理。除了地下空间资源外,空间一般作为某类自然资源的附属而存在,应与自然资源及其属性纳入一体管理。学理分类方案中的自然资源经过逐步细分,可划分至具体的某一自然资源种类,表明该方案只考虑了单要素自然资源。实质上,除了单要素自然资源,自然界中有大量的自然资源综合体,如土地、森林、湿地等,它们一般由上述单要素自然资源组合形成,由于其学理分类逻辑与单要素自然资源不同,本学理分类方案中未予考虑,将其置于后文的自然资源管理分类方案。

2. 自然资源管理分类方案

与学理注重学术性不同,管理更加注重实践性,即管理具有空间和权属边界限制。长期以来,包括我国在内的世界各国常对自然资源进行分类管理,但在实际操作中容易出现一类资源多头管理的情况,如我国水域空间调查属于国土部门职能,地表水资源调查属于水利部门职能,地下水资源调查属于地调部门职能,水环境调查属于生态环保部门,水中的动物和植物分别属于渔业和林业部门职能等,俗称"九龙治水"。新组建的自然资源部如何实现"两统一"?关键要对自然资源本身、资源赋存的空间及其相关属性功能进行统一调查管理。如将水域空间(土地资源)、水资源量(水资源)、水环境(环境功能资源)等重新组合,形成新的自然资源类型并进行统一调查管理。因此,需要从分类基础进行改革创新,甚至从自然资源的学理和内涵上创新,实现自然资源综合管理。

根据我国自然资源分类管理现状和相关分类标准,将陆域和海域两大系统中的自然资源划分为23个大类,包括水资源、陆域水能资源、土壤资源、空天空间资源、近地空间资源、水体空间资源、地下空间资源、无线电资源、生物资源、陆域矿产资源、土地资源、湿地资源、森林资源(含园林)、草原资源、海域用地资源、海水资源、海水能资源、海域矿产资源、海洋生物资源、海岸线资源、海岛礁资源、气候资源和自然遗产资源等。

表 6-1-1　自然资源学理分类方案

一级分类	二级分类	三级分类	四级分类	五级分类
物质资源	气态物质资源	空气资源		
		气态矿产资源	气态能源矿产资源	《中华人民共和国矿产资源法实施细则》(国务院令第152号)(中华人民共和国国务院1994年颁布)中天然气、煤层气及新兴页岩气资源
			其他气态矿产资源	《中华人民共和国矿产资源法实施细则》(国务院令第152号)中二氧化碳、硫化氢、氮气、氦气资源
	液态物质资源	液态水资源	大气降水资源	
			地表水资源	河流、湖泊、水库水资源
			地下水资源	孔隙水、岩溶水、裂隙水资源
			生物水资源	
			海洋水资源	淡化海水、海水化学资源
		液态矿产资源	液态能源矿产资源	《中华人民共和国矿产资源法实施细则》(国务院令第152号)中石油、地热(水)资源
			其他液态矿产资源	《中华人民共和国矿产资源法实施细则》(国务院令第152号)中矿泉水资源
	固态物质资源	固态水资源	冰川积雪水资源	
		生物资源	动物资源	野生动物资源、驯养动物资源、种质资源
			植物资源	野生植物资源、栽培植物资源、种质资源
			微生物资源	非细胞型、原核细胞型、真核细胞型微生物资源、种质资源
		土壤资源	铁铝土、淋溶土、半淋溶土、钙层土、干旱土、漠土、初育土、半水成土、水成土、盐碱土、人为土、高山土12类土壤资源	砖红壤、赤红壤、红壤等60种次级土壤资源
		固态矿产资源	金属矿产资源	《中华人民共和国矿产资源法实施细则》(国务院令第152号)中59种金属矿产
			非金属矿产资源	《中华人民共和国矿产资源法实施细则》(国务院令第152号)中92种非金属矿产
			固态能源矿产资源	《中华人民共和国矿产资源法实施细则》(国务院令第152号)中的煤、石煤、油页岩、油砂、天然沥青、铀、钍、地热(干热岩)、可燃冰资源

续表 6-1-1

一级分类	二级分类	三级分类	四级分类	五级分类
能量资源	太阳辐射资源	太阳光能资源		
		太阳热能资源		
	水能资源	淡水能资源	淡水动力能资源	
		海水能资源	海水动力能资源	海水潮汐能资源
				海水波浪能资源
				海水潮流/海流能资源
			海水盐度能资源	
			海水温差能资源	
	风能资源			
	生物能资源	林业生物能资源		
		农业生物能资源		
		污水废水生物能资源		
		固体废物生物能资源		
		畜禽排泄物生物能资源		
	无线电资源	长波无线电资源		
		中波无线电资源		
		短波无线电资源		
		超短波(米波)无线电资源		
		微波无线电资源		
空间资源	立体空间资源	空天空间资源		
		近地空间资源		
		水体空间资源	海水层空间资源	
		地下空间资源	天然洞穴空间资源	
			人工地下空间资源	
	平面空间资源	地面空间资源		
		海面空间资源	海域空间资源	
			海岸线资源	

结合自然资源部职能范围和国土空间规划需要,将 23 个大类中的水资源、土壤资源、地下空间资源、陆域矿产资源、土地资源、湿地资源、森林资源(含园林)、草原资源、海域用地资源、海域矿产资源、海岸线资源、海岛礁资源、气候资源和自然遗产资源 14 类作为一级类,构建面向自然资源部职能的管理分类方案(表 6-1-2)。需要说明的是,海洋资源中的"海洋"是资源发育的空间,不是一个具体的资源类型,且现有的海洋资源分类的级次、逻辑与其他自然资源不同或存在重叠交叉的部分,故将其分解。

表 6-1-2 自然资源管理分类方案

一级分类	二级分类	三级分类	备注
气候资源	寒温带、中温带、暖温带、亚热带、热带、青藏高原区气候资源	大气降水资源 太阳辐射资源 风资源 空气资源	据邓先瑞等(1995),划分我国气候区划二级类,根据气候要素差异划分三级类。无对应土地利用类型,管理主要针对资源及属性
水资源	地表水资源	河流水资源 水库水资源 湖泊水资源 坑塘水资源 沟渠水资源 冰川积雪水资源	据郑昭佩(2013)和王腊春等(2014),将土地资源中的水域空间与水资源合并成形成新的水资源。二级分类和三级分类按照水资源的属性差异进一步细分。空间与资源合并
	地下水资源	孔隙水资源 岩溶水资源 裂隙水资源	
土地资源	农用地资源	水田、水浇地、旱地、农村道路、设施农用地、田坎 6 类土地资源	据郑昭佩(2013)、国家质量监督检验检疫总局和国家标准化管理委员会(2017)及自然资源部(2020b),新的土地资源将水域、园地、林地、草地、湿地、采矿用地、固体矿产用海、油气用海等土地资源划出,与其他自然资源组合形成新的类型。按照用途划分二级类,依据土地利用方式的差异进一步划分三级类
	建设用地资源	零售商业用地、工业用地、城镇住宅用地、农村宅基地等 38 类土地资源	
	未利用地资源	盐碱地、沙地、裸土地、裸岩石砾地 4 类土地资源	
森林资源（含园林）	天然林、人工林资源	乔木林资源 灌木林资源 竹林资源 其他森林资源	据孙鸿烈(2000)、郑昭佩(2013)、韩久同(2012),将土地资源的园地、林地和林木资源合并形成新的森林资源。按照人类的影响划分二级类,依据林木属性差异划分三级类。空间与资源合并
草原资源	天然草原资源	禾草类草原资源 灌丛类草原资源 草甸类草原资源 疏林类草原资源 其他草地资源	据孙鸿烈(2000)、郑昭佩(2013)、许鹏(2000)、敖特根和张玉兰(2004)、梁仲翠(2017),将草地与植被合并形成新的草原资源。依据人类对草原资源的影响划分二级类,根据草原植被的属性差异划分三级类。空间与资源合并
	人工草地资源		
湿地资源	内陆湿地资源	森林沼泽资源 灌丛沼泽资源 沼泽草地资源 其他沼泽地资源 内陆滩涂资源	据国家质量监督检验检疫总局和国家标准化管理委员会(2017)、自然资源部(2020b)、袁正科(2008)。国家质量监督检验检疫总局和标准化管理委员会(2017)中的湿地资源内涵较宽泛,易与河流等水域产生重叠交叉。自然资源部(2020b)对湿地资源进行了重新界定,本方案予以采用。依据湿地发育空间的差异划分为二级类,在此基础上采用崔旺来和钟海玥(2017)的标准划分三级类
	滨海湿地资源	红树林湿地资源 沿海滩涂资源	

续表 6-1-2

一级分类	二级分类	三级分类	备注
海域用地资源	渔业用海、工矿通信用海、交通运输用海、游憩用海、特殊用海、其他海域资源	捕捞海域、工业用海、港口用海等15类海域用地资源	据自然资源部（2020b），将固体矿产用海、油气用海等土地资源划出去，其他采用自然资源部（2020b）的方案。根据用途划分二级类和三级类
海岸线资源	天然、人工岸线资源	基岩、砂质、生物、泥质、人工岸线资源	按照人类对海岸线的影响划分二级类，按照岸线底质的差异划分三级类
海岛礁资源	天然、人工岛礁资源	基岩岛、沙泥岛、珊瑚岛、人工岛资源	据全永波（2016），除了空间资源属性外，海岛礁本身属于自然资源，实质是自然资源综合体。按照人类的影响划分二级类，天然岛礁依据岛礁基底的差异划分三级类
土壤资源	铁铝土、淋溶土、半淋溶土、钙层土等12类土壤资源	砖红壤、赤红壤、红壤等60种次级土类资源	据赵其国等（1991）、国家质量监督检验检疫总局和国家标准化管理委员会（2009），按照土壤发生分类体系，以土纲分类作为二级类，以土类分类作为三级类。无对应土地利用类型，管理主要针对资源及属性
自然遗产资源	自然景观资源	地质遗迹景观资源	据国家质量监督检验检疫总局和国家标准化管理委员会（2017）、自然资源部（2020b）、方世明和李江风（2011），根据自然资源表现形式、属性差异划分二级类和三级类。自然遗产资源一般会受到法律法规的保护，也可将其放置于总体方案自然资源分层分类模型中的管理层。无对应土地利用类型，管理主要针对资源及属性
		气候天象景观资源	
		水域风光景观资源	
		生物景观资源	
	濒危物种栖息地资源		
陆域矿产资源	金属矿产资源	黑色金属、有色金属、贵金属、稀有稀土金属矿产资源	据国家质量监督检验检疫总局和标准化管理委员会（2017）、郝兴中等（2016），将国家质量监督检验检疫总局和国家标准化管理委员会（2017）中的采矿用地与矿产资源合并形成新的矿产资源，按照矿产资源属性差异划分二级类和三级类。空间与资源合并
	非金属矿产资源	冶金辅助原料、化工原料、建筑材料、其他非金属矿产资源	
	能源矿产资源	煤炭、油气、核能、地热、其他能源矿产资源	
	水汽矿产资源	矿泉水、气体二氧化碳、硫化氢、氦气、氡气资源	
海域矿产资源	海域固体矿产资源	海底煤、铁、多金属结核及软泥、热液矿床资源	据自然资源部（2020b）、崔旺来和钟海玥（2017），将自然资源部（2020b）中的固体矿产用海、油气用海等土地资源与海域矿产资源合并形成海域矿产资源，按照组成要素差异划分二级类和三级类。空间与资源合并
		滨海砂矿等资源	
	海域油气资源	石油、天然气资源	
	海域其他资源	可燃冰资源	
地下空间资源	天然地下空间资源	天然洞穴资源	据刘婷（2019）的结论，依据人类对地下空间资源的影响划分二级类，根据自然资源表现形式差异划分三级类。无对应土地利用类型，管理主要针对资源及属性
	人工地下空间资源		

自然资源管理分类从管理逻辑出发，将自然资源及其赋存空间、属性功能合并形成新的自然资源，创新了自然资源的内涵，体现了自然资源系统观，也符合生态文明理念。新的自然资源管理分类方案在总体方案的基础上进一步明确了自然资源调查的对象，支撑自然资源调查监测体系建设。同时，在自然资源统一确权登记、合理开发利用、国土空间规划、生态保护系统修复等方面支撑自然资源管理，实现自然资源系统的整体开发、利用与保护。

此外，自然资源管理分类方案与学理分类方案一脉相承：一方面继承了学理的系统性、全面性和法理的开放包容性；另一方面更突显了管理的实践性和权属边界特征，融合了学理、法理和管理"三理"特征，提升了自然资源管理的系统性和可操作性，也弥补了自然资源学理分类方案的不足。

（三）自然资源调查框架构建

作为支撑自然资源调查监测体系建设的重要组成部分，自然资源调查总体框架（图6-1-1）需要回答为什么要开展自然资源调查、调查的对象是什么、针对不同的目标怎么开展调查、调查成果的用途是什么等问题，应包括自然资源调查总体目标、调查对象、类型及对应精度、出口等内容。

1. 自然资源调查总体目标

自然资源是经济社会发展的物质基础。自然资源调查涉及空间范围广、资源类型多样，是重大的国情调查。自然资源调查应围绕国家生态文明建设中的生态安全和可持续发展两大主题，面向自然资源部履行的自然资源管理和国土空间规划、用途管制及生态保护修复等核心职责，坚持山水林田湖草生命共同体理念，以地球系统科学为指导，从行政区、重要流域（或经济区、生态功能区）、重点规划建设区（农业区、生态区）等不同尺度开展，至少形成3个方面的成果。一是构建自然资源分类体系和立体分层模型；二是针对不同尺度区域和目标，建立自然资源调查体系；三是形成自然资源"一张底板、一套数据、一个平台"和数据库。

2. 自然资源调查对象

自然资源分类方案为自然资源调查提供了明确的目标对象。自然资源学理分类方案尚存实用性欠缺问题；管理方案优点显著，融合了"三理"特征，也涵盖了总体方案中明确的七大类调查对象。自然资源调查对象应包括气候、水、土地、土壤、森林（含园林）、草原、湿地、陆域矿产、海域用地、海岸线、海岛礁、海域矿产、自然遗产及地下空间14类。

自然资源广泛分布于地球的不同圈层，从地上到地下包括大气圈、水圈、生物圈和岩石圈。总体方案构建了自然资源在地球圈层的分层模型，从上至下依次划分为管理层、地表覆盖层、地表基质层和地下资源层等四类自然资源分层。考虑自然资源的发育空间和调查、管理的需要，吸收总体方案中的自然资源分层模型，新建近地空间层，替换管理层，形成新的自然资源分层模型，并将自然资源管理分类方案中的自然资源与地球圈层、自然资源分层对应，形成自然资源立体空间分布格局（图6-1-1）。

3. 自然资源调查类型、精度与服务出口

总体方案将自然资源调查分为基础调查和专项调查，但其相应的调查精度没有明确。根据生态文明建设中自然资源管理和国土空间规划的需要，吸纳总体方案中的自然资源调查分类，明确基础调查与总体方案中一致，专项调查包含1∶25万、1∶5万和1∶2.5万~1∶1万3个尺度（层次）。

1）基础调查

以"国土三调"成果为基础，收集现有海洋调查、森林资源清查、湿地资源调查、水资源调查、草原资源清查等数据成果，查明各类自然资源的分布、范围、面积及权属性质等，必要时补充调查。结合地理数据，形成自然资源"一张底图"和数据库，支撑自然资源专项调查。

2）专项调查

（1）1∶25万尺度自然资源调查：以全国、省（自治区、直辖市）等不同级行政区、长江流域、黄河流域等重要流域及生态功能区为重点，收集已有的气候、水、土地、土壤、森林、草原、湿地、矿产、海洋、自然遗产、地下空间等调查成果和图件，按照1∶25万比例尺，查明各类自然资源的数量、质量、结构、生态功能以及相关人文地理等多维度属性信息，必要时补充少量调查。结合地理数据，构建不同区域自然资源立体模型、管理平台和数据库，支撑服务全国、省域及重大战略区自然资源管理、国土空间规划和"三线"划定。

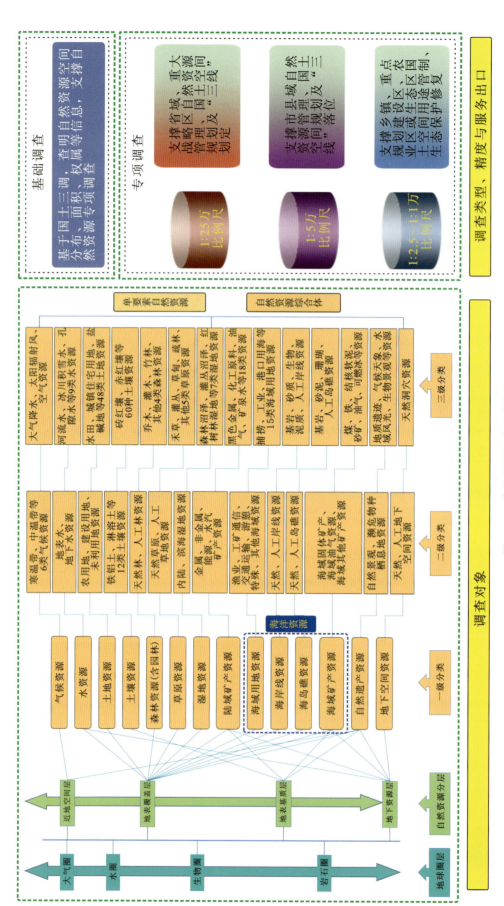

图6-1-1 自然资源调查总体框架

(2) 1∶5万尺度自然资源调查：以市（县）或流域（流域面积 500~1000km²，面积较小者可合并多个小流域）为单元，收集已有的气候、水、土地、土壤、森林、草原、湿地、矿产、海洋、自然遗产、地下空间等调查成果和图件，按照 1∶5 万比例尺，查明各类自然资源的数量、质量、结构、生态功能以及相关人文地理等多维度属性信息，必要时补充少量调查。构建不同自然资源的调查技术体系，充实、细化自然资源立体模型、管理平台和数据库，支撑服务市（县）自然资源管理、国土空间规划和"三线"落位。

(3) 1∶2.5万~1∶1万尺度自然资源调查：以乡镇、重点规划建设区、农业区或生态区为单元，针对不同的目的，选择重点关注的自然资源类型开展调查：查明自然资源的数量、质量、生态等多维度属性信息，构建不同自然资源的调查技术体系，进一步充实、细化自然资源立体模型、管理平台和数据库，精准支撑服务乡镇、重点规划建设区（农业区、生态区）、国土空间用途管制和生态保护修复。

二、海南岛自然资源禀赋分析

海南自然资源禀赋分析的基础数据来源于 2018 年编制的《海南自然资源图集》（内部资料），该图集包含了海南岛陆域及海岸带自然地理与地质背景，清洁能源与矿产资源，水资源及评价，土地资源，林地、草地、湖泊和湿地资源，海洋和海岸带资源，地质遗迹和自然保护区，综合评价与空间规划共 8 个大类 51 种人口、经济、资源与环境图系。

（一）数据统计思路与内容

本报告以市（县）为单元，统计人口、面积、人口密度、GDP、人均 GDP、高程、地形起伏程度、矿产资源、地热温泉、地震、活动断裂、地质灾害、尾矿、矿山地质环境问题、降水量、地表水资源量、地表水模数、地下水天然资源量、地下水可开采资源量、地下水资源模数、地下水潜力分析模、耕地、建设用地、园地、林地、草地、陆海湿地、陆域湿地、线状水系、海域湿地、海岸线、遗迹与旅游资源、自然保护区、生态功能区、富硒土地、养分充足土地、差质量土地、污染土地、差质量浅层地下水等指标。其中，对于点状要素，统计各区域点要素数量；对于线状要素，统计各区域线要素长度；对于面状要素，统计各区域内面要素面积。

由于不同要素量纲不同，数据差异大，为了能直观反映不同市（县）自然资源禀赋特征，对不同要素与其之和进行归一化运算，再制作雷达图。选择人口、GDP、高程、地形起伏程度、矿产资源、地热温泉、水资源量（地表水+地下水可开采资源量）、耕地、建设用地、生态用地（园地、林地、草地、湿地）、海岸线、遗迹与旅游资源、自然保护区、生态功能区、地震、活动断裂、地质灾害、尾矿、矿山地质环境共 19 个指标制作雷达图，分析海南岛不同市（县）自然资源禀赋特征。

选择人口、GDP、地表水资源量、地下水可开采资源量、水资源量（地表水+地下水可开采资源量）、差质量浅层地下水、耕地、建设用地、生态用地（园地、林地、草地、湿地）、地质灾害、富硒土地、养分充足土地、差质量土地、污染土地共 14 个指标，分别从南北-东西向区域、经济区两个维度分析海南岛自然资源禀赋的空间变化特征，提出国土空间开发格局建议。最后，分析与国土空间开发利用相关的自然资源与制约性环境要素空间配置情况，识别二者矛盾。

（二）自然资源禀赋

1. 市（县）自然资源禀赋

依据上述思路，分别统计了海南岛白沙、保亭、昌江、澄迈、儋州、定安、东方、海口、乐东、临高、陵水、琼海、琼中、三亚、屯昌、万宁、文昌、五指山 18 个市（县）的 19 个要素，经归一化后形成雷达图（图 6-1-2），不同市（县）的雷达图可进行横纵向对比。

雷达图的含义是要素的度量值越靠近圆形的边部，表示该要素越具有相对的优势；越靠近圆心，该要素越具有劣势。因此，如果一组要素全部具有优势，则其形成的图形面积大；反之，形成的图形只聚集于圆心区域，面积小。据此原则，海口、文昌、三亚、儋州禀赋特征突出，乐东、昌江、东方、琼海、万宁次之，白沙、琼中、五指山仅有少量指标禀赋特征较突出，其他市（县）禀赋特征一般。

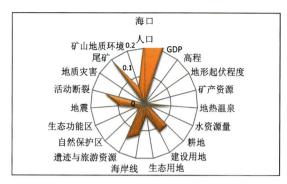
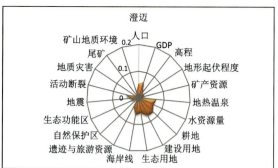
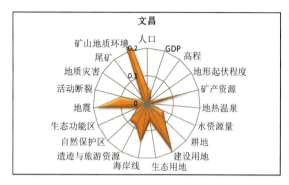
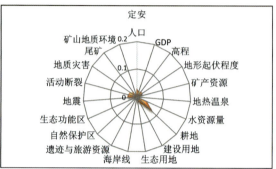
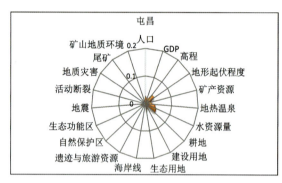
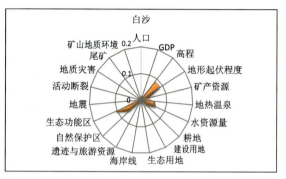
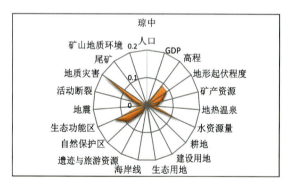
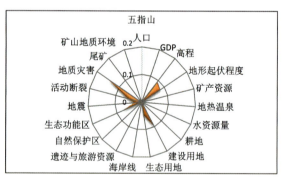
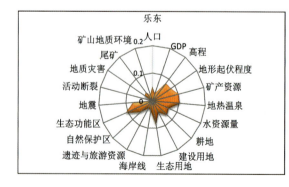
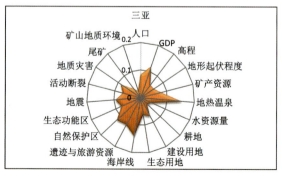

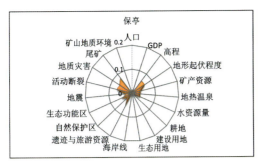
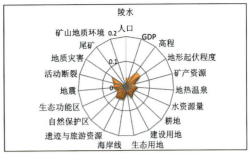
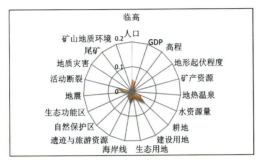
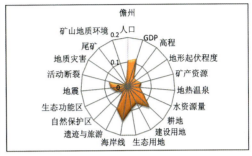
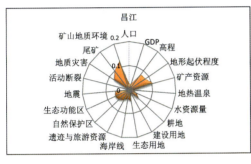
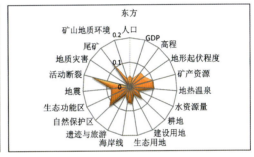
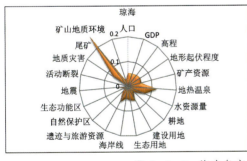
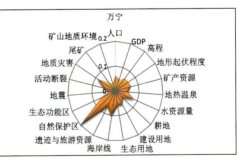

图 6-1-2　海南岛市（县）自然资源禀赋雷达图

在不同的市（县），不同的人口、经济、资源与环境要素的禀赋也存在较大的差异。海口的优势和劣势都非常显著，其中人口、GDP、耕地、建设用地、海岸线、遗迹与旅游资源、地热温泉等禀赋比较突出，但水资源量、活动断裂、地震、尾矿等资源环境问题也很突出，特别是前三者。作为海南省会，海口人口多、建筑密集，水资源量、活动断裂及地震显然会成为海口社会经济发展的制约性因素。文昌矿产资源、耕地资源、建设用地资源禀赋比较突出，但地震、活动断裂及矿山地质环境问题较突出。澄迈和定安优势与劣势均不突出，相对地，二者耕地突出。

乐东和三亚禀赋优势相对显著，其中乐东的优势以矿产资源、地热温泉、生态用地、生态功能区为主，但也受到地震的影响；三亚以人口、GDP、地热温泉、海岸线、遗迹与旅游资源、自然保护区为主要优势，但不能忽视地震、地质灾害和活动断裂的影响。保亭和陵水的禀赋优势不显著，也要关注活动断裂和地质灾害。

屯昌禀赋优势一般，仅有耕地相对突出。琼中、白沙和五指山的禀赋优势鲜明，三者既有共同点，也有差异之处。三者高程和地形起伏程度相似，白沙的禀赋优势表现为水资源量、自然保护区、生态功能区，地

· 225 ·

震、地质灾害和活动断裂几乎没有；琼中表现为水资源量、生态用地、自然保护区、生态功能区优势，但地质灾害问题很突出；五指山以建设用地、生态用地、生态功能区为特征，地质灾害问题也很突出。

临高优势不显著，仅以耕地和活动断裂相对突出。儋州以人口、GDP、耕地、建设用地、生态用地、海岸线、遗迹与旅游资源突出为特征，但地震和活动断裂问题也较显著；昌江的矿产资源优势比较显著，但地质灾害、尾矿、矿山地质环境问题也很突出；东方的矿产资源、地热温泉、自然保护区、生态功能区禀赋突出，但活动断裂、尾矿问题也显著，也不能忽视地震问题。

琼海以地热温泉禀赋优势为特征，水资源量、海岸线也有相对优势，矿山地质环境和地质灾害问题比较突出。万宁具海岸线、遗迹与旅游资源、自然保护区禀赋优势，水资源量优势突出，地质灾害较突出。

2. 区域自然资源禀赋对比分析

受自然条件和人类活动的影响，人口、经济、资源与环境要素在空间上的分布是不均匀的。通过对比分析不同要素禀赋在空间上的变化，可以为区域国土空间开发格局提供指导。

1）南北-东西向自然资源禀赋变化

海南岛地形上表现为中部隆起，四周逐渐降低。同时，北部以台地、平原为主，其他地区地形变化较大。这一总体格局控制了海南岛人口、经济、资源与环境要素在空间上的配置。以市（县）统计的自然资源禀赋数据为基础，从海口—定安—屯昌—琼中—保亭—三亚和昌江—白沙—琼中—万宁两个方向，分别构建海南岛南北向和东西向剖面（图6-1-3、图6-1-4），反映海南岛自然资源禀赋在不同空间上的变化特征。

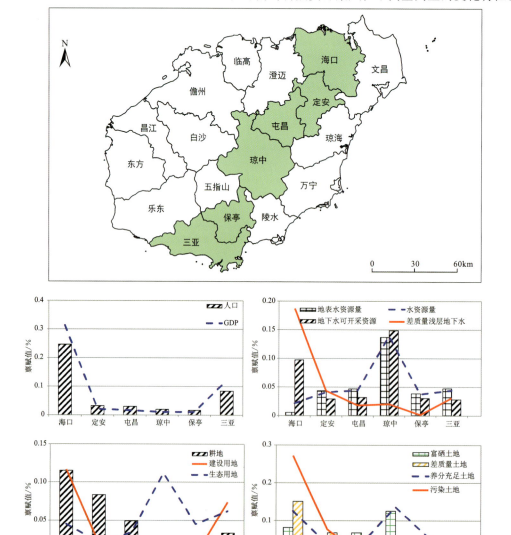

图6-1-3 海南岛南北向自然资源禀赋变化特征

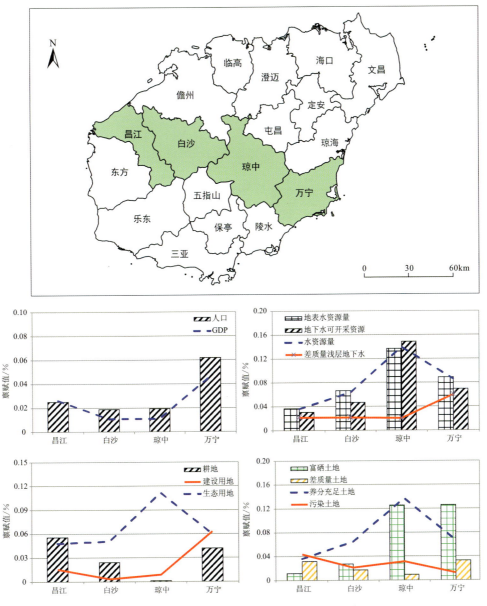

图 6-1-4 海南岛东西向自然资源禀赋变化特征

海南岛人口、GDP 表现为北部多,南部次之,中部最少。在"三生空间"(生产空间、生活空间和生态空间)方面,耕地、建设用地北部多,南部次之,中部最少;生态用地中部最多,南北两端次之,过渡带最少。中部地区水资源量丰富,南北部均较少;差质量浅层地下水北部最多,往南逐渐减少。富硒土地中北部多,南部少;养分充足土地北部和中部多;差质量土地和污染土地北部多,往南逐渐减少。

海南岛人口、GDP 表现为东部多,西部次之,中部最少。三生空间中,耕地东、西部多,中部最少;建设用地西少东多;生态用地中部最多,东西两端次之,过渡带最少。中部地区水资源量丰富,东部次之,西部最少;差质量浅层地下水东部最多,往西逐渐减少。富硒土地中东部多,西部少;养分充足土地中东部多;差质量土地东西两端多,中部少;污染土地西部多,往东逐渐减少。

总体上,海南岛区域水资源分布不均匀,需要加强全岛水资源系统调控研究;中部地区土地环境质量优良,富硒土壤丰富,可重点部署生态农业。

2)经济区对比分析

按照海南岛实际,将海南岛分为东、南、西、北、中五大经济区块,分别统计不同区块及区块内市(县)的人口、经济、资源和环境禀赋并进行对比分析,提出针对性的国土空间开发格局建议。

(1) 南北向经济区自然资源禀赋及建议。

①总体情况。

南北向经济区中的人口、GDP以海澄文多,大三亚次之,内陆5个市(县)最少。三生空间中,耕地、建设用地海澄文多,大三亚次之,内陆5个市(县)最少;生态用地内陆5个市(县)最多,大三亚次之,海澄文最少。内陆5个市(县)水资源量丰富、大三亚次之、海澄文最少;差质量浅层地下水海澄文最多,南部少。富硒土地海澄文、内陆5个市(县)多,大三亚少;养分充足土地内陆5个县多,北部次之,大三亚少;差质量土地和污染土地海澄文多,南部少(图6-1-5)。

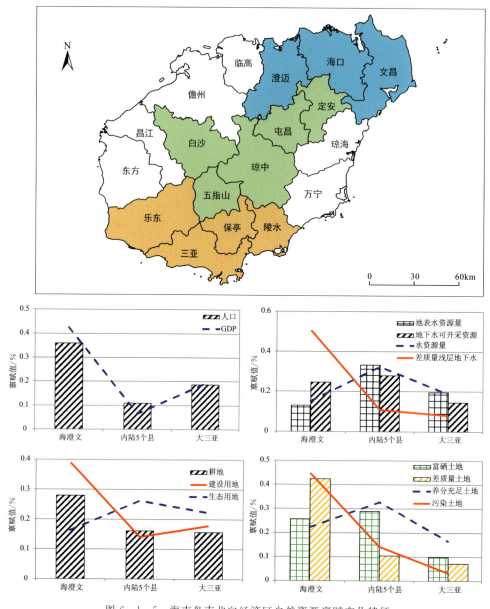

图6-1-5 海南岛南北向经济区自然资源禀赋变化特征

建议:海澄文地区以经济建设和农业生产并重,大三亚地区以生态保护为前提开展经济建设和农业生产,内陆5个市(县)以生态功能保护为主。

②海澄文地区。

海澄文地区人口、GDP以海口多,澄迈和文昌基本持平。在三生空间中,3个市(县)耕地、生态用地基本持平;建设用地由西至东逐渐增加。海口水资源量最少,澄迈和文昌基本持平;差质量浅层地下水海口最多,文昌次之,澄迈最少。富硒土地由西至东逐渐减少;养分充足和污染土地海口最多,澄迈次之,文昌最少;差质量土地由西至东逐渐增加(图6-1-6)。

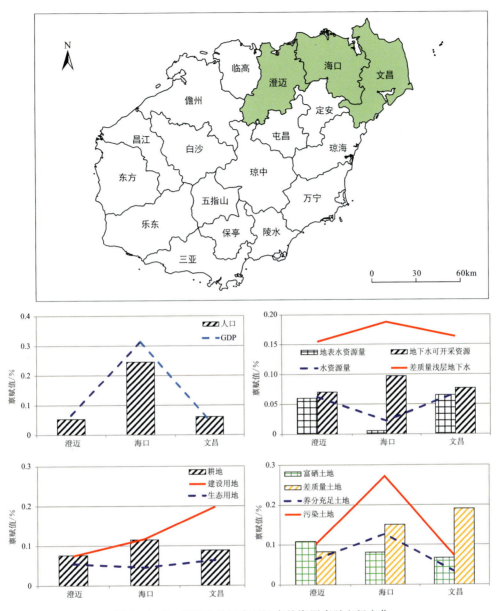

图 6-1-6 海澄文地区市(县)自然资源禀赋空间变化

建议：海口以经济建设和农业生产为主，澄迈宜以农业生产为主，文昌宜以经济建设为主。

③内陆5个市(县)。

内陆5个市(县)人口、GDP 表现为定安＞屯昌＞白沙≈琼中＞五指山。在三生空间中，耕地表现为定安＞屯昌＞白沙＞五指山＞琼中；建设用地表现为五指山＞定安＞屯昌＞琼中＞白沙；生态用地表现为琼中＞五指山≈白沙＞屯昌＞定安。地质灾害表现为琼中＞五指山＞屯昌＞定安＞白沙。水资源量表现为琼中＞白沙＞屯昌≈定安＞五指山；差质量浅层地下水表现为定安＞屯昌≈白沙≈琼中＞五指山。土地资源中，富硒土地表现为琼中＞屯昌＞定安＞白沙＞五指山；差质量土地表现为定安＞白沙＞琼中≈屯昌≈五指山；养分充足土地表现为琼中＞白沙＞五指山＞屯昌≈定安；污染土地表现为定安＞琼中＞白沙＞屯昌＞五指山(图6-1-7)。

建议：琼中、五指山、白沙宜以生态功能保护为主；定安、屯昌宜以农业生产为主，适当增加经济建设。

④大三亚地区。

大三亚地区人口、GDP 表现为三亚＞乐东＞陵水＞保亭。三生空间中，耕地表现为乐东＞陵水＞三亚＞保亭；建设用地表现为三亚＞陵水＞乐东＞保亭；生态用地表现为乐东＞三亚＞保亭＞陵水。地质遗迹与旅游资源表现为三亚＞保亭＞陵水＞乐东。水资源量表现为乐东＞三亚＞保亭≈陵水；差质量浅层

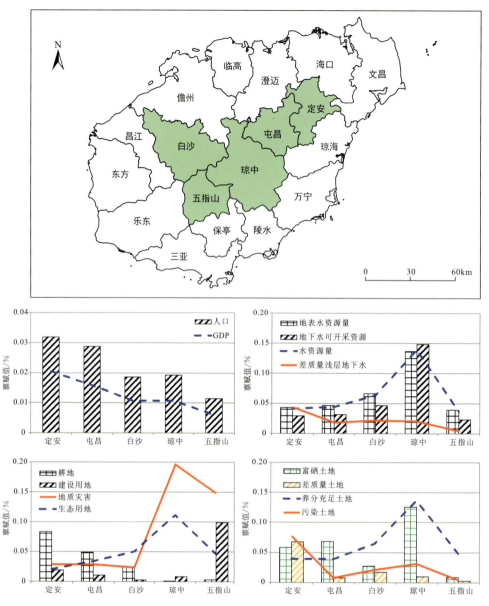

图6-1-7 内陆5个市(县)自然资源禀赋空间变化

地下水表现为乐东＞三亚＞陵水＞保亭。土地资源中,富硒土地表现为三亚≈保亭＞陵水＞乐东;差质量土地表现为乐东＞陵水＞三亚＞保亭;养分充足土地表现为保亭＞三亚＞乐东＞陵水;污染土地表现为保亭＞乐东＞三亚＞陵水(图6-1-8)。

建议:三亚以生态保护为前提开展经济建设,乐东以生态保护为前提开展农业生产和经济建设,陵水以经济建设和农业生产并重,保亭以生态功能区为主。

(2)东西向经济区自然资源禀赋及建议。

①总体情况。

东西向经济区人口、GDP中,西部4个市(县)多,东部2个市(县)次之,内陆5个市(县)最少。三生空间中,耕地西部4个市(县)多,东部2个市(县)次之,内陆5个市(县)最少;建设用地西、中、东基本持平;生态用地由西至东逐渐减少。内陆5个市(县)水资源量丰富、东西两端较少;差质量浅层地下水内陆5个市(县)最少,两端较多。土地资源中,富硒土地由西至东逐渐增加;养分充足土地内陆5个市(县)多,两端较少;差质量土地和污染土地西多,东次之,内陆5个市(县)最少(图6-1-9)。

建议:西部4个市(县)以农业生产为主,可适当增加经济建设;东部以经济建设为主,可适当增加农业生产。

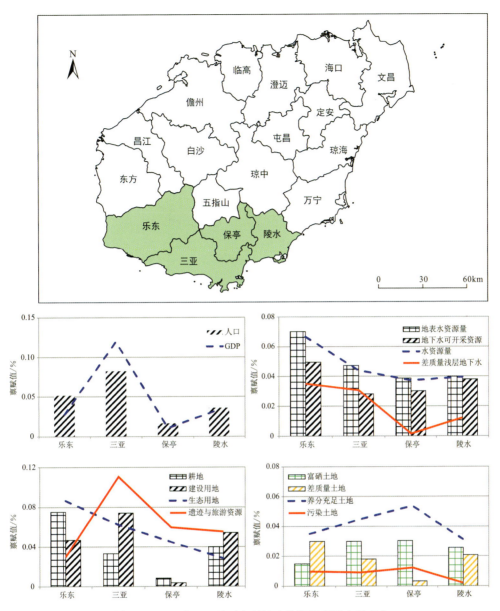

图 6-1-8　大三亚地区市（县）自然资源禀赋空间变化

②西部 4 个市（县）。

西部 4 个市（县）人口、GDP 表现为儋州＞临高≈东方＞昌江。三生空间中，耕地、建设用地表现为儋州＞临高≈东方＞昌江；生态用地表现为儋州＞东方＞昌江＞临高。水资源量表现为儋州＞东方≈临高≈昌江；差质量浅层地下水面积表现为东方＞儋州＞昌江≈临高。土地资源中，富硒土地表现为儋州＞临高＞东方＞昌江；差质量土地表现为儋州＞临高＞东方＞昌江；养分充足土地表现为儋州＞临高＞昌江＞东方；污染土地表现为临高＞儋州＞东方＞昌江（图 6-1-10）。

建议：儋州、临高、东方以农业生产为主，增加经济建设；昌江以生态功能区为主。

③东部 2 个市。

东部 2 个市人口、GDP 表现为琼海少人，GDP 多，万宁则相反。在三生空间中耕地表现为琼海＜万宁；建设用地和生态用地基本持平。水资源量表现为琼海＜万宁；差质量浅层地下水面积表现为琼海＞万宁。土地资源中，富硒、养分充足土地表现为琼海＜万宁；差质量土地和污染土地表现为琼海＞万宁（图 6-1-11）。

建议：琼海、万宁宜以经济建设为主，可增加农业生产。

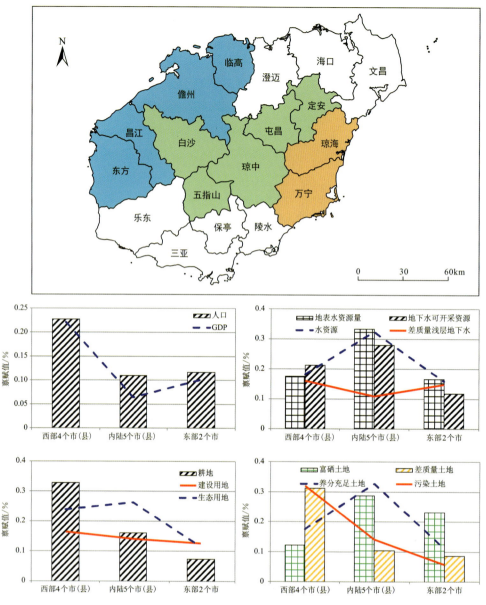

图 6-1-9 东西向经济区自然资源禀赋空间变化

三、资源环境配置与国土空间开发利用现状矛盾识别

本节依托《海南自然资源图集》数据和其他公开资料,结合《资源环境承载能力与国土空间开发适宜性评价指南(试行)》中相关评价标准,从水资源保障、土地资源基础条件、安全开发利用及生态保护角度识别海南岛资源环境配置与国土空间开发利用现状间的矛盾。

(一)水资源配置矛盾

1. 水资源优势

海南岛四面环海,与大陆没有水域联系,其淡水主要来源于降水和地下水,水资源分布受干湿季风和地形影响。70%的水由台风与西南季风带来,降雨量丰沛,多年平均降雨量 1758mm,多年平均水资源量 308 亿 m^3,其中地下水所占比重较少;全省人均拥有水资源量 4053m^3,约为全国人均水资源量的 2 倍,为世界平均水平的 1/2(周祖光,2004;向晓明,2007)。地表水与地下水水质总体良好。

2. 水资源劣势

全岛水资源时空分布不均。东部及中部雨量较多,年降雨量 2000~2400mm;东北部稍少,年降雨量 1500~2000mm;西部至西北部更少,年雨量通常在 1500mm 以下,年雨量最少的地区不足 1000mm,降雨

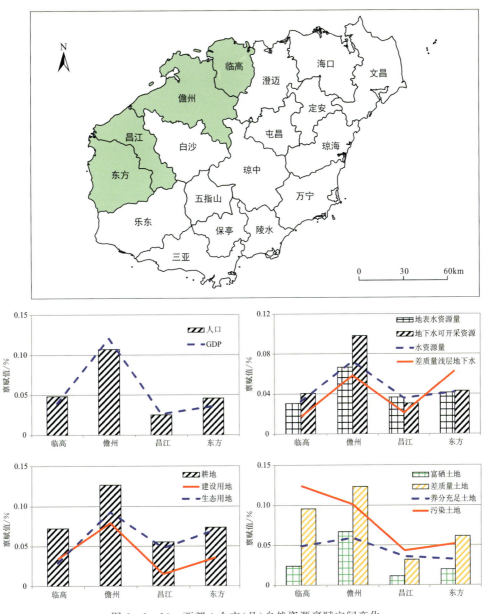

图 6-1-10 西部 4 个市（县）自然资源禀赋空间变化

随地形升高而增多的趋势也很显著。降雨集中在 5—10 月份，占全年降雨量的 75%~86%（刘书伟和王燕，2010；夏小明，2015）。水资源时空分布不均常常导致中部山区工程性缺水。

全岛水资源保存条件不佳。受地形和海南岛陆域面积影响，河流大多河短坡陡，落差集中，地表降水大多快速流入海中。海南岛地处热带地区，常年气温高，蒸发量大，这些条件均不利于水资源的保存。此外，岛内优质的地下水含水层面积小，仅琼北地区规模较大，其他地区较小或无。

全岛地下水开采受限于规模或水质。岛内具有较好开采条件的孔隙承压水主要分布于沿海地区，以琼北地区最为丰富。但这些地区也是人口集中地区，生产生活活动密集。更为突出的是，这些地区临海，地下水过度开发会引发海水入侵，从而破坏沿海人类生活环境和生态系统。此外，在中部山区，地下水中铁、锰等元素常超标。

随着气候变化加剧，海南岛水资源的"来源"变得越来越不确定。据海南省 2016—2020 年度水资源公报数据，5 年来海南大多市（县）降雨量、地表水均呈现明显减少趋势，特别是 2020 年大多市（县）降雨量、地表水达到 5 年来最低水平。同时，海南自贸区（港）建设正在持续推进，岛内水资源的"支出"会进一步增加。在这种"一减一增"的趋势下，水资源未来会成为制约海南岛发展的关键要素，需要更加重视水资源的合理开发利用。

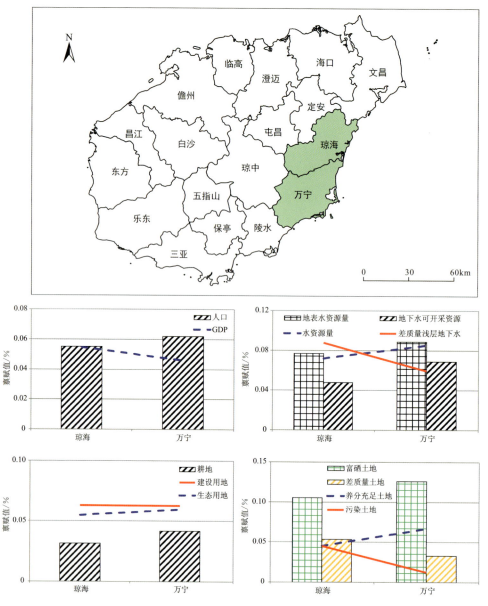

图 6-1-11 东部 2 个市（县）自然资源禀赋空间变化

（二）土地资源配置矛盾

据第二次全国国土调查结果，海南岛耕地总面积 1 084.1 万亩（1 亩≈666.67m²），其中水田 581.9 万亩，占比 53.68%；水浇地 0.7 万亩，占比 0.06%；旱地 501.5 万亩，占比 46.26%。耕地主要分布在沿海平原和北部台地区 14 个市（县），面积达 1 011.12 万亩，占全省耕地总面积的 93.27%；中部山区 4 个市县耕地 72.98 万亩，占全省耕地总面积的 6.73%。城镇用地等建设用地主要分布于环岛沿海地区。据统计，全岛约 85.0% 的建设用地位于海拔小于 50m 的海岸带陆域地区。

耕地资源是否适宜开发利用、建设用地能否安全利用，受到地形、土壤环境、是否位于生态红线区、地质灾害、地震等环境条件的制约和影响。依托《资源环境承载能力与国土空间开发适宜性评价指南（试行）》（简称"双评价"指南）中的相关评价标准，本节从影响土地适宜性和合理开发利用角度，识别土地资源与环境配置矛盾并提出国土空间优化建议。

1. 耕地资源与环境配置矛盾

1）坡度与耕地

土地资源用于农业生产的适宜开发利用程度，需满足一定的坡度、土壤质地等条件。利用海南岛数字高程模型(DEM,分辨率30m×30m)和耕地资源数据,按照≤2°(平地)、2°~6°(平坡地)、6°~15°(缓坡地)、15°~25°(缓陡坡地)、>25°(陡坡地)将海南岛耕地资源划分为5个等级,坡度越大,适宜性等级越低,获得海南岛大于25°耕地图斑3251个,面积共计1 225.53hm²,其中单个图斑面积最大者达25.6hm²。这些图斑主要分布于乐东、三亚、东方、昌江、儋州、临高、澄迈等市(县)(图6-1-12)。

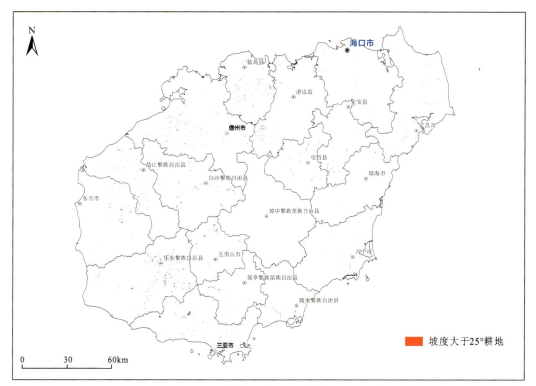

图6-1-12 海南岛坡度大于25°耕地空间分布图

2)土壤质地与耕地

"双评价"指南将土壤的粉砂含量不低于80%的区域,农业土地资源直接取最低等;在60%≤粉砂土含量<80%的区域,将坡度分级降1级作为农业土地资源等级。据中国土壤质地空间分布数据[数据来源于中国科学院资源环境科学数据中心(http://www.resdc.cn)],海南岛土壤粉砂含量为1%~52%,均小于60%("双评价"指南以60%为界),对耕地质量分级不产生影响。

3)土壤环境质量与耕地

利用土壤环境质量地球化学综合等级评价成果与耕地数据,分别获得海南岛中度和重度污染耕地图斑964和162个,总面积分别为86 207.21hm²和20 072.55hm²(图6-1-13)。在空间上,中—重度污染土地主要分布于琼北地区儋州、临高、澄迈、海口、定安等市(县),与第四纪基性—超基性火山岩密切相关。重度污染耕地主要分布于澄迈、海口交界地区,定安县中南部及儋州西北地区(图6-1-13)。值得注意的是,澄迈、海口交界地区,定安中南部等地重度污染耕地面积大,集中连片,对其开发利用时需要注意农作物或经济作物的生态环境效应。

4)生态红线与耕地

利用海南陆域生态保护红线分区与耕地数据进行空间叠加,分别获得海南岛Ⅱ类和Ⅰ类红线区内耕地图斑900个和256个,总面积分别为39 231.49hm²和6 214.62hm²(图6-1-14)。海南岛陆域18个市(县)均有耕地位于生态红线区内,只是面积大小有差异,其中以海口、文昌和儋州面积大。

从红线区的功能来看,海南岛陆域两大类红线区进一步划分为海南岛生物多样性保护Ⅰ类红线区(Ⅰ1)、海南岛水源保护与水源涵养Ⅰ类红线区(Ⅰ2)、海南岛水土保持Ⅰ类红线区(Ⅰ3)、海南岛海岸带生态敏感Ⅰ类红线区(Ⅰ4)、海南岛生物多样性保护Ⅱ类红线区(Ⅱ1)、海南岛水源保护与水源涵养Ⅱ类红线区(Ⅱ2)、海南岛防洪调蓄Ⅱ类红线区(Ⅱ3)、海南岛水土保持Ⅱ类红线区(Ⅱ4)、海南岛旅游功能保护Ⅱ类红线区(Ⅱ5)、海南岛海岸带生态敏感Ⅱ类红线区(Ⅱ6)、其他Ⅱ类红线区(Ⅱ7)共11个,不同红线区内耕地图斑和面积见表6-1-3。

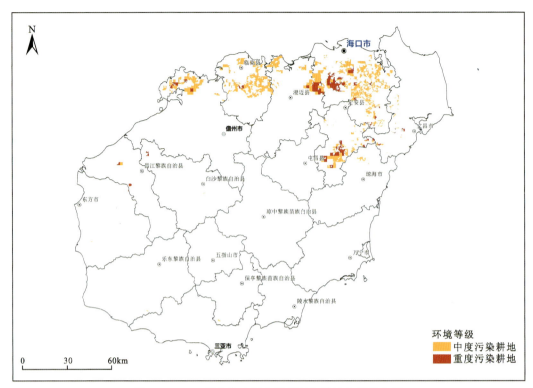

图 6-1-13 海南岛中度和重度污染耕地空间分布图

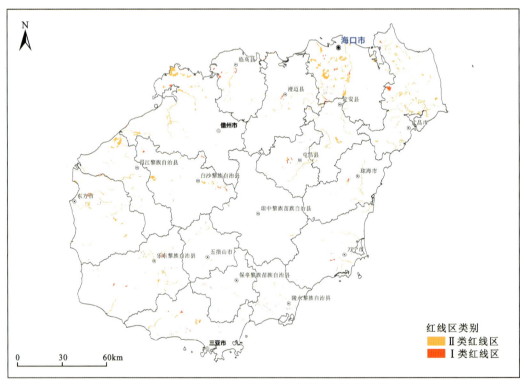

图 6-1-14 海南岛生态红线内耕地空间分布图

表 6−1−3　海南岛生态红线区耕地图斑及面积统计表

红线功能区	图斑数量/个	图斑面积/hm²
海南岛生物多样性保护Ⅰ类红线区（Ⅰ1）	51	2 015.75
海南岛水源保护与水源涵养Ⅰ类红线区（Ⅰ2）	70	2 695.91
海南岛水土保持Ⅰ类红线区（Ⅰ3）	92	893.38
海南岛海岸带生态敏感Ⅰ类红线区（Ⅰ4）	43	609.58
海南岛生物多样性保护Ⅱ类红线区（Ⅱ1）	121	3 865.45
海南岛水源保护与水源涵养Ⅱ类红线区（Ⅱ2）	282	9 916.88
海南岛防洪调蓄Ⅱ类红线区（Ⅱ3）	276	13 975.39
海南岛水土保持Ⅱ类红线区（Ⅱ4）	132	4 318.35
海南岛旅游功能保护Ⅱ类红线区（Ⅱ5）	33	5 251.55
海南岛海岸带生态敏感Ⅱ类红线区（Ⅱ6）	47	485.84
其他Ⅱ类红线区（Ⅱ7）	9	1 418.03

2. 城镇用地与环境配置矛盾

1）坡度与城镇用地

"双评价"指南指出，城镇建设的土地资源适宜建设程度，需满足一定的坡度、高程条件。对于地形起伏剧烈的地区（如西南地区），还应考虑地形起伏度指标。海南岛海拔小于2000m，为中低山地貌，如果地形起伏不大，城镇用地与环境配置矛盾识别则不考虑海拔与地形起伏度。

据"双评价"指南，按照≤3°（平地）、3°～8°（平坡地）、8°～15°（缓坡地）、15°～25°（缓陡坡地）、>25°（陡坡地）将海南岛城镇用地资源划分为5个等级，坡度越大，适宜性等级越低。利用坡度和城镇用地数据，获得海南岛大于25°城镇用地图斑543个，面积共计442.60hm²，其中单个图斑面积最大者达61.32hm²。这些图斑主要分布于昌江、五指山、三亚、琼中、儋州等市（县）（图6−1−15）。

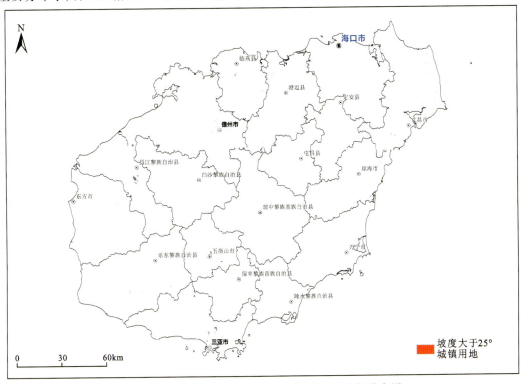

图 6−1−15　海南岛坡度大于25°城镇用地空间分布图

2)地质灾害高易发区与城镇用地

地质灾害是影响城镇建设的重要制约性因素,对人类生命和财产安全构成重大威胁。一般地,地质灾害高易发区不宜进行大规模城镇建设。海南岛地质灾害高易发区位于中西部及中南部,涉及昌江、白沙、五指山、保亭、琼中、三亚、乐东等市(县),呈带状或片状分布。

利用地质灾害高易发区与城镇用地数据,获得地质灾害高易发区城镇用地图斑10个,面积共计2 753.21hm²,主要分布于昌江、五指山、保亭、三亚等市(县)(图6-1-16)。图斑类型包括城市、建制镇及采矿用地,面积分别为905.63hm²、1 066.94hm²、780.64hm²。

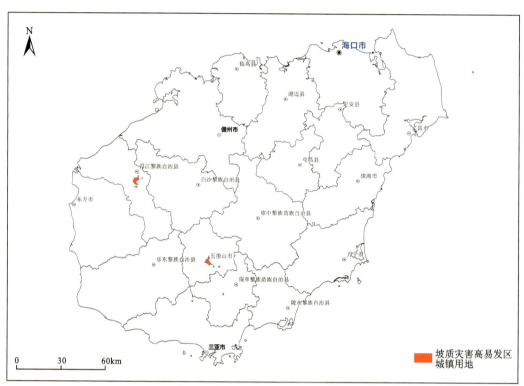

图6-1-16 海南岛地质灾害高易发区城镇用地空间分布图

3)地震峰值加速度与城镇用地

除了地质灾害,地震灾害也是影响城镇建设的重要制约性因素。地震峰值加速度是反映地震烈度的指标,与地震烈度有对应关系,地震峰值加速度越大,烈度越大,城镇建设的地震危险性也越大。据"双评价"指南,0.05gal(1伽,即1gal=1cm/s²=0.01m/s²)对应低危险等级,0.10~0.15gal对应中危险等级,0.2~0.3gal对应较高危险等级,≥0.4gal对应高危险等级。

利用《海南自然资源图集》中不低于0.1gal的地震峰值加速度与城镇用地图层,获得城镇用地图斑474个,面积共计85 477.83hm²(图6-1-17)。据图6-1-17,整个琼北地区的城镇用地均处于地震峰值加速度值≥0.1gal区域,以海口为中心,琼北地区城镇用地所处的地震峰值加速度值向外逐渐减小。其中,位于中等危险等级的城镇用地面积41 182.34hm²,位于较高危险等级的城镇用地面积44 295.48hm²。

4)生态红线与城镇用地

利用海南陆域生态保护红线分区体系成果与城镇用地数据,分别获得海南岛Ⅱ类和Ⅰ类红线区内城镇用地图斑297个和130个,总面积分别为4 725.69hm²和2 128.69hm²(图6-1-18),主要分布于澄迈、海口、文昌、琼海、陵水和三亚等市(县)。

根据红线区的功能,海南岛陆域两大类红线区进一步划分为海南岛生物多样性保护Ⅰ类红线区(Ⅰ1)、海南岛水源保护与水源涵养Ⅰ类红线区(Ⅰ2)、海南岛水土保持Ⅰ类红线区(Ⅰ3)、海南岛海岸带生态敏感Ⅰ类红线区(Ⅰ4)、海南岛生物多样性保护Ⅱ类红线区(Ⅱ1)、海南岛水源保护与水源涵养Ⅱ类红线区(Ⅱ2)、海南岛防洪调蓄Ⅱ类红线区(Ⅱ3)、海南岛水土保持Ⅱ类红线区(Ⅱ4)、海南岛旅游功能保护Ⅱ类红线区(Ⅱ5)、海南岛海岸带生态敏感Ⅱ类红线区(Ⅱ6)、其他Ⅱ类红线区(Ⅱ7)等11类,不同红线区内城镇用地图斑和面积见表6-1-4。

第六章 自然资源分类、调查评价与空间区划

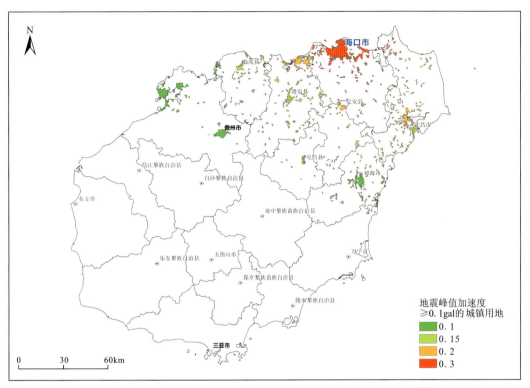

图 6-1-17 海南岛地震峰值加速度≥0.1gal区域城镇用地空间分布图

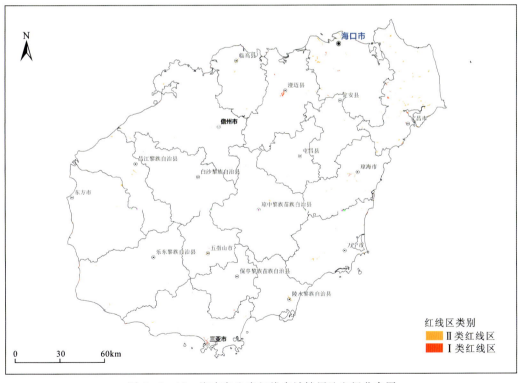

图 6-1-18 海南岛生态红线内城镇用地空间分布图

表 6-1-4　海南岛生态红线区城镇用地图斑及面积统计表

红线功能区	图斑数量/个	图斑面积/hm²
海南岛生物多样性保护Ⅰ类红线区（Ⅰ1）	23	531.35
海南岛水源保护与水源涵养Ⅰ类红线区（Ⅰ2）	35	776.96
海南岛水土保持Ⅰ类红线区（Ⅰ3）	14	80.83
海南岛海岸带生态敏感Ⅰ类红线区（Ⅰ4）	58	739.55
海南岛生物多样性保护Ⅱ类红线区（Ⅱ1）	28	409.97
海南岛水源保护与水源涵养Ⅱ类红线区（Ⅱ2）	50	510.72
海南岛防洪调蓄Ⅱ类红线区（Ⅱ3）	125	1 843.60
海南岛水土保持Ⅱ类红线区（Ⅱ4）	44	1 116.47
海南岛旅游功能保护Ⅱ类红线区（Ⅱ5）	11	520.68
海南岛海岸带生态敏感Ⅱ类红线区（Ⅱ6）	38	259.06
其他Ⅱ类红线区（Ⅱ7）	1	65.19

第二节　自然资源空间区划探索

自然资源空间区划是认识和研究自然资源空间差异的技术方法。自然资源空间区划有着广泛的应用价值，可为地表自然过程与全球变化的基础研究以及环境、资源与发展的协调提供宏观的区域框架，为自然资源的合理利用、土地生产潜力的提高、先进农业技术的引进与推广、土地利用结构调整与管理、土地退化防治与生态建设、生物多样性保护和自然保护区的选择、改造自然规划的拟订、区域可持续发展战略和规划的制定等工作提供科学依据（郑度等，2005）。

一、海南岛自然资源空间区划探索

（一）区划思路与目标

海南岛自然资源空间区划是在生态环境、自然地理、自然资源与人类活动等研究的基础上，以山水林田湖草生命共同体系统管理为出发点，对自然资源与环境进行重新整合，以高质量可持续发展为目标，将国土空间进行以森林、草地、湿地、水、耕地等为主导资源的综合评价和区域划分。目的是研究海南岛自然资源与环境的空间分异特征，揭示自然资源系统在地表的综合分异特点及其与人类活动的关系，提高对自然资源的认知程度，结合当下自然资源统一管理的要求，促进实现自然资源"一张图"统筹管理的新目标，为不同区域自然资源的调查监管、开发利用和生态环境保护提供决策依据，服务自然资源综合调查体系建设（张海燕等，2020）。

（二）区划原则

1. 发生学原则

发生学原则，为区划单元成因一致性及区域发展性质共同性原则。任何区域单元都是地域分异因素在历史时期发展的结果，是一个自然历史体。不同的区划单元均有其独特的历史发展成因，区域内的每个区划单元在发展过程中均存在外部因素或者内在因素的相似性，也具有一定的继承性、关联性。

2. 综合性和主导因素相结合原则

区划中的不同级次地域单元，都是各种自然资源要素相互叠置、相互作用形成的区域统一体。在构建一定区域的自然资源区划体系过程中，控制各自然资源要素发育和分布的因素是不相同的，往往其中的少数起着主导作用。因此,自然资源空间区划需要对一定区域的自然资源进行全面的综合分析,包括自然资源要素特征的相对一致性、差异性及要素间的相互作用等,突出导致自然资源地域分异的主控因素,作为不同级次区划单元的主要划分依据,海南岛自然资源空间区划要突显地带性要素对自然资源数量的影响。

3. 突显人地相互作用原则

人与自然的耦合具有复杂性,任何区域都是由自然地理要素和人文经济要素耦合组成的整体。各类自然资源之间也相互联系、相互制约,构成了自然资源系统,任何一种自然资源的改变,都可能引起连锁反应。自然资源空间区划把自然资源和人类活动看作一个整体,从区域整体出发,充分考虑自然资源系统性、整体性及人类活动状况,揭示自然资源分布规律及其与人类活动之间的相互关系。

(三)区划要素

自然资源空间区划的决定性要素是各类自然资源。研究表明,在海南岛尺度,地带性要素如气候、地形地貌等是影响区内自然资源能否发育(数量)的关键。自人类出现特别是自工业革命以来,人类活动对地球环境和自然资源的数量、质量和生态产生强烈而深刻的影响。因此,自然资源空间区划的要素需要从自然资源本身、自然环境和人类活动3个方面考虑。

综合考虑海南岛自然资源、环境、人类活动现状及定量数据的可获得性,选取了海南岛以网格为单元(2km×2km)统计的地表水、地下水、耕地、园林、矿产、森林、湿地、多年平均降雨量、多年大于10℃平均积温、多年平均干燥度、高程、坡度及以市(县)为单元统计的人口数量、面积、GDP、自然资源、环境、气候等43个指标,以及岸线资源类型、岸线坡度、特殊海岸自然资源作为全岛尺度自然资源空间区划的数据。

(四)区划方法

总体上,海南岛全岛自然资源空间区划采用定性与定量相结合的方法。由于缺乏精确的数据,海岸区划以定性方法为主,陆域区划以定量为主。一是利用以市(县)为单元统计的43个指标进行聚类分析,获得该数据尺度的区划分类方案;二是基于网格单元(2km×2km)统计的指标,应用熵权法获得不同指标的权重,计算不同指标标准化值与其权重获得不同网格单元自然资源综合指数,结合自然资源空间分布与GIS自然断点法,精确勾勒陆域一级区划的界线,综合两类数据分析,划定陆域一级和二级区划方案。在此基础上,结合海岸区划结果,最终划定海南岛海陆自然资源区划系统。

(五)区划方案

从人地作用强度视角形成海南岛自然资源系统→亚系统→区→分区4级区划方案和系统性认识,支撑区域自然资源调查、监测工作部署与国土空间规划,形成海南岛海陆自然资源4级区划方案:1个自然资源系统、2个自然资源亚系统、4个自然资源区和9个自然资源分区(图6-2-1),总结形成不同分区自然资源禀赋的系统性认识(表6-2-1)。

二、南渡江流域自然资源空间区划探索

(一)区划思路与目标

南渡江流域自然资源空间区划与全岛自然资源空间区划的总体思路是一致的,不同的是,由于受尺度的影响,自然资源局部的分异主要表现为质量、生态的差异,其根源在于非地带性因素如地质背景、土壤、地球化学等方面的差异对自然资源造成影响。因此,在南渡江流域等中小尺度区域,自然资源空间区划要突显非地带性要素对自然资源质量、生态的影响,提升自然资源系统相互作用认识,支撑中小尺度自然资源监测、国土空间规划、生态保护与系统修复。

图 6-2-1　海南岛自然资源空间区划方案示意图

（二）区划原则

1. 发生学原则

发生学原则，即为区划单元成因一致性及区域发展性质共同性原则。任何区域单元都是地域分异因素在历史时期发展的结果，是一个自然历史体。不同的区划单元均有其独特的历史发展成因，区域内的每个区划单元在发展过程中均存在外部因素或者内在因素的相似性，也具有一定的继承性、关联性。

2. 综合性和主导因素相结合原则

区划中的不同级次地域单元都是各种自然资源要素相互叠置、相互作用形成的区域统一体。在构建一定区域的自然资源区划体系过程中，控制各自然资源要素发育和分布的因素是不相同的，往往其中的少数起着突出的主导作用。因此，自然资源空间区划需要对一定区域的自然资源进行全面的综合分析，包括自然资源要素特征的相对一致性、差异性及要素间的相互作用等，突出导致自然资源地域分异的主控因素，作为不同级次区划单元的主要划分依据，海南岛自然资源空间区划要突显地带性要素对自然资源数量的影响。

（三）区划要素

综合考虑南渡江流域自然资源、环境现状及定量数据的可获得性，选取了流域内以网格为单元（2km×2km）统计的其他园地、水田、旱地、有林地、水库、坑塘、内陆湿地、沿海湿地、高程、坡度、长英质变质岩类、基性岩类、泥质变质岩类、砂岩类、松散岩类、酸性岩类、黏土、砂、粉砂等作为流域尺度自然资源空间区划的基础数据。

（四）区划方法

南渡江流域自然资源空间区划以定量方法为主。基于网格单元（2km×2km）统计的指标，应用熵权法获得不同指标的权重，计算不同指标标准化值与其权重获得不同网格单元自然资源综合指数，利用 GIS 自然断点法空间分类功能并结合自然资源、环境空间分布划定南渡江流域自然资源区划系统。

第六章 自然资源分类、调查评价与空间区划

表 6-2-1 海南岛海陆自然资源区划方案与分区自然资源禀赋

一级区划	二级区划	二级区划依据	三级区划	三级区划依据	四级区划	四级区划依据	分区自然资源禀赋
海南岛自然资源系统	海岸自然资源亚系统	地理单元	琼东北基岩砂砾质海岸自然资源区	气候条件、海岸地形、岸线类型	磷枪石岛-新埠海自然资源分区	人地作用强度（人工岸线比例、陆域港口、建设用地、园林地）、特色海岸自然资源	热带湿润气候，以砂砾质与人工岸线为主，生物岸线比例相对较高，海岸坡度中等，陆域经济建设好，人地作用强度强烈，生物岸线较多；海岸坡度中等；主要发育红树林湿地、珊瑚礁；岸线侵蚀严重，海底潮沟发育，风暴潮发生，红树林湿地、珊瑚礁破坏较重，海底沙脊、砂土液化/黑化，岸线侵蚀严重，局部沙滩泥/黑化，生态功能退化
					新埠海-白鞍岛自然资源分区		热带湿润气候，以砂砾质海岸为主，人地作用强度中等，海岸坡度较多，海岸岸线较好；主要发育红树林湿地、珊瑚礁；岸线侵蚀中等，海底沙脊、黑化；主要发育红树林湿地、珊瑚礁破坏、海底埋藏古河道、红树林、珊瑚礁破坏、生态功能退化
					白鞍岛-南山自然资源分区		热带湿润-半湿润气候，以砂砾质基岩海岸为主，生物岸线较多，海岸坡度大，陆域经济建设较好，人地作用强度中等；主要发育红树林湿地等湿地；海底潮流冲刷槽、沙波、沙脊及生态功能退化
					南山-鱼鳞洲自然资源分区		热带半湿润-半干旱气候，以砂砾质海岸为主，生物岸线极少，海岸坡度缓，陆域经济建设较弱，人地作用强度较少；海底浅层气发育，海底红树林湿地；发育少量红树林等湿地；海底潮流冲刷槽、沙脊及海底断裂发育，岸线淤积
					鱼鳞洲-磷枪石岛自然资源分区		热带半湿润-半干旱气候，以砂砾质与人工岸线为主，人地作用强度较强，陆域经济建设较积，红树林湿地、岸线淤积
	陆域自然资源亚系统	地理单元	琼中山地自然资源区	气候条件、地形地貌、自然资源	琼中弱人地作用自然资源分区	人地作用强度（建设用地、耕地、园林）	热带湿润气候，中部中低山区，地形起伏度大，以森林资源为主，属生态区，建设用地面积小，经济建设弱，人地作用度弱，水、富硒土地，旅游与地质灾害突出
			环岛丘陵台地平原自然资源区		琼北强人地作用自然资源分区		热带湿润气候，北部台地-滨海平原区，建设用地面积大，经济建设活动强，人地作用强度强，局部土壤环境质量较差，地震活动迹地，地质断裂发育
					琼东中等人地作用自然资源分区		热带湿润气候，东部丘陵-平原区，地形起伏度中等，以园林和耕地资源为主，属生产生活区，建设用地面积中等，经济建设活动较强，人地作用强度较大，以园林和耕地建设活动较强，地震与活动迹地较差，富硒土壤环境质量较发育
					琼西南中等人地作用自然资源分区		热带半湿润-半干旱气候，属生态为主，位于西南丘陵-平原区，地形起伏度中等，以园林和耕地面积中等，经济建设活动迹地，人地作用一般，地质强度中等，矿产、旅游与地质遗迹，地热资源丰富，水资源承载力一般；局部矿产山环境污染问题，地震活动断裂发育，局部矿产山环境污染问题

(五)区划方案

将南渡江流域视为一个独立的自然资源系统,从影响自然资源质量与生态的因素出发,形成南渡江流域自然资源系统→亚系统→区→分区4级区划方案和系统性认识,支撑流域尺度自然资源监测、国土空间规划、生态保护与系统修复。形成南渡江流域自然资源四级区划方案:1个自然资源系统、4个自然资源亚系统、10个自然资源区、22个自然资源分区(图6-2-2),总结形成不同分区自然资源禀赋的系统性认识(表6-2-2)。

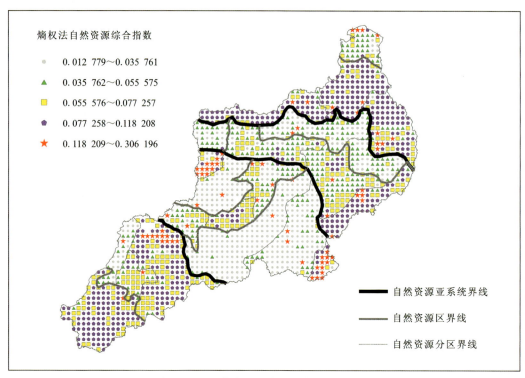

图6-2-2 南渡江流域自然资源区划方案

第三节 自然资源空间区划技术方法总结

自然资源空间区划具有多尺度特征。自然资源部成立以来,自然资源空间区划一直处于探索阶段,围绕大尺度自然资源空间区划取得了一些成果认识和实践案例(张海燕等,2020;姜正龙等,2020;赖明等,2021;张子凡等,2021;郑艺文等,2021;黄莉等,2021)。我国幅员辽阔,自然资源类型多样,自然环境条件差异较大,多尺度的自然资源空间区划技术方法体系需要进一步探索。

本节以两个尺度自然资源区划探索案例为基础,系统总结全岛和南渡江流域在区划尺度、评价单元选择、思路与目标、原则、要素与指标、指标权重确定等方面的差异和特点,探索构建了海南岛不同尺度自然资源空间区划技术方法体系(图6-3-1),为全岛自然资源调查评价及科学管理提供新的思路和依据,也为打通自然资源调查-监测-评价-区划技术体系提供支撑。

1. 尺度

自然资源数据具有多尺度特征,自然资源空间区划受自然资源数据精度的影响。根据海南岛和南渡江流域自然资源数据实际,以1:50万比例尺为准,将全岛和南渡江流域尺度分别划定为小于1:50万、大于1:50万比例尺两种尺度。

2. 评价单元

一般地,评价单元可分为非规则单元和规则单元两种,前者包括行政区、流域、地质单元等不规则面状单元,后者包括不同尺度规则网格。在小于1:50万比例尺尺度,有两套数据,一套以市(县)行政区为单元

第六章 自然资源分类、调查评价与空间区划

表6-2-2 南渡江流域自然资源区划方案与分区自然资源禀赋

一级区划	二级区划	三级区划	四级区划	区划依据	分区自然资源禀赋特征
南渡江流域自然资源系统	上游自然资源亚系统	南渡江源头自然资源区		自然资源综合指数、主要自然资源类型、地质背景	海拔高，坡度大，地貌以中低山、高丘陵为主，地质背景以白垩系碎屑岩为主，水资源较丰富，地下水资源一般，生态环境优良，自然资源以乔木林为主，地质灾害较发育
		白沙-黎母山自然资源区	阜龙自然资源分区		海拔较高，坡度较大，地貌以高丘陵为主，地质背景以二叠纪花岗岩为主，水资源较丰富，地下水资源一般，生态环境优良，自然资源以人工乔木林（橡胶）为主，地质灾害较发育
			牙叉-细水自然资源分区		海拔较高，坡度小，地貌以高丘陵为主，地质背景以白垩系碎屑岩为主，水资源丰富，地下水资源一般，生态环境优良，自然资源以人工乔木林（橡胶）为主，地质灾害较少
			松涛-黎母山自然资源分区		海拔较高，坡度大，地貌以低丘陵为主，地质背景以白垩纪、二叠纪碎屑岩为主，水资源较丰富，地下水资源一般，生态环境优良，自然资源以乔木林为主，地质灾害发育
		和舍-仁兴自然资源区	和舍自然资源分区		海拔低，坡度小，地貌以低丘陵为主，地质背景以二叠纪花岗岩和志留系碎屑岩为主，富硒土地资源丰富，生态环境优良，自然资源以人工乔木林（橡胶）为主，水资源与地下水资源丰富，地质灾害少
	中游自然资源亚系统		中兴-仁兴自然资源分区		海拔低，坡度小，地貌以低丘陵为主，地质背景为二叠纪、三叠纪白垩纪花岗岩、三叠纪和白垩纪花岗岩，富硒土地资源丰富，生态环境优良，自然资源以人工乔木林和工乔木林（橡胶）为主，水资源与地下水资源丰富
		南丰-加乐沿江自然资源区	南丰-阳江农场自然资源分区		海拔低，坡度中等，地貌以低丘陵为主，地质背景为二叠系、白垩系碎屑岩，白垩系碎屑岩、富硒土地资源丰富，生态环境优良，自然资源以乔木林为主，地质灾害少
			宝岭-沿江自然资源分区		海拔低，坡度中等，地貌以低丘陵为主，地质背景以志留系碎屑岩为主，水资源与地下水资源一般，富硒土地资源丰富，生态环境优良，自然资源以乔木林为主，地质灾害少
			加东沿江自然资源分区		海拔低，坡度小，地貌以低丘陵为主，地质背景以二叠纪花岗岩为主，富硒土地资源一般，生态环境一般，自然资源以人工乔木林（橡胶）为主，水资源与地下水资源一般，地质灾害少
		屯昌自然资源区	南坤-文儒自然资源分区		海拔低，坡度小，地貌以低丘陵为主，地质背景以二叠纪、白垩纪花岗岩为主，富硒土地资源丰富，生态环境优良，自然资源的人工乔木林（橡胶）为主，地质灾害少
			屯城-南吕自然资源分区		海拔低，坡度中等，地貌以低丘陵为主，地质背景以二叠纪花岗岩为主，富硒土地资源丰富，生态环境优良，自然资源以人工乔木林、旱地和人工乔木林为主，水资源一般，地质灾害少
			中瑞自然资源分区		海拔低，坡度中等，地貌以低丘陵为主，地质背景主要为中元古界长英质变质岩，富硒土地资源丰富，生态环境一般，自然资源以人工乔木林、水田、旱地和人工乔木林为主，水资源一般，地质灾害少

续表 6-2-2

一级区划	二级区划	三级区划	四级区划	区划依据	分区自然资源禀赋特征
南渡江流域自然资源系统	中下游自然资源亚系统	加来自然资源区			海拔低，坡度小，地貌以台地为主，地质背景为第四系松散岩。自然资源以水田和人工乔木林（橡胶）为主，水资源与地下水资源较丰富。生态环境较好，地质灾害少
		金江-新竹-雷鸣自然资源区	金江-新竹自然资源分区		海拔低，坡度小，地貌以台地为主，地质背景为第四系松散岩。自然资源以乔木林和水田为主，水资源与地下水资源较丰富。生态环境较好，地质灾害少
			新竹-雷鸣自然资源分区		海拔低，坡度小，地貌以台地为主，地质背景为白垩系碎屑岩和第四纪基性火山岩。自然资源以旱地和人工乔木林为主，水资源与地下水资源丰富，富硒土地资源丰富。生态环境较好，地质灾害少
		瑞溪-定城-甲子自然资源区	龙河-南福自然资源分区	自然资源综合指数、主要自然资源类型、地质背景	海拔低，坡度小，地貌以台地为主，地质背景为第四纪基性火山岩。自然资源以旱地和人工乔木林为主，水资源与地下水资源较丰富，富硒土地资源丰富。生态环境较好，地质灾害少
			瑞溪-定城沿江自然资源分区		海拔低，坡度小，地貌以台地为主，地质背景为第四系松散岩。自然资源以水田和人工乔木林为主，水资源与地下水资源较丰富。生态环境较好，地质灾害少
			定城-甲子自然资源分区		海拔低，坡度小，地貌以台地为主，地质背景为第四纪基性火山岩。自然资源以旱地和人工乔木林为主，水资源与地下水资源丰富，富硒土地资源丰富。生态环境较好，地质灾害少
	下游自然资源亚系统	福山-永兴-三门坡自然资源区	福山-永发自然资源分区		海拔低，坡度小，地貌以台地为主，地质背景为第四纪基性火山岩。自然资源以旱地、水田和灌木林为主，水资源与地下水资源较丰富，富硒土地资源丰富。生态环境较好，地质灾害少，但土壤环境质量相对差
			永兴-东山自然资源分区		海拔低，坡度小，地貌以台地为主，地质背景为第四纪基性火山岩。自然资源以水田和人工乔木林为主，水资源与地下水资源较丰富，富硒土地资源丰富。生态环境较好，地质灾害少，但土壤环境质量相对差
			旧州-三门坡自然资源分区		海拔低，坡度小，地貌以台地为主，地质背景为第四纪基性火山岩。自然资源以水田和人工乔木林为主，水资源与地下水资源较丰富，富硒土地资源丰富。生态环境较好，地质灾害少，但土壤环境质量相对差
		海口自然资源区			海拔低，地貌以阶地-滨海平原为主，地质背景为第四纪松散岩。自然资源以城镇用地和水田为主，水资源与地下水资源较丰富，富硒土地资源丰富。生态环境较好，但土壤环境质量相对差

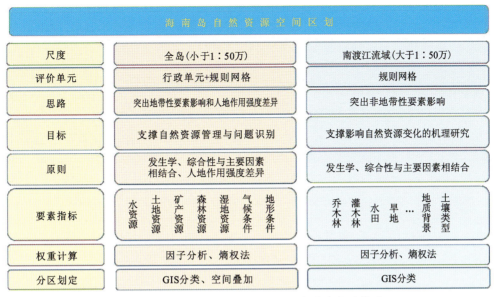

图6-3-1 海南岛自然资源空间区划技术方法体系

统计的各类自然资源数据,精度较低;另一类通过 GIS 软件构建一套规则网格数据,精度高,实际应用过程中两套数据可相互印证、参考和结合。在大于1:50万比例尺尺度,由于缺乏乡镇级自然资源数据,仅使用规则网格数据。

3. 思路与目标

在小于1:50万比例尺尺度,自然资源空间区划主要突显两个方面的内容:一是地带性要素(如地形、气候)对自然资源数量的影响或控制;二是人地作用强度差异,突显人类作用的影响。在大于1:50万比例尺尺度,自然资源空间区划则要突显非地带性要素(地质、土壤、地球化学)对自然资源质量、生态的影响或控制。二者的总体目标是支撑服务自然资源调查、监测与国土空间规划,但有差异。在小于1:50万比例尺尺度,自然资源空间区划更偏向于识别区域宏观的自然资源与环境问题,如自然资源数量变化、多少,指导区域自然资源调查;在大于1:50万比例尺尺度,自然资源空间区划的目标更偏向于自然资源监测,如自然资源质量、生态影响因素的变化,支撑影响自然资源变化的机理研究。

4. 原则

自然资源空间区划需要遵循发生学、主导因素与综合性相结合、人地作用强度差异的原则。发生学原则,即为区划单元成因一致性及区域发展性质共同性原则。任何区域单元均有其独特的历史发展成因,每个区划单元在发展过程中均存在外部因素或者内在因素的相似性,也具有一定的继承性、关联性。

区划中的不同级次地域单元,都是各种自然资源要素相互叠置、相互作用形成的区域统一体。在构建一定区域的自然资源空间区划体系过程中,控制各自然资源要素发育和分布的因素是不相同的,往往其中的少数起着主导作用。因此,自然资源空间区划需要对一定区域的自然资源进行全面的综合分析,包括自然资源要素特征的相对一致性、差异性及要素间的相互作用等,突出导致自然资源地域分异的主控因素,作为不同级次区划单元的主要划分依据。

人与自然的耦合具有复杂性,任何区域都是由自然地理要素和人文经济要素耦合组成的整体。各类自然资源之间也相互联系、相互制约,构成了自然资源系统,任何一种自然资源的改变,都可能引起连锁反应。自然资源空间区划把自然资源和人类活动看作一个整体,从区域整体出发,充分考虑自然资源系统性、整体性及人类活动状况,揭示自然资源分布规律及其与人类活动之间的相互关系。

5. 要素

自然资源空间区划的核心是不同类型的自然资源。在小于1:50万比例尺尺度,参与区划的自然资源要素以主要的一级自然资源和部分二级自然资源为主,如海南岛包括水、森林(含园林)、湿地、耕地等,辅以影响自然资源发育(数量)的地形、气候等地带性环境要素,构成小于1:50万比例尺尺度自然资源空间区划指标体系。在大于1∶50万比例尺尺度，参与区划的自然资源要素以主要的二级自然资源和部分三级自然资源为主，如南渡江流域包括乔木林、灌木林、水田、旱地、内陆滩涂等，辅以影响自然资源质量、生态的地形、地质、土壤等非地带性环境要素，构成大于1∶50万比例尺尺度的自然资源空间区划指标体系。

6. 指标权重计算

自然资源综合评价工作中，常见的问题是不同要素或指标间相对重要性不易衡量。因此，指标权重计算是自然资源综合评价工作中关键的一环。目前常用的计算指标权重的方法包括聚类分析法、因子分析法、层次分析法、熵权法等，不同方法各有特色和优点。由于不同自然资源在空间上的分布相互独立，甚至具有排他性特点，其相互之间的权重相对大小不易判定。因子分析法、熵权法等最大的特点是根据数据本身的特征计算权重，不损失数据信息或数据信息损失少。该方法在全岛和南渡江流域均取得较好效果。

7. 分区划定

应用熵权法计算获得的自然资源综合指数最终通过GIS进行自动分类，形成不同级次的自然资源分区。考虑部分指标属于定性信息，缺乏定量数据，定性指标参与综合评价时通过图层叠加的方式获得分区界线。

第七章 结论与建议

第一节 结 论

一、海口江东新区陆海统筹一体化地质环境调查

1. 查明陆海一体化地形地貌与地质结构特征

海口江东新区陆海一体地形较为平坦,由陆向海坡度较为平缓,如意岛以北存在数条海底冲沟,海底地形剧烈起伏,但深度不再增加。地层对比分析结果揭示了江东新区陆海统筹地质结构特征,划分出13个工程地质层。其中,地层上部第四系沉积物松散,强度低;下部海口组地层土体强度总体较好,可作为工程建设持力层。近岸海域海口组三段富水性较好,地下水为微咸水,可满足一般用水需求。

2. 查明陆海统筹海岸带主要地质环境问题

第一,海口江东新区沿海潜水及第一承压水中咸水体较发育,可能主要受到海水或养殖咸水入渗影响;第二,研究区地面沉降较为轻微,整体比较稳定,仅在南渡江两岸、江东新区北侧海域的人工岛屿以及江东新区东侧沿海区域存在明显沉降,最大的沉降速率超过了-20mm/a;第三,江东新区海岸线长度呈现出减少→增长→稳定的总体趋势,人工岸线显著增加,目前自然岸线保有率约为57.49%。海口江东新区南渡江河口段和东寨港红树林岸段变迁问题最为突出。

二、海口江东新区地下空间调查与安全开发利用评价

1. 贯彻地上、地下一体化,形成地下空间资源环境一体化认识

查明江东新区200m以浅基础地质、工程地质和水文地质条件,探索基于三维模型形成基于地下水资源保护的地下空间三维地质安全适宜性评价,地下空间资产价值差异性评估及地下水资源开发利用潜力评价。考虑在含水层保护的前提下,海口江东新区地下空间开发适宜性较好区域约占总地下空间体积的45.53%。地下空间高价值区集中在浅层—中层范围内。江东新区年度地下水资源天然补给量为$8\,902.27\times10^4\text{m}^3/\text{a}$,年可采资源量为$5\,341.36\times10^4\text{m}^3/\text{a}$,地下水开发利用潜力总体较大。

2. 摸清土壤环境质量本底,发掘优质土地资源,推动富硒农业产业发展

除局部地块为Cr、Ni等元素高背景区外,江东新区建设用地和农用地土壤环境质量总体优良。依据富硒、富锗、富碘土地划分标准,江东新区10.18%农用地(含未利用地)可划定为富硒土地(872.71hm²)、35.91%农用地(含未利用地)可划定为富锗土地(3 077.42hm²)、63.82%农用地(含未利用地)可划定为富碘土地(5 468.56hm²),具有发展热带特色产业的良好前景。江东新区绝大多数水稻样品Se、Ge含量超过相关标准,达到富硒、富锗水平。

三、东寨港红树林湿地生态地质调查评价监测

1. 识别影响红树林生长发育的生态环境因子

东寨港红树林生长发育受营养元素盐度、重金属、有机质污染等的影响。东寨港红树林表层沉积物土壤总体处于富氮、富有机质、富磷、缺钾的状态,地表层沉积物中重金属普遍超标。红树林湿地水土环境中典型有机污染物包括多环芳烃(PAHs)、有机氯农药(OCPs)和抗生素,直接影响红树林湿地微生物群落

结构和红树林根系的生长发育。

2. 揭示东寨港红树林沉积演化历史与变迁的地质过程

红树林动态变迁遥感解译结果表明 1988—2019 年东寨港红树林面积总体呈下降趋势，人类活动（养殖与耕地）和潮汐强度是红树林分布格局发生改变的主要原因。海南岛东寨港红树林湿地沉积物揭示了该地区晚更新世以来的沉积历史和环境演变过程，同时重建了全新世以来区域红树林的演替历史。晚更新世晚期至早全新世，形成了现在的河口环境，红树林自此发育；中全新世以来以红树林为优势群落的植被大量发育。

3. 诊断红树林湿地健康状况

通过健康评价，东寨港红树林生态系统多数区域处于亚健康状态，少数区域达到健康状态的较低水平，仅有极少数区域处于不健康状态，巨大的外部压力使得整个东寨港红树林生态系统都处于健康—亚健康的临界状态。健康区域主要分布于演丰西河下游和三江河中下游，而演丰河上游、演丰东河、演州河周边区域综合健康状态为亚健康状态，仅有演丰东河下游山尾头村附近区域达到了不健康状态。

4. 形成红树林监测示范

选取人类活动强度与作用方式差异显著的典型示范区进行多要素综合监测，构建红树林湿地生态地质监测网络，其中遥感监测包括红树林演化动态监测和红树林生长发育现状周期监测；海陆交互带剖面监测是基于"自然与人类作用-海底地下水排泄（SGD）-红树林湿地环境"关系链建立沉积物/地下水综合监测剖面，识别人类活动与自然过程对红树林湿地环境的潜在影响；红树林典型生长区域监测是根据红树林沿河岸分布特点部署水土周期采样监测点，掌握关键生态地质要素的时空变化规律。

四、海南自然资源分类、调查评价与空间区划

1. 全面分析总结海南岛自然资源优势和短板

全岛水资源总体丰富，但水资源利用率总体不高，全岛水资源呈现区域性、季节性分布不均等特点。全岛人均耕地水平不高，后备资源缺乏。土壤环境质量总体优良，富硒土壤资源丰富。海南生态资源丰富，但局地耕地和建设用地位于生态保护红线区内，滨海红树林和珊瑚礁等典型湿地生态系统遭到破坏，生态功能退化。海岸带地区土地、湿地、矿产等资源丰富，但人类活动较集中，资源环境压力较大，局部发育风暴潮、活动断裂、侵蚀淤积、不均匀沉降及矿山环境污染等问题。

2. 形成海南岛和南渡江流域自然资源系统→亚系统→区→分区 4 级区划方案

以地理单元、气候、地形地貌、自然资源、灾害等自然要素为主，以人口、经济等社会要素为辅，综合应用多元统计、熵权法、空间叠加等定量、定性技术手段，根据地理单元差异、气候-地形地貌-自然资源特征差异、人地作用强度差异等原则，形成海南岛海陆自然资源 4 级区划方案：1 个自然资源系统、2 个自然资源亚系统、4 个自然资源区和 9 个自然资源分区；总结形成不同分区自然资源禀赋系统性认识，支撑区域自然资源调查、监测与国土空间规划。同时形成南渡江流域自然资源 4 级区划方案：1 个自然资源系统、4 个自然资源亚系统、10 个自然资源区、22 个自然资源分区，支撑小尺度区域自然资源监测与国土空间规划。

第二节 建 议

一、海口江东城市规划建设与高质量发展建议

1. 海口江东新区地下空间开发利用应充分考虑地下空间开发利用地质环境条件及其潜在价值，科学合理优化地下空间开发利用规划及布局，促进新区绿色高质量发展

地下空间开发难度差、较差区域主要集中在地下 0～50m 范围内，受控因素为富水性丰富、断裂发育、工程地质条件复杂，建议对此类地下空间开发利用时防范工程突水、坍塌等问题，加强工程支护与处理，地下工程规划应合理规避断裂构造区域。

2. 依托《海口江东新区总体规划纲要（2018—2035）》，有机融合乡村振兴战略，利用区内特色土地资源，发展特色生态农业，开发集观光、休闲、科普教育、体验于一体的农业项目，打造城乡一体化融合发展示范区

以江东新区富硒、富锗、富碘等特色土地资源为基础，着力发展规模化生态农业，在中部生态绿心区（一区映两心：东寨港国家自然保护区、桂林洋热带农业公园和滨海河口湿地带）建设集观光、休闲、科普教育、体验于一体的农业项目。其中，在桂林洋热带农业公园和滨海河口湿地带，着重打造以家庭亲子为核心，以种植、采摘体验为主要形式的农业园区；在东寨港国家自然保护区周缘，融合美丽乡村建设，一是大力发展规模化富硒、富锗经济果园，二是着力打造以旅游观光、康养、科普教育为主，以采摘体验为辅的项目，促进生态农业与乡村振兴有机融合。

3. 依托科技智谷和智慧高校，孵化富硒、富锗、富碘等特色农产品生产、加工、生物、制药等高新技术产业，全面促进江东新区城乡一体化创新发展

立足海南富硒、富锗、富碘等特色土地资源优势，面向全国，依托海南自由贸易试验区政策优势，吸引企业和（或）高校投入人才和经费进行富硒、富锗、富碘等特色农产品生产、加工及生物、制药等高新技术产业孵化、培育，落户江东新区，引领海南特色农业产业化，全面促进江东新区城乡一体化创新发展。

4. 结合江东新区蓝色海湾建设和陆域滨海绿色界面规划，海域可发展休闲生态型和资源增殖型海洋牧场，保护与改善海洋生态环境，养护与增值渔业资源，提升海洋经济价值，形成向海经济发展的典型示范

开发海洋牧场是发展海洋经济的重要内容之一。江东新区近岸海域具备海洋牧场建设的基础海洋地质环境条件，建议推进以资源增值型海洋牧场建设为主要形式的区域性渔业资源养护、生态环境保护和渔业综合开发，优化海洋生态，实现渔业转型升级；同时发展以休闲垂钓、潜水观光、海上运动、海底探险、渔文化体验等多种形式为载体的生态休闲海洋牧场，可以有效促进滨海旅游第三产业的快速发展，同时实现显著的经济效益、生态效益和社会效益。

二、东寨港红树林湿地保护与修复对策建议

东寨港红树林湿地应开展整体保护、系统修复和综合治理，将地质元素融入城市规划建设，提升城市品质和人文科学素养。根据目前调查研究结果及认识，以红树林湿地生态系统的连通性和完整性为原则，提出了"统筹规划，精准治理"的红树林湿地生态系统保护科学方案。

1. 优化红树林湿地生态安全格局

以红树林湿地生态系统的连通性和完整性为原则，优化东寨港四河两岸红树林湿地生态保护红线，加强对湿地环境容量和承载力的管控，严格控制湿地范围内的水产养殖和耕地等建设项目，尤其加快清理演丰东河及三江河周边的水产养殖项目。

2. 改进水产养殖排污途径

在杜绝使用杀菌药物的前提下，集中处理水产养殖废水，防止养殖废水入渗地下水中。

3. 建立红树林湿地保护屏障

现存的人工护堤主要分布在演丰东河两岸，同样也要在水动力作用强烈、红树林斑块较为破碎的三江河和演州河河口设置人工护堤，减少红树林生长岸线侵蚀。

4. 融入地球系统科学科普教育

将东寨港形成地质演化历史融入红树林生态文明教育基地和海南生态旅游目的地建设，助力江东新区"山水林田湖草""产城乡人文"一个"生命共同体"的大共生格局构建，提升东寨港生态保护区科普教育基地高品质建设水平，丰富生态保护区人文价值和科学内涵，全面强化红树林保护区的生态保育、科研监测和科普教育功能。

三、海南省生态文明建设与自然资源管理建议

1. 高度重视生态资源、土地资源和海岸带资源的优势与短板

海南省生态资源优势明显，局部发育生态环境问题，建议进一步优化"一心多廊、山海相连、河湖相串"

的生态空间格局。海南省林地、湿地等生态资源丰富,现有生态保护红线内陆域和近岸海域面积分别达 11 535 km^2 和 8 316.6 km^2。但局部地区耕地和建设用地位于生态保护红线区内,部分滨海红树林和珊瑚礁等典型湿地生态系统退化明显。建议以生态系统联通性和完整性为原则,优化以中部山区为核心,以重要湖库为节点,以自然山脊、河流、生态岸段和海域为廊道的生态空间格局,加强典型生态资源的保护和修复。

2. 国土空间规划应充分考虑区域资源环境承载能力,因地制宜发挥特色优势,合理布局省域"三生空间"

"海澄文"和"大三亚"地区建设用地资源禀赋突出,中南部地区生态资源条件优越,西北部地区农业发展潜力大,建议充分发挥三亚市和海口市在区域发展中的引领和带动作用,海澄文经济区宜以经济建设和农业生产并重,大三亚地区宜以生态保护为前提发展经济建设和农业生产,内陆定安、屯昌、琼中、白沙和五指山5个市(县)宜以生态保护为主,西部临高、儋州、昌江、东方4个市(县)宜以生态保护为前提发展农业生产,东部琼海、万宁2个市宜以经济建设为主,适度增加农业生产。

3. 海岸岛资源环境优势明显,应优化海岸带国土空间布局,统筹陆海保护发展,提升生态环境质量和资源利用效率

海南岛岸线滩涂资源丰富,自然岸线长度共计 1 282.68km,占海南省岸线总长的 65.97%。滨海湿地面积共计约 32 万 hm^2,占全岛总面积的 9.29%。海南岛近岸水深条件适宜,西北部和南部港口建设条件好,近海地区普遍适宜渔业养殖,海岸带具备发展滨海旅游业、城镇开发、港口建设和渔业养殖业的优良条件。同时,海岸带还面临养殖活动影响港湾及海洋保护区生态环境、滨海湿地海水质量明显下降、滨海红树林和珊瑚礁生态系统退化、部分岸线侵蚀淤积等生态环境问题。建议强化现有自然岸线和滨海湿地生态红线的科学论证;在三亚崖州区、海口至临高、儋州洋浦等区域大力发展现代化港口产业;逐步有序退出近岸区域渔业养殖,加强12海里海域离岸中远区海洋牧场规划与建设。

主要参考文献

敖特根,张玉兰,2004.大兴安岭南段东南麓低山丘陵草地资源研究[M].北京:北京理工大学出版社.

操应长,王健,刘惠民,2010.利用环境敏感粒度组分分析滩坝砂体水动力学机制的初步探讨:以东营凹陷西部沙四上滩坝砂体沉积为例[J].沉积学报,28(2):11.

曹超,姜德刚,潘翔,等,2018.红树林湿地沉积物硫酸盐-甲烷界面分布特征及其影响因素研究[J].应用海洋学学报,37(2):203-210.

陈雪霜,江韬,卢松,等,2016.典型水库型湖泊中CDOM吸收及荧光光谱变化特征:基于沿岸生态系统分析[J].环境科学,37(11):4168-4178.

褚梦凡,肖晓彤,丁杨,等,2021.海南儋州湾红树林区沉积有机质来源及碳储量[J].海洋科学,45(2):22-31.

崔旺来,钟海玥,2017.海洋资源管理[M].青岛:中国海洋大学出版社.

戴纪翠,倪晋仁,2009.红树林湿地环境污染地球化学的研究评述[J].海洋环境科学,28(6):779-784.

邓锋,2019.自然资源分类及经济特征研究[D].北京:中国地质大学(北京).

邓先瑞,汤大清,张永芳,1995.气候资源概论[M].武汉:华中师范大学出版社.

杜俊,2010.太行山山前平原氟元素赋存状态及生态效应研究[D].石家庄:石家庄经济学院.

方世明,李江风,2011.地质遗产保护与开发[M].武汉:中国地质大学出版社.

冯京,2014.基于高分辨率声学探测的渤海海峡地貌及灾害地质研究[D].青岛:中国海洋大学.

付检根,2012.海口市第二承压水含水层城市应急水源地选址研究[D].桂林:桂林理工大学.

傅杨荣,2014.海南岛土壤地球化学与优质农业研究[D].武汉:中国地质大学(武汉).

葛良胜,夏锐,2020.自然资源综合调查业务体系框架[J].自然资源学报,35(9):2254-2269.

广东省地质局海南地质大队水文队,1981a.1:20万海口市幅区域水文地质普查成果报告[R].海口:广东省地质局海南地质大队水文队,1981.

广东省地质局海南地质大队水文队,1981b.1:20万文昌市幅区域水文地质普查成果报告[R].海口:广东省地质局海南地质大队水文队,1981.

郭铌,2003.植被指数及其研究进展[J].干旱气象,21(4):71-75.

国家质量监督检验检疫总局,国家标准化管理委员会,2009.中国土壤分类与代码:GB/T17296—2009[S].北京:中国标准出版社.

国家质量监督检验检疫总局,国家标准化管理委员会,2017.土地利用现状分类:GB/T21010—2017[S].北京:中国标准出版社.

海南省地质调查院,2017.中国区域地质志·海南志[M].北京:地质出版社.

韩久同,2012.现代森林资源经营管理模式[M].北京:北京理工大学出版社.

郝爱兵,殷志强,彭令,等,2020.学理与法理和管理相结合的自然资源分类刍议[J].水文地质工程地质,47(6):1-7.

郝兴中,祝德成,宋晓媚,2016.地球馈赠矿产资源[M].济南:山东科学技术出版社.

何玉生,张固成,薛桂澄,等,2021.海南岛土壤地球化学手册[M].武汉:中国地质大学出版社.

何毓新,2020.湖泊古气候、古环境重建与生物标志物[J].矿物岩石地球化学通报,39(4):878-880.

胡毅夫,梁凤,2015.城市地下空间开发效益研究综述[J].水文地质工程地质,42(4):127-132.

黄莉,刘晓煌,刘玖芬,等,2021.长时间尺度下自然资源动态综合区划理论与实践研究:以青藏高原为例[J].中国地质调查,8(2):109-117.

江忠荣,2012.琼北自流盆地第二承压水含水层地下水动态模拟与预测[D].桂林:桂林理工大学.

姜春霞,黎平,李森楠,等,2019.海南东寨港海水和沉积物中抗生素抗性基因污染特征研究[J].生态环境学报,28(1):128-135.

姜正龙,王兵,姜玲秀,等,2020.中国海岸带自然资源区划研究[J].资源科学,42(10):1900-1910.

柯贤忠,陈双喜,黎清华,2021.新时期面向管理的自然资源分类[J].安全与环境工程(5):145-153.

赖明,吴淑玉,张海燕,等,2021.基于综合区划的中国西南地区自然资源动态变化特征分析[J].中国地质调查,8(2):83-91.

蓝巧武,刘华英,2008.盐度及胁迫时间对红海榄幼苗保护酶活性的影响[J].福建林业科技,35(2):34-38.

李元志,2013.海南省重晶石矿成矿远景分析及典型区域综合预测研究[D].南昌:东华理工大学.

梁定勇,许国强,肖瑶,等,2021.海口江东新区新近纪—第四纪标准地层与组合分区[J].科学技术与工程,21(26):11052-11063.

梁文栋,周瑶琪,孙棋,等,2015.青岛唐岛湾潮间带沉积物粒度及水动力[J].海洋地质前沿,31(12):27-34.

梁仲翠,2017.白银市平川区草地资源概论[M].兰州:甘肃科学技术出版社.

林国斌,蔡为民,郝烁,等,2012.城市地下空间土地使用权的价格评估[J].天津工业大学学报,31(6):80-84.

刘东来,1985.试论海南岛的自然优势及其大农业建设的方向[J].地理学报,40(4):356-366.

刘洪,黄瀚霄,欧阳渊,等,2020.基于地质建造的土壤地质调查及应用前景分析:以大凉山区西昌市为例[J].沉积与特提斯地质,40(1):91-105.

刘书伟,王燕,2010.海南省水资源调查及应用对策[J].琼州学院学报,17(2):39-42.

刘婷,2019.地下空间资源资产初论[J].砖瓦世界(16):291.

刘小伟,郑文教,孙娟,2006.全球气候变化与红树林[J].生态学杂志,25(11):1418-1420.

裴志远,杨邦杰,2000.多时相归一化植被指数NDVI的时空特征提取与作物长势模型设计[J].农业工程学报,16(5):20-22.

曲富国,郑鹏,2014.基于PSR模型的辽河辽宁省内流域生态文明建设评价研究[J].环境保护(8):36-40.

全永波,2016.海岛资源开发利用法律问题研究[M].北京:海洋出版社.

任珂君,孙勤寓,刘玉,等,2017.广东省镇海湾红树林根域中氟喹诺酮类(FQs)抗生素残留特征[J].中山大学学报(自然科学版),56(2):102-111.

任倩倩,邹立,于格,等,2018.环胶州湾河流入海口CDOM吸收光谱特征[J].环境科学研究,31(8):1407-1416.

水利部水利水电规划设计总院,2017.全国水资源调查评价技术细则[R].北京:水利部水利水电规划设计总院.

隋燕,2018.基于遥感的海南岛近30年海岸线时空变迁监测与分析[D].青岛:山东科技大学.

孙鸿烈,2000.中国自然资源科学百科全书[M].北京:中国大百科全书出版社&石油大学出版社.

孙勤寓,彭逸生,刘玉,等,2017.抗生素环丙沙星(CIP)在两种红树林湿地中的残留及迁移特征[J].环境科学学报,37(3):1057-1064.

孙蕴婕,吴莹,张经,2011.海南八门湾红树林柱状沉积物中有机生物标志物的分布和降解[J].热带海洋学报,30(2):94-101.

孙志佳,李保飞,陈玉海,等,2022.广东湛江湾红树林沉积物重金属分布特征及生态风险评价[J].海洋环境科学,41(2):215-221.

王鸿平,赵志忠,伏箫诺,等,2018.海南东寨港红树林湿地柱状沉积物稀土元素纵向分异特征[J].江苏农业科学,46(10):295-300.

王军广,2011.海南岛北部红树林地区沉积物元素地球化学特征研究[D].海口:海南师范大学.

王腊春,史运良,曾春芬,2014.水资源学[M].南京:东南大学出版社.

王蕾,2015.新疆特色农产品产业化发展研究[D].乌鲁木齐:新疆师范大学.

王松泉,李友,2021.地下空间开发地质环境质量评价指标体系研究[J].绿色科技,23(14):173-176.

王万祝,2018.近150年来广西英罗湾红树林演化埋藏叶片碎屑记录[D].青岛:国家海洋局第一海洋研究所.

王亚丽,张芬芬,陈小刚,等,2020.海底地下水排放对典型红树林蓝碳收支的影响:以广西珍珠湾为例[J].海洋学报,42(10):37-46.

王焰新,甘义群,邓娅敏,等,2020.海岸带海陆交互作用过程及其生态环境效应研究进展[J].地质科技通报,39(1):1-10.

王玉图,王友绍,李楠,等,2010.基于PSR模型的红树林生态系统健康评价体系:以广东省为例[J].生态科学,29(3):234-241.

邬立,万军伟,潘欢迎,等,2009.琼北自流盆地地下水三维数值模拟研究[J].安全与环境工程,16(3):12-17.

夏伟霞,谭长银,万大娟,等,2014.土壤溶解性有机质对重金属环境行为影响的研究进展[J].中国资源综合利用,32(1):50-54.

夏小明,2015.海南省海洋资源环境状况[M].北京:海洋出版社.

向晓明,2007.海南岛水资源基本特点及影响可持续发展的主要因素初探[J].海南师范大学学报(自然科学版),20(1):80-83.

谢磊,2013.海口地区三维水文地质结构模型的建立与其应用研究[D].桂林:桂林理工大学.

辛韫潇,李晓昭,戴佳铃,等,2019.城市地下空间开发分层体系的研究[J].地学前缘,26(3):104-112.

幸颖,刘常宏,安树青,2007.海岸盐沼湿地土壤硫循环中的微生物及其作用[J].生态学杂志,26(4):577-581.

徐起浩,1986.海南岛北部东寨港的形成、变迁与1605年琼州大地震[J].地震地质,8(3):92-96.

徐阳,李朋辉,张传伦,等,2021.珠江口沉积物溶解性有机质来源及光谱特征的空间变化[J].中国科学:地球科学,1:63-72.

许鹏,2000.草地资源调查规划学[M].北京:中国农业出版社.

杨庶,2009.典型海洋沉积物中脂类生物标志物的形态分布及来源分析[D].青岛:中国海洋大学.

杨雪琴,连英丽,颜庆云,等,2018.滨海湿地生态系统微生物驱动的氮循环研究进展[J].微生物学报,58(4):633-648.

姚萍萍,干汶,孙睿,等,2018.长江流域湿地生态系统健康评价[J].气象与环境科学,41(1):12-18.

袁宏,薛勇,王茂丽,等,2019.拉萨河流域达孜曲水一带农作物品质与优势分析[J].高原农业,3(5):500-505.

袁晓婕,郭占荣,马志勇,等,2015.基于^{222}Rn质量平衡模型的胶州湾海底地下水排泄[J].地球学报,36(2):237-244.

袁正科,2008.洞庭湖湿地资源与环境[M].长沙:湖南师范大学出版社.

曾巾,杨柳燕,肖琳,等,2007.湖泊氮素生物地球化学循环及微生物的作用[J].湖泊科学,19(4):382-389.

张道来,王许玲,姜学钧,等,2015.超声提取/气相色谱-质谱法测定红树林沉积物中蒲公英萜醇[J].分析测试学报,34(6):658-663.

张凤荣,2019.建立统一的自然资源系统分类体系[J].中国土地(4):9-10.

张海燕,樊江文,黄麟,等,2020.中国自然资源综合区划理论研究与技术方案[J].资源科学,42(10):1870-1882.

张龙吴,2019.大屯海和长桥海沉积物有机质空间分布特征及其来源示踪[D].昆明:云南师范大学.

张起源,秦颖君,刘香华,等,2020.广东红树林沉积物有毒金属分布及生态风险评价[J].生态环境学报,29(1):183-191.

张文驹,2019.自然资源一级分类[J].中国国土资源经济(1):4-14.

张子凡,张海燕,刘晓煌,等,2021.华北地区自然资源综合区划的动态变化特征[J].中国地质调查,8(2):92-99.

张宗祜,李烈荣,2004.中国地下水资源[M].北京:中国地图出版社.

赵美训,张玉琢,邢磊,等,2011.南黄海表层沉积物中正构烷烃的组成特征、分布及其对沉积有机质来源的指示意义[J].中国海洋大学学报(自然科学版),41(4):90-96.

赵其国,龚子同,徐琪,等,1991.中国土壤资源[M].南京:南京大学出版社.

郑度,葛全胜,张雪芹,等,2005.中国区划工作的回顾与展望[J].地理研究,24(3):330-344.

郑艺文,张海燕,刘晓洁,等,2021.1990—2018年东北地区综合区划下自然资源动态变化特征分析[J].中国地质调查,8(2):100-108.

郑昭佩,2013.自然资源学基础[M].青岛:中国海洋大学出版社.

周祖光,2004.海南省水资源现状与开发利用[J].水利经济,22(4):35-38.

自然资源部,2020a.自然资源调查监测体系构建总体方案:自然资发〔2020〕15号[S].北京:自然资源部.

自然资源部,2020b.国土空间调查、规划、用途管制用地用海分类指南(试行):自然资办发〔2020〕51号[S].北京:自然资源部.

BOURBONNIERE R A, MEYERS P A, 1996. Sedimentary geolipid records of historical changes in the watersheds and productivities of Lakes Ontario and Erie[J]. Limnology and Oceanography, 41(2): 352-359.

BROOKS J D, GOULD K, SMITH J W, 1969. Isoprenoid Hydrocarbons in coal and petroleum[J]. Nature, 222(5190): 257-259.

CRANWELL P A, EGLINTON G, ROBINSAON N, 1987. Lipids of aquatic organisms as potential contributors to lacustrine sediments-II[J]. Organic Geochemistry, 11(6): 513-527.

FAN L, GAO Y, BRUECK H, et al., 2009. Investigating the relationship between NDVI and LAI in semi-arid grassland in Inner Mongolia using in-situ measurements[J]. Theoretical and Applied Climatology, 95(1-2): 151-156.

FICHEN K J, LI B, SWAIN D L, et al., 2000. An n-alkane proxy for the sedimentary input of submerged/floating freshwater aquatic macrophytes[J]. Organic Geochemistry, 31(7): 745-749.

HAMMOND G, LICHTNER P, MILLS R, et al., 2014. Evaluating the performance of parallel subsurface simulators: an illustrative example with PFLOTRAN[J]. Water Resources Research, 50: 208-228.

HWANG D W, LEE I S, CHOI M, et al., 2016. Estimating the input of submarine groundwater discharge (SGD) and SGD-derived nutrients in Geoje Bay, Korea using ^{222}Rn-Si mass balance model[J]. Marine Pollution Bulletin, 110(1): 119-126.

KUMAR M, BOSKI T, LIMA-FILJHO F P, et al., 2019. Biomarkers as indicators of sedimentary organic matter sources and early diagenetic transformation of pentacyclic triterpenoids in a tropical mangrove ecosystem[J]. Estuarine, Coastal Shelf Science, 229: 106403.

LI X, LIANG L, WANG G H, 2005. Method research on the valuation of numeric scale in analytic hierarchy process[J]. Systems Engineering Theory & Practice, 25(3): 72-79.

MACKLIN P, ROSENTRETER J, ARIFANTI V B, et al., 2021. Groundwater research in mangrove coastal ecosystems new prospects[M]. Elsevier: Dynamic Sedimentary Environments of Mangrove Coasts: 67-81.

POWELL T G, MCKIRDY D M, 1973. Relationship between ratio of pristane to phytane, crude oil composition and geological environment in Australia[J]. Nature Physical Science, 243(124): 37-39.

RANJAN R K, ROUTH J, VAL KIUMP J, et al., 2015. Sediment biomarker profiles trace organic matter input in the Pichavaram mangrove complex, southeastern India[J]. Marine Chemistry, 171: 44-57.

ROMMERSKIRCHEN F, PLADER A, EGLINTON G, et al., 2006. Chemotaxonomic significance of distribution and stable carbon isotopic composition of long-chain alkanes and alkan-1-ols in C4 grass waxes[J]. Organic Geochemistry, 37(10): 1303-1332.

SAATY T L, 2008. The analytic hierarchy and analytic network measurement processes: applications to decisions under risk[J]. European Journal of Pure and Applied Mathematics, 1(1): 122-196.

SANTOS I R, CHEN X, LECHER A L, et al., 2021. Submarine groundwater discharge impacts on coastal nutrient biogeochemistry[J]. Nature Reviews Earth & Environment, 2: 307-323.

SIKES E L, UHLE M E, NODDER S D, et al., 2009. Sources of organic matter in a coastal marine environment: evidence from n-alkanes and their $\delta^{13}C$ distributions in the Hauraki Gulf, New Zealand [J]. Marine Chemistry, 113(3/4): 149-163.

WINKEL L, JOHNSON C A, LENZ M, et al., 2012. Environmental selenium research: from microscopic processes to global understanding[J]. Environmental Science & Technology, 46(2): 571-579.

YANG X E, CHEN W R, FENG Y, 2007. Improving human micronutrient nutrition through biofortification in the soil-plant system: China as a case study[J]. Environmental Geochemistry and Health, 29(5): 413-428.